地表最強
人氣美食地圖

嚴選世界上最好吃的 **500** 道美味排行

李天心・李姿瑩・吳湘湄 —— 譯

晨星出版

引言

Introduction

　　你要想辦法擠到吧台邊才能點餐，還得耐心等候酒保有空檔才有機會開口：「麻煩你，一盤鰻魚佐辣椒，還有一杯查科莉（chacolí）氣泡酒。謝謝！」一小盤配酒小點（pintxo）和一杯巴斯克（Basque）氣泡酒就這麼送上來。

　　乾杯！歡迎來到西班牙聖塞巴斯提安（San Sebastián），全球最棒的美食之都。聖塞巴斯提安位於貝殼灣與流經該市的河川之間，舊城內蜿蜒的狹窄街道上到處都是供應配酒小點的酒吧，而且每一間都有自己獨特的巴斯克料理。若你來到位於 C/Pescadería 上的 Bar Txepetxa，就一定要試試他們的鰻魚。再走幾步，來到 Nestor 就要點簡單用橄欖油跟鹽調味的牛心蕃茄沙拉，或大家必點的玉米薄餅。因為要點玉米薄餅的人很多，你還得把名字寫在等候清單上，才能吃到一塊。沿著 C/Pescadería 再往下走，Bar Zeruko 讓人驚嘆的料理作品包含用迷你煙燻烤架呈盤的鱈魚肉。當你從一間酒吧換到另一間酒吧，遇見不同的人，品嚐各種新潮的巴斯克料理，你會覺得這座城市的設計就是要滿足你每個感官——還有你的冒險精神。

　　就是像這一類的旅遊經驗，讓我們想要撰寫《地表最強人氣美食地圖》，在書中收集全世界各地讓人印象最深刻的飲食經驗。飲食與地點的關係總是緊密相連：因為在地料理會隨著當地的可用食材與當季食材而有所變化。世界上偶爾會出現一位烹調大師，創造出風靡全球的經典料理，引起世界各地的餐廳仿效，例如：尼斯（Niçoise）沙拉全球已不知道有多少版本，但是唯有在法國蔚藍海岸，你才能在尼斯沙拉的故鄉，在金色陽光與清涼海風的吹拂下，了解這道沙拉如此美味的祕訣——地中海的鮪魚，以及在日光下成熟的普羅旺斯蕃茄。因為移民與全球化的影響，現在在洛杉磯也可以找到韓國泡菜，在墨爾本也能找到黎巴嫩大餅（manoushe），但是唯有親身抵達韓國或黎巴嫩，你才能真正了解這些料理的文化根源。拜訪這些地方，不只是為了品嚐各種料理，而是為了體驗當地獨有的人群、語言、氣味與聲音——這才是每道料理令人難忘的真正原因。

　　那這份美食清單是怎麼挑選出來的呢？首先，我們在 Lonely Planet 的社群中進行調查——我們的作家、部落客與職員是一群足跡遍及全球的人，他們熱愛美食與旅行的程度是眾所周知——請他們提出自己覺得最美味的世界料理。另外，

我們也邀請了 20 名關注全球料理的主廚、美食家與專欄作家——從西班牙名廚荷西・安德烈斯（José Andrés）到知名美食節目主持人安德魯・席莫（Andrew Zimmern）——請他們各自提供 5 個最鍾愛的飲食經驗（請見書中有底色的區塊）。有了這份非常長的清單，我們嘗試將這些候選美食排出名次：該到哪裡尋找全世界不能錯過的飲食體驗？我們的美食編輯團隊還獲得一個由知名主廚與電視主持人廖亞當（Adam Liaw）以及飲食部落客蕾拉・卡茲姆（Leyla Kazim）組成的小組協助，從料理的味道、文化重要性與景點的特殊氛圍來評估每道料理。

這本《地表最強人氣美食地圖》便是他們深思熟慮之後的成果。看看前 10 名，需要「共同分享」的飲食體驗似乎總獲得最高評價——聖塞巴斯提安的配酒小點、香港的港式點心及日本的壽司——我們也很好奇為何會有這樣的結果。顯然我們很享受跟其他人一起吃東西，而且可以跟當地人互動，感受只有當地才能提供的體驗。或許這外加上去的變化因素，會讓勇於冒險的飲食愛好者更大膽地嘗試，因為他們常常不太確定自己到底點了什麼……。

親自到當地品嚐料理還有很多其他好處。比方說，如果你吃的是在地種植的當季食材，更能夠支持當地社區永續發展。另一個自己跑去這些地點的好處是，你可以在點餐之前先詢問服務人員餐廳的海鮮來源——在我們的前 20 名料理中海鮮佔有顯著位置——或食材來源。總之，用你的美元、日圓或歐元自己來投票吧！

這本書以無限大的胃口環遊全世界，包含幾個全球知名的飲食大熔爐——倫敦、紐約與墨爾本，同時也收錄許多不容錯過的地點，比方說利馬、新加坡與猶加敦半島。在我們推薦的飲食體驗中，有幾個真的不落俗套，例如澳大利亞內陸的叢林食物或法羅群島（Faroese）料理。它們的共通之處在於透過可口的料理，你可以真正接觸到這個地方、這裡的人與他們的生活方式。每一篇美食介紹後面都會有一則「上哪吃？」小單元，告訴你要去哪裡才能吃到這些料理，至於更詳細的說明，請參閱我們的旅遊指南書與 lonelyplanet.com 網站。

好了，不要再拖了！把你的護照（跟寬鬆衣物）打包好，準備把《地表最強人氣美食地圖》中的每道料理都吃過一輪吧！

Contents
01-99

200-299

300–399

01-
99

© Lonely Planet / Mark Read

在聖塞巴斯提安的
酒吧，例如左圖的
Gandarias，都會將傳
統巧食 pintxos（右圖）
成疊擺在吧台上。
下圖：聖塞巴斯提安範
圍廣大的海灘與海灣。

傳統酒吧的
配酒小點

這些鹹香微辣的配酒
小點，跟紐約州水牛
城的辣雞翅一樣跟酒
很搭。
🐴 57頁

烏拉圭牛排三明治看
起來跟史酷比（Scooby）
愛吃的超大三明治很
像，而這道美食源自一
個偶然發生的巧合。
🐴 174頁

東京有一區有很多酒
吧，可以讓你一邊暢
飲，一邊大啖日式烤
雞肉串。
🐴 228頁

© Shutterstock / Alexander Demyanenko

聖塞巴斯提安街上逛酒吧、品嚐小點

01

西班牙（SPAIN）// 我們認為要探索文化美食，最好的方法莫過於在聖塞巴斯提安（San Sebastián）品嚐小點。如果你還能找出更好的方法，我們會五體投地。在享用 pintxos 小點（巴斯克自治區之外的地區，都叫 tapas）時，要記得搭配一杯酒，因為你得在聖塞巴斯提安的街道上沿街造訪不同的酒吧，才能實現這特別的美食饗宴。pintxos 配酒小點原本只是在小塊麵包上鋪滿食材，但幾經變化之後，現在已經從傳統的麵包搭配配料演變成分子美食，挑戰你的視覺與味覺。不用說，pintxos 小點會使用各種當地的食材製作。

我們很難列出自己到底最愛哪些小點，不過最簡單的例子通常都是會讓你想像不到的——炸白蘆筍、鮪魚鰻魚塔，還有大蒜煎磨菇。如果你想要盡情體驗 pintxos 小點與聖塞巴斯提安，安排一天懶散地逛逛市區及周圍景點，下午睡個午覺，晚上9點左右再出門。通常走幾分鐘就會到達下一個酒吧，每間都有全然不同的美味小點，以及另一群人在酒吧內盡情享美食、喝美酒——跟著他們走就對了。

🍾 **上哪吃？** 名廚祖安・馬里・阿爾查克（Juan Mari Arzak）推薦 Ganbara——這可沒人會有異議哦！記得一定要吃到炸白蘆筍。

吉隆坡高塔下
選一攤咖哩叻沙

02

下圖：咖哩叻沙。
右圖由上而下：吉隆坡
天際線；市中心的路邊
攤座無虛席。

馬來西亞（MALAYSIA）// 濃郁的咖哩叻沙（curry laksa）就像世上任何角落可以找到的美食那樣可口，但在馬來西亞，特別是吉隆坡，你會發現品嚐咖哩叻沙最棒的方式。絕佳攤販隱身在高聳大廈底下及茨廠街（Petaling St）附近的中華巷（Mandras Lane），你會遇見爭相吸引你注意的咖哩叻沙攤販。

挑一個排隊人龍最長的攤位，當你捧著碗選定塑膠椅就座（先確定位子跟叻沙的攤位是同一攤，否則就麻煩大了），就開始了誘人且揮汗的用餐過程。隔天再來一趟，試試隔壁攤位的版本。將濃烈的香料及調味料（如新鮮薑黃、南薑、辣椒、石栗及蝦醬）跟咖哩料混合，若跟椰奶混合，麵湯會呈現鮮豔的橘紅色。放入兩種麵條（細米粉跟粗的雞蛋麵）、雞肉片、蝦、蛤蜊、豆包、豆芽菜、一點新鮮辣椒跟薄荷，再擠上一點萊姆增添美味，這可是在馬來西亞才有的體驗。

🥢 **上哪吃？** 吉隆坡茨廠街附近沿著中華巷的路邊攤。

© Getty Images / Alex Ortega / EyeEm

© Getty Images / SeanPavonePhoto

© Shutterstock / Migel

在傳統東京風捲一堂壽司大師課

03

日本（JAPAN）// 如果想在東京吃壽司（sushi），我們會建議你去 Sukiyabashi Jiro 或 Sushi Saito，但這兩家店的超長排隊人潮會讓美食體驗遜色。不過，如果你的救星（也就是飯店服務人員）施了魔法，可別錯過這個機會，這兩家店展現的壽司技藝無庸置疑。就算沒有救星，東京還是有一些絕佳的壽司餐廳，能端出改變人生的菜色，而且不需要等待，例如 Manten Sushi Marunouchi 及 Jūzō Sushi。

大部分頂級壽司師傅會以發辦（omakase，類似無菜單料理）方式供餐，這是指師傅選擇、準備並端上適合的壽司給你，但別以為這樣就可以放輕鬆，還是有些禮儀要遵守。首先，當新鮮壽司擺在你面前，用手拿起壽司，不要用筷子，也不要蘸醬油或要多一點芥末。師傅已將壽司調味，所以改變味道是一種侮辱。餐間可以用筷子挾薑片，及用擦手巾清潔手指。

花點時間與師傅互動，這是了解這項古老烹飪藝術最接近及最好的機會。記得留意米飯跟魚肉。壽司師傅花好幾年時間讓米飯達到極致，並認為與其他成分同樣重要。盡情沈浸於傳統、技藝、尊重、服務，這都是典型的日本用餐體驗。

 上哪吃？ Manten Sushi 丸之內店，地址：2 Chome-6-1 Marunouchi, Chiyoda；Jūzō Sushi，地址：2 Chome-4 Asagaya Kita, Suginami, Tokyo。

廚師奇觀

↓

埃及烤餅師傅在開羅拍打、敲擊及拉扯像比薩的烤餅麵糰。
▪ 115頁

↓

蘭州拉麵的製麵師傅是天生的表演者。
▪ 200頁

↓

帕帕糖果店的饗宴，就跟它的廚房一樣千變萬化。
▪ 244頁

📷

下圖：一名在東京餐廳準備餐點的壽司師傅。
左圖：難以抗拒的熟練技藝結晶。

花點時間與師傅互動，這是了解這項古老烹飪藝術最好的機會。

德州牛腩真的值得等 4 小時嗎？當然值得啊！

04

美國（USA）// 德州人很懂怎麼烤肉。所以如果德州人都肯等 4 個小時以上排隊，那這道佳餚肯定非常特別。而當你來到德州奧斯丁（Austin）的富蘭克林烤肉（Franklin Barbecue），就會看到大排長龍的景象，一週六天皆是如此。富蘭克林的菜單包括手撕烤豬肉、烤豬排、香腸等等，但最受歡迎的是煙燻牛腩（beef brisket）。作法很簡單。牛肉先上鹽跟黑胡椒，再用「低溫」以橡木「慢慢」煙燻，直到肉塊軟嫩到可以一剝就散，外頭還有一層薄薄、鹹鹹的鹽焦殼。這道多汁的煙燻德州經典烤肉，連德州人都認為是烤肉極品。外來訪客也很愛這款烤肉，包括名廚安東尼・波登（Anthony Bourdain，曾說是這輩子吃過最棒的烤牛腩）、美國前總統歐巴馬（他當時插隊，但幫他後面的每位排隊民眾付錢），還有饒舌歌手肯伊・威斯特（KanyeWest，他想插隊，但沒人願意讓他插隊）。排隊等著進富蘭克林烤肉的 4 個小時，其實已經夠你開車來回德州法定的「烤肉之都」洛克哈（Lockhart）。但在富蘭克林外面排隊很好玩，等候的時間你可以喝瓶啤酒，跟幾位友善的德州人聊聊，而且老天爺，那個烤牛腩真的太好吃了！

🔖 **上哪吃？** 人人皆知在富蘭克林烤肉店外，儘管 11 點才開門，但排隊人潮早上 5 點就會出現。所以記得早點到！地址：900 E 11th Austin, Texas。

絕佳沙拉

↓

在你嚐到雅典最原汁原味的希臘沙拉前，永遠都不會知道有多美味。

 165頁

↓

這盤沙拉一開始是實驗品，洛杉磯的柯布沙拉就是以這道菜餚的原創者來命名。

 175頁

↓

尼斯沙拉版本很多，但要吃尼斯沙拉，最棒的地點還是在法國蔚藍海岸。

 182頁

涼拌青木瓜：曼谷街頭的沙拉給你強而有力的一擊

05

泰國（THAILAND）// 很少有哪道沙拉會這麼引人注意，不過話說回來，涼拌青木瓜（som tum）可不是尋常的沙拉，匯集了各種口味——又酸、又鹹、又甜、又強烈。這道沙拉的口感也非常特別，花生的脆搭配清涼的青木瓜絲跟胡蘿蔔絲，還有迷你多汁的蝦米與蕃茄。泰國各處的街頭小販都會賣青木瓜沙拉，但在曼谷，青木瓜沙拉備受喜愛，彷彿每個街角都有人在賣青木瓜沙拉。

來到曼谷的訪客，都會在熙來壤往的車潮中，忍受讓人快窒息的炎熱天氣，到街上買一盤青木瓜沙拉，這好像是某種儀式。不過如果你想在安靜詳和一點的環境享受你的沙拉，位於暹羅廣場（Siam Square）暹羅中心（Siam Center）的餐廳 Som Tam Nua，提供值得一嚐的版本——這裡的青木瓜沙拉為了西方訪客稍微調整了口味，但還是非常美味。Silom 區的 Somtum Der 也很棒，而且還可以自己決定要多辣——不過要注意哦，最辣的等級可是會讓你大吃一驚。

🔖 **上哪吃？** 曼谷的街頭小販，或到暹羅廣場暹羅中心的 Som Tam Nua，也可試試 Somtum Der，地址：5/5 Saladaeng Rd, Silom, Khet Bang Rak。這些店家都位於曼谷。

下頁圖由左上開始順時針方向：富蘭克林烤肉店的內部；店主艾隆——富蘭克林；泰國的街頭小販；泰國的熱青木瓜沙拉。

04

04

04

05

05

來片丹麥開放式三明治：
哥本哈根的天堂麵包

06

丹麥（DENMARK）// 你知道自從切片麵包出現後，史上最棒的事是什麼嗎？當然是丹麥的開放式三明治（smørrebrød），這一點絕對無庸置疑。拿一片裸麥麵包，抹一點奶油，再把所有你喜愛的美味食材疊上去。其實丹麥開放式三明治可沒這麼簡單啊！製作前得遵循一些規則，這樣你的三明治就可以更有質感，不再只是一片麵包上放了配料。首先，要先放薄的配料，再放體積較大的配料；第二，如果你想一次吃好幾種不同的口味（大家幾乎都會，你很難只吃一個就停下手），那要記得先從鯡魚口味開始，接著吃魚、肉，最後則是起司口味。這樣仔細編排的順序是為了讓你的味蕾慢慢地感受不同的味道，而且不會有哪個口味感覺特別強烈。

如果你過去從未吃過丹麥開放式三明治，你可以先從幾個經典口味開始，這些口味在丹麥處處可見：醃漬鯡魚搭配洋蔥跟蒔蘿、蛋黃醬搭配水煮蛋、鮮蝦、蒔蘿跟檸檬；烤牛肉搭配酸黃瓜、洋蔥跟辣根；藍紋乳酪搭配蘋果跟培根等等。不過丹麥開放式三明治有近乎無窮的變化，我們建議的只是少數幾個例子而已。

哥本哈根的 Schønnemann 可說是丹麥開放式三明治學院，這家餐廳從 1877 年開始就販售開放式三明治，而且呈盤方式既細緻又優雅，就像日本壽司一樣注重風格。如果你想要擁有最極致的丹麥開放式三明治體驗，也有人說這是全世界最絕佳的三明治品味之旅，請試試看下列這些口味：蒔蘿醬醃鰻魚搭配醃漬續隨子、洋蔥跟煎荷包蛋；煙燻鮭魚與煙燻大比目魚搭配蟹肉美奶滋沙拉、蕃茄與羅勒葉；麵包粉炸豬排搭配蘋果、百里香與洋蔥；還有卡門貝爾乾酪搭配黑醋栗果醬。要喝什麼來搭呢？哦，你有超過 140 種杜松子酒（schnapp）、燒酒（aquavit）跟荷蘭琴酒（genevers）可以挑，應該可以配得很對味。

🐟 **上哪吃？** Schønnemann 餐廳，地址：Hauser Plads 16, Copenhagen。

麵包蛋糕大對決

↓

波丁酸麵包在舊金山的旗艦店設有波丁酸麵包博物館。

🐟 **88 頁**

↓

在威爾斯，水果蛋糕是午茶時間最受歡迎的點心，雖然有人說它是麵包。

🐟 **250 頁**

↓

在愛爾蘭認為黑醋栗點心在愛爾蘭民間傳說中，有它自己的獨特地位。

🐟 **312 頁**

左圖：上桌的丹麥開放式三明治。
下圖：丹麥開放式三明治的呈盤有很嚴格的規矩，不過配料變化無窮。

在哥本哈根的 Schønnemann 餐廳，丹麥開放式三明治的呈盤方式既細緻又優雅，就像日本壽司一樣注重風格。

07

07

© PhotoImage / Alamy Stock Photo

造訪紐西蘭海岸以螯蝦命名的小鎮
品嚐美味到不行的螯蝦

紐西蘭（NEWZEALAND）// 在紐西蘭南島的東岸，從基督城（Christchurch）往北開車約兩小時後，就會到達風景宜人的凱庫拉（Kaikoura）鎮。這個小鎮以海岸邊可看到許多海洋生物而聞名，近海地區時常可見抹香鯨、海豚跟海豹的身影。小鎮的名字來自毛利文，「Kai」代表食物，「Koura」則代表螯蝦。

拜其名所賜，小鎮海岸沿線到處都是販售新鮮海產的餐車。其中歷史最悠久也最棒的一家，是 Nin's Bin。這家店的位置是從鎮中心往外開車約 20 分鐘，外觀是基本的藍白改裝餐車，外頭隨意擺了幾張木桌。當地人跟事先做好功課的遊客會蹲坐在周圍，大啖螯蝦、淡菜，欣賞太平洋的美麗風光。Nin's Bin 會以奶油烹煮螯蝦（crayfish），搭配大蒜、一點香芹，讓鮮甜的蝦肉看起來油油亮亮。吃之前擠一點檸檬汁，再點一杯冰涼的啤酒，如果還能看到海上出現抹香鯨的身影，那你就可以擁有一個完美的下午。

 上哪吃？ Nin's Bin，地址：Kaikoura, South Island。

韓式拌飯：韓國的拌飯料理是所有人的好朋友

韓國（SOUTHKOREA）// 韓國的拌飯料理可說是無懈可擊的美食。牛肉以及炒好的香菇、菠菜、櫛瓜等蔬菜堆疊在熱呼呼的白飯上，再以辣椒醬跟韓國大醬調味，最後擺上生蛋或荷包蛋。韓式拌飯（Bibimbap）料理有兩種——全州的吃法是冷拌飯，也就是冷食；第二種吃法是用燒到熱騰騰的石鍋來盛盤——所以一年四季隨時都可以吃拌飯。不論你選的是冷食或熱食，上桌的時候這些拌飯呈盤的樣子都美得像幅畫，所有的食材依序以扇形擺放在白飯上。請花一點時間好好欣賞這美麗的料理，也要知道哪些季節會選用哪些食材。紅辣椒的紅代表你的心，綠色蔬菜代表你的肝，蛋黃的黃代表你的胃，黑色的食材（像是香菇或醬油）代表你的腎，白飯則是你的肺。好！準備開動，記得先把鍋內的東西好好攪拌一下，讓你的內臟也做好準備。

上哪吃？首爾的街道上有很多餐廳會販賣韓式拌飯，請自己找出最愛哪一家。

由上開始順時針方向：那不勒斯貝里尼披薩的烤爐；蕃茄、莫札瑞拉起司、羅勒葉瑪格麗特披薩；那不勒斯市。

義大利經典料理

↓

每一位波隆那人都知道，真正氣味濃郁、肉味十足的義式肉醬，要搭配寬扁麵。

 54 頁

↓

培根蛋麵的起源可以追溯到羅馬，當時羅馬城到處都會吃培根蛋麵。

 118 頁

↓

義大利的時尚之都之所以能有米蘭燉飯，都要感謝波河河谷的稻田。

 207 頁

讚頌
創造瑪格麗特披薩
的地方

09

義大利（ITALY）// 全世界都要感謝義大利發明了披薩。儘管披薩的變化百百種，但有一種披薩永遠都超群絕倫：那就是那不勒斯（Naples）最原始的瑪格麗特披薩（pizza margherita）。在那不勒斯吃瑪格麗特披薩，有點像在朝聖──你會在特定餐廳遇上非常熱心的信徒。

據傳，這道讓全世界都風靡不已的披薩最初是因為19世紀時，溫伯托國王與瑪格麗特皇后來訪，一位本地烘焙師為了替他們烹調餐點，所以創造出這道佳餚。傳說這位師傅一開始做了三種披薩，而皇后非常喜愛上頭有蕃茄、莫札瑞拉起司跟羅勒葉的版本，而食材的三個顏色正代表義大利國旗的三色。從那個時候開始，這道披薩就以皇后的名字為名。那要去哪裡吃才好呢？Di Matteo 是製作瑪格麗特披薩歷史最悠久的餐廳，也是真正的瑪格麗特披薩大師。店中鋪滿蔚藍色瓷磚的大型烤箱烤出一個又一個鬆軟Q彈的披薩，才出爐就會被從各地來此朝聖的披薩愛好者跟當地民眾搶購一空，而且這些人都會因為自己有機會搶到而感到沾沾自喜。如果餐廳門外排隊人潮太長，那就沿著街道散散步，找到自己想朝聖的店家吧。

🕿 上哪吃？Di Matteo，地址：Viadei Tribunali 94, Naples。

到香港品嚐
最經典的港式點心

10

香港（Hong Kong）// 全世界都可以吃到港式點心（Dim Sum），但都無法跟香港的港式點心相比。事實上，香港的港式點心本身就是吸引遊客的景點。港式點心（或飲茶，也就是要搭配茶飲的點心）原本是旅客在旅行途中停下來喝杯茶時搭配的點心，但現在已然成為全球最棒的早午餐。

在香港，你可以隨自己的偏好選擇很簡單的點心，也可以選擇到富麗堂皇的餐廳。點點心（DimDimSum）在市區各處都有分店，這家店的點心依循傳統——你會發現豬肉燒賣、蝦餃跟叉燒包都非常美味。店內氣氛熱絡，滿是想用便宜價格大啖港式點心的學生、遊客跟港點愛好者。若要奢華，也可以選擇米其林星級餐廳，像是都爹利會館（Duddell's）跟福臨門酒家（Fook Lam Moon）。在典雅高貴的都爹利會館，經典的港式點心變得更為精緻高級，例如黑魚子帶子燒賣或鵝肝鮮蝦炸雲吞。

相較之下，福臨門酒店呈現古典廣式餐廳的氣氛，但為香港社會的精英人士呈上的餐點都會帶一點意料不到的小變化，像是蟹籽蒸燒賣或咖哩蒸土魷。不管是在比肩疊踵

的便宜餐廳裡面，或是坐在高雅的環境中，等著餐廳人員安安靜靜地把餐車推到你的桌邊，香港的點心都是每個人一生不能錯過的美味。

📷 上哪吃？ 點點心：佐敦文匯街26-28 號；都爹利會館：中環都爹利街 1 號上海灘 3 樓；福臨門酒家：灣仔莊士敦道 35-45 號。

香港廟街夜市（右圖）也可以讓你盡情享受美味港式點心（下圖）。

© Shutterstock / Stripped Pixel

© 500px / Hobbyman

11

為何檸汁醃魚生會成為祕魯最知名的料理

祕魯（PERU）// 2017 年，祕魯有 2 家餐廳登上全球前 10 名。對任何一個曾經造訪祕魯、嚐過當地料理的人來說，這件事一點都不值得驚訝，尤其是祕魯最知名的檸汁醃魚生（ceviche）。若你還沒吃過，檸汁醃魚生是用柑橘類（主要是檸檬或萊姆，或二種一起）醃熟的生魚或其他海鮮，檸檬汁的作用不只幫魚調味，還可以分解胺基酸，將之「醃熟」。除了柑橘類之外，檸汁醃魚生還會用辣椒、洋蔥、鹽跟香菜調味。在祕魯熱鬧的首都利馬，你不用走很遠，就會碰到一家賣檸汁醃魚生的餐館，不過因為利馬這個城市沿著太平洋海岸邊的區域有好幾公里，我們有幾個建議的餐廳可以幫你省點腳力。小小的 Al Toke Pez 有很多忠誠顧客，因為這家餐館會以很單純的方式來料理這些經典菜色，也很重視海鮮的新鮮程度，而且……還很便宜。如果你打算要多花點錢來享受魚生，那就不要錯過 La Mar，餐廳環境很典雅，而且這裡經典的檸汁醃魚生很美味。不過別忘記來點樂趣、試一些新口味，像是用章魚、魷魚、螺肉、笠貝跟蛤做成的 carretilla。

🐟 **上哪吃？** Al Toke Pez，地址：Av Angamos Este 886, Surquillo；La Mar Cebicheria，地址：Av Mariscal La Mar 770, Miraflores；兩家都位於利馬。

大都市的點心

↓

早上到德黑蘭的糕餅店挑選自己喜歡的伊朗甜點。

🐟 58 頁

↓

要享用讓維也納引以為傲的薩赫巧克力蛋糕，最理想的地點是一直秉持傳統作法的飯店。

🐟 110 頁

↓

如果你覺得馬卡龍到處都有，那你一定還沒有去過巴黎。巴黎的馬卡龍不僅多樣，而且個個都很完美。

🐟 113 頁

12

到里斯本糕餅店購買無與倫比的葡式蛋塔

葡萄牙（PORTUGAL）//「早安。」
「早安，我想來點葡式蛋塔。」
「好的，要幾個？」
「一個……嗯……還是兩個好了。謝謝！」

在葡萄牙的街上，每天都在上演這樣的對話：遊客跟當地人都禁不住誘惑，踏進美麗的社區糕餅坊（pastelaria）。本來只想買個剛出爐的葡式蛋塔（pastel de nata），但走出門時，手上通常不只一個。再搭配一杯咖啡，就是觀光遊覽最完美的良伴。

很多國家都會製作蛋塔，但在葡萄牙，這簡單的甜蜜配方可說是已臻完美：又酥又脆的酥皮，軟嫩但甜而不膩的雞蛋卡士達，而且尺寸小得剛剛好，可以讓人幾口就吃完。葡式蛋塔原本叫 Pastéis de Belém，是在數個世紀前，由天主教修士創造出來的點心，不過現在你不用大老遠到修道院就可以嚐到葡式蛋塔。在熱愛糕點的葡萄牙，你會覺得每個街角都有一家糕點店。

🐟 **上哪吃？** 1837 年，里斯本（Lisbon）的 Pastéis de Belém 糕點店自附近的熱羅尼莫斯修道院（Jerónimos Monastery）取得葡式蛋塔的食譜後，其製作方式就一直遵循傳統。

上圖：里斯本街上的黃色電車。
左下：在里斯本到處都可以看到葡式蛋塔。
右下：Rafael Osterling's El Mercado 的內部裝潢（簡介請見 40 頁）。

艾瑞克 · 里貝特

　　艾瑞克 · 里貝特（Eric Ripert）是法國名廚與電視名人，以創新海鮮料理聞名於世。里貝特在紐約開了 Le Bernardin 這家世界知名的餐廳，也出版過 4 本食譜書，包括最近剛剛出版的 *My Best*。

01

印度菩提伽耶的石榴汁

到菩提伽耶（Bodhgaya）外的小村落裡，街上小販賣的石榴汁會是你這輩子喝過最美味的。

02

韓國的醬蟹

我每次到韓國都一定會吃這道用醬油醃生螃蟹的傳統料理──醬蟹（Ganjang-Gejang），非吃不可！

03

摩納哥 Alain Ducasse's Louis Xv 的任何料理

在這家位於蔚藍海岸巴黎大飯店（L'hotel de Paris）的米其林三星餐廳，每樣料理都好吃到無法形容。在這裡用餐不僅無比奢華，而且妙不可言。

04

巴黎 Jamin 的馬鈴薯泥

我在多年前第一次吃到廚師 Joel Robuchon 知名的馬鈴薯泥。雖然 Jamin 後來關門了，但在世界很多其他追隨大師腳步的餐廳，你還是可以找到這道料理。

05

東京六本木 Ryugin 的任何料理

龍吟（Ryugin）這家日本料理餐廳的種種都讓我印象深刻，包括空間創造出來的親密氣氛，還有每道餐點的精緻程度。

大啖塔斯馬尼亞捕撈上岸後
直接送到餐盤上的生蠔

13

系統有所幫助。

在 21 世紀初，義大利科學家發現生蠔含有特定胺基酸，可以促進性慾，也由此證實生蠔是催情良方的傳說其來有自。因此，不管你是喜歡生吃、沾一大堆塔巴斯科辣椒醬，還是淋一點檸檬汁，就驕傲地大啖塔斯馬尼亞生蠔吧！

澳大利亞（AUSTRALIA）// 不管是喜歡先咀嚼一下，還是想直接一口吞，若你熱愛生蠔（oysters），就一定要到塔斯馬尼亞（Tasmania）這個雙殼綱的麥加朝聖一下。對熱愛貝類的人來說，整個澳大利亞東岸都可說是夢幻景點，從南邊美麗的布魯尼島（Bruny Island）到北邊美崙美奐的菲欣納半島（Freycinet Peninsula）。雖然最大的生蠔養殖集散地是在南部的塔斯馬尼亞首府荷巴特（Hobart），但一路往北的絕美風景，非常適合搭配你跟海鮮的浪漫之旅。

綠油油的半島大部分都涵蓋在菲欣納國家公園範圍內，同時間半島上還有讓人踩下去感覺軟綿舒適的沙灘與突出的花岡岩，更有面向塔斯曼海（Tasman Sea）的寧靜海灣。在這塊淨土的濕地與入海口有很多生蠔養殖場，也讓此地成為海鮮愛好者必訪的朝聖之地。在菲欣納海鮮養殖場（Freycinet Marine Farm），你可以購買 10 幾顆剛從海中撈上岸的生蠔，在附近的沙灘或養殖場的野餐桌上享用；你也可以參加導覽，了解養殖業從育種到分級的過程。幾個世紀以來由日本養殖的太平洋長型生蠔，是在上世紀中期引入澳大利亞，因為肉質肥厚鮮美，又可快速成熟，所以立刻大受歡迎。生蠔食用海藻跟營養素，因此富含維生素與礦物質，包括自然形成高含量的鋅，對免疫與消化

🦪 **上哪吃？** Freycinet Marine Farm，地址：1784 Coles Bay Rd，這家養殖場提供導覽、販售海鮮，還有很棒的海鮮餐點。

貝類

↓

重點是貝殼下的美味食材。在日本北海道享用海膽就是這麼簡單。
🦪 73 頁

↓

熱到冒泡的藤壺！在葡萄牙南部餐廳的菜單上會看到水煮鵝頸藤壺。
🦪 121 頁

↓

斯里蘭卡可倫坡的螃蟹部餐廳，會帶給你最棒的甲殼動物體驗。
🦪 231 頁

左頁：菲欣納國家公園中的酒杯灣（Wineglass Bay）。這個國家公園鄰近許多生蠔養殖場，可以到養殖場學習如何安全地把生蠔去殼。

到塔斯馬尼亞美麗的菲欣納半島找一間生蠔養殖場，享用最新鮮的海鮮。

© Lonely Planet / Lottie Davies

📷

由左而右：法國鄉間乳
酪店的卡門貝爾乾酪；
多爾多涅（Dordogne）的
小販；巴黎乳酪商正在
切乳酪。

若飲食是
一種教育

↓

那我們對咖哩香腸應
該有哪些認識？到柏
林的香腸博物館一探
究竟。
🔖 149頁

↓

讓原住民帶你認識澳
大利亞的北領地。
🔖 102頁

↓

紐西蘭的島灣蜂蜜
店，會教你麥蘆卡蜂
蜜的各種益處。
🔖 285頁

© Lonely Planet / Andrew Montgomery

從三種最美味的法國乳酪體驗挑一種，或乾脆全都試試

14

法國（FRANCE）// 要享受法國乳酪的方式很多，但以下是我們最愛的 3 種方式。首先，先從乳酪之王洛克福藍紋乾酪（Roquefort）開始。參觀蘇宗河畔洛克福的洞穴，會讓你感覺很像來錯時代：在 2 公里長的康巴魯石灰洞穴（Combalou Caves）中，一排又一排的起司彷彿已經在這裡待了好幾世紀。洛克福乳酪會有這麼特別的氣味與乳脂，都是因為這個地方的歷史與特異性。在這麼奇幻的地方試吃乳酪，可謂魔法的體驗。

第二個選項是巴黎 Le Grand Véfour 餐廳的起司餐車。當你好不容易把眼光從餐廳古老華麗的裝潢、濕壁畫屋頂、紅絲絨長椅與明亮的鏡子移開，就會注意到餐廳提供的起司：匯聚各種綿羊、山羊與乳牛的乳酪產品，各種口味，從辛辣刺激到堅果香都有。餐廳細心又知識淵博的服務人員可以跟你說明所有可選的乳酪種類。

第三種方式，則是自己挑愛吃的法國乳酪。騎單車到鄉間村落的乳酪店自己挑乳酪，再買瓶香檳酒，到鄉間找個僻靜又有樹蔭的地點沈浸其中。

🐟 **上哪吃？** 洛克福的康巴魯洞穴，Roquefort-Sur-Soulzon, Aveyron；Le Grand Véfour 餐廳，地址：17 rue de Beaujolais, 75001 Paris。

15

16

15

香辣煙燻雞：體驗牙買加首都的加勒比海熱情

牙買加（JAMAICA）// 你在世界無數個知名景點都可以看到牙買加廣受喜愛的火辣煙燻雞（jerk chicken），人人都著迷於那讓舌頭感到微微刺痛的香料，但在自家土地上吃這道料理，仍然是品味這道加勒比海絕品的最佳方式。這道料理起源於由西班牙管控的非洲奴隸，逃亡進入山區、加入當地泰諾族（Taino）人口時所發展出來。傳統食譜中使用當地食材，經過好幾代的變化，最後就出現了香辣煙燻雞！要抹在雞肉上的調味料非常多，其中最重要的是牙買加胡椒跟蘇格蘭圓帽辣椒，這讓人心跳加速的辛辣組合會直接抹在雞肉上，再仔細搓抹，讓香料進入雞皮，最後放至少 2 小時進行醃漬。這些雞肉會以燒烤跟煙燻的方式烹調，而且使用的木材一定是剛剛砍下來的牙買加胡椒樹枝——這是這道料理的最高機密。

🍴 **上哪吃？** Pepperwood Jerk Center 有綠野環繞的小木屋，地址：2 Chelsea Ave, Kingston。

16

用馬拉喀什的陶鍋燉羊肉為感官提供一場饗宴

摩洛哥（MOROCCO）// 馬拉喀什（Marrakech）的美景無處不在，其中最美的風景莫過於赭色的舊城區中鋪著鵝卵石的巷道跟露天廣場。街道上散發的活力讓人著迷。空氣中有股肉桂香，路上擠滿行人和攤商販賣箱支架，往來車輛跟招攬顧客的人不斷發出熱鬧聲響。在街道上好好逛逛，直到你所有胃口準備品嚐摩洛哥最出名的陶鍋燉羊肉（lamb tagine）。在 La Maison Arabe 裝潢傳統的餐廳中，用餐的賓客會坐在手工彩繪的天花板、華麗的吊燈與雕飾的木窗下，聽著繁花盛開的後院噴泉發出的溫和聲響，以及現場演奏的阿拉伯／安達魯西亞音樂。所以請放鬆心情，在等候陶鍋燉羊肉的同時，享用你的薄荷茶。老天，這道多汁又香味四溢的料理絕對值得等候。事實上，如果無法忘懷這道料理，不妨考慮餐廳的 4 小時烹飪課，帶走這個美好回憶。

🍴 **上哪吃？** 在 Hotel La Maison Arabe 內的 Le Restaurant，地址：Derb Assehbi，Marrakech。

致敬新加坡的新美食經典：
辣椒蟹

17

新加坡（SINGAPORE） // 辣椒蟹（chilli crab）這道料理原本是平民美食——在 1950 年代，這道菜是小販推著推車販售的，而現在新加坡這道讓人吮指回味的知名火辣料理，已經成為所有遊客來到獅城一定要嚐的美食。原本這道菜的螃蟹是用辣椒醬跟蕃茄醬汁來煮，但現在很多餐廳都會自己開發專屬醬汁，有些口味比較甜，有些則會辣到翻天。

新加坡市區有很多海鮮餐廳都會供應這道經典的辣椒蟹，不過你也可以到歷史悠久的 No Signboard 連鎖餐廳大啖辣椒蟹。就跟辣椒蟹的起源一樣，No Signboard 一開始也是很小的店，小到連招牌都沒有。現在則是在新加坡各處都可以看到分店。這家餐廳的辣椒蟹可以調整辣度，不過我們覺得辣椒蟹就應該要辣，所以不要選擇完全不辣。

餐點上桌的時候，把袖子捲起來——這道菜有很多奶醬，吃起來會弄得很亂，所以就放手大吃吧！當你把所有軟嫩、多汁的蟹肉都小心地從蟹殼裡挖出來（也可以把任何挖不出來的蟹肉用嘴巴吸出來），再拿兩片饅頭把盤上的醬汁都吃乾抹淨。

🦐 **上哪吃？** No Signboard Seafood，地址：414 Geylang Rd, Singapore。

(18)

18

用一盤布魯塞爾淡菜，得到最實在的用餐經驗

比利時（BELGIUM）// 在世界知名美食的發源地享受這道料理，會帶來無法比擬的喜悅。在比利時，沒有任何一道菜可以像淡菜薯條（moules frites）那樣，讓你感覺活在當下。傳統上，烹調淡菜薯條時，會把淡菜這種海洋珍寶以切碎的青蔥跟蒜末佐白酒奶油醬來調理，配菜則永遠都是薯條——不是薯片，而且一定要搭配知名的比利時啤酒，不然就不夠道地。在比利時首都布魯塞爾（Brussels）要找到淡菜薯條很簡單，但你大概很難錯過傳奇的 Le Zinneke 餐廳，因為這裡供應超過 70 種不同的淡菜薯條，其範圍之廣，著實讓人吃驚。從簡單的淡菜薯條到經典口味都有，像是用啤酒、菊苣跟奶油煮的淡菜，也有更為冒險的口味，例如用日本清酒跟辣椒煮的。Le Zinneke 使用的淡菜，是每天從荷蘭澤蘭省（Zeeland）新鮮捕撈的，這裡所有料理都強調慢食，重視有機與在地食材的使用。。

🡆 **上哪吃？** 捲起袖子開始大吃，堆出自己的貝塚吧！Le Zinneke，地址：Place de la Patrie 26, 1030 Schaerbeek, Brussels。

19

在北京烤鴨的發源地
來一盤飲食盛宴

中國（CHINA）// 全世界的中式餐廳櫥窗都掛著一隻隻焦糖色的烤鴨（Peking duck），這已經成為極具代表性的畫面。但其實廚師們是 19 世紀中才開始把烤鴨掛起來滴油，創造出極為酥脆的脆皮，使這道料理變得世界知名。在北京，這道料理的發源地，吃鴨的經驗從便宜實惠到老饕美食都有，最好的選擇通常都介於其中……例如：四季民福。在這裡，舒適的現代用餐環境與傳統烹調技巧達到巧妙平衡。記得要點全鴨，還要多付點錢點頂級鴨（比較肥也比較多汁），烤好的鴨會直接送到你的桌邊，並開始片鴨

秀。首先，廚師會先切除鴨頭，再把鴨皮片下來，最後再把鴨肉切好放在盤子上，接著會把鴨架子移開，再把鴨餅送上桌。現在你可以開始自己組合：鴨肉沾一點甜麵醬，再放醃蘿蔔、青蔥絲跟小黃瓜絲，用麵皮包起來，整口送進嘴裡，準備體驗美味。

🍴 **上哪吃？** 四季民福，地址：北京市東城區東單燈市口西街 32 號。

在越南上船
到水上市場外帶河粉

越南（VIETNAM）// 在湄公河三角洲最大的城市芹苴（Can Tho），人們繁忙活動的同時，必須常常面對肥沃三角洲叢林動不動淹水的情況。這裡的生活以孝河（Hau River）為中心。孝河又名後江，是湄公的主要支流之一，河兩岸的都市不斷發展，高腳屋佇立在泥濘的河邊，還有些蓋在河中。這裡最知名的就是水上市場，而其中最大的就屬丐冷（Cái R ng）。丐冷的活動從很早就開始，買家跟賣家在船隻之間交易蔬果跟錢，在相互爭道的各家船隻之間，小型的舢舨會販售甜甜的越南咖啡跟熱食。從芹苴市區搭船就可以到達水上市場，不過你得清晨 5 點就出門，所以碰到這些販售食物的舢舨，會覺得是天下掉下來的好運。不只是因為可以來杯咖啡提神，有些還會提供整套餐點，包括越南最著名的早餐──越南河粉（pho）。

事實上，這些小舢舨可能是吃越南河粉最棒的選擇，畢竟越南有一半的食材都來自這塊三角洲，所以這裡用的食材一定超級新鮮（而且跟北越比較起來，南越的河粉會放很多香料跟佐料）。最大的樂趣是你可以看著小販在小船上，一邊要注意平衡，一邊從大鍋中舀出冒著蒸氣的牛肉湯，淋在已經擺了麵條、豆芽菜、青蔥、暹邏羅勒及其他配菜的碗中，碗裡的每樣食材都分別從不同的容器中夾出來。船家彷彿特技表演的烹調方式，完全不會影響到這道料理用肉湯、暹邏羅勒、海鮮醬、辣椒醬跟新鮮檸檬混合而成的風味與美味，絕對是世上最棒的一道早餐。最後再跟賣零嘴的船家買新鮮鳳梨來吃，你就會覺得自己宛如來到天堂。

🍴 **上哪吃？** 避開大型的觀光船，租小舢舨到丐冷，這樣你才能真正靠近熱鬧的地方（還有賣零嘴的船）。

右圖：芹苴丐冷水上市場的賣家，正在把貨品搬上船。
下圖：市場有幾家小攤在賣河粉。

21

串燒捲餅蘇夫拉起：
雅典夜晚的烤肉香

希臘（GREECE）// 在雅典的深夜，混著香草香氣的烤肉引誘著你走向店門口，還有當地民眾吵雜的對話聲。希臘這道用薄餅製成的夜間三明治，比大部分的三明治都新鮮健康。串燒捲餅蘇夫拉起（souvlaki）是用一張大大的薄餅，把烤肉（雞肉、豬肉、羊肉或牛肉）以及蕃茄、紅洋蔥、小黃瓜與清新的青瓜酸乳酪（tzatziki）拌在一起的沙拉包起來。串燒捲餅的肉是非常重要的食材，而且跟希臘旋轉烤肉很不同，因為希臘旋轉烤肉是用旋轉式烤肉架，再把肉切下來，串燒捲餅則是把小肉塊串起來烤，再用香草、鹽跟檸檬汁來調味。

素食者也不用擔心：哈羅米起司（halloumi）做成的串燒捲餅，一樣也可以讓你在雅典的夜遊有個完美句點。

🍴 **上哪吃？** 在時髦的柯洛納基（Kolonaki），往 Kalamaki Kolonaki 走，地址：Ploutarhou 32。若是在甘齊（Gazi），則可以到 Elvis 吃串燒捲餅配酒。

© Constantinos Iliopoulos / Alamy Stock Photo

馬丁·
摩拉利斯

馬丁·摩拉利斯（Martin Morales）是倫敦 Ceviche Soho、肖迪奇的 Andina、蘇活區的 Casita Andina 以及 Ceviche Old St. 的主廚兼創辦人。他出版了兩本食譜書——*Peruvian Kitchen* 與 *Andina: The Heart of Peruvian Food*。

01

哥倫比亞波哥大的「裹布牛排」
這種裹布牛排（Rag steak）會先抹上鹽跟牛至，再用布包起來，丟進燒得火熱的炭火中，幾分鐘之後，鮮嫩多汁的牛排就出現了。我是在 Andres Carnede Res 餐廳學到怎麼做這道料理。

02

土耳其費特希耶的烤羊肉
在卡阿蓋（Kayakoy）的一間當地餐廳，烤羊肉要用的羊隻長大的地點，離你的桌子不過幾公尺——挑選你想吃的部位，用自己的烤肉架來烤，搭配沙拉跟新鮮麵包。

03

西班牙朋提威德拉的墨魚汁燉飯
西班牙孔巴羅（Combarro）水岸邊的 OBoccoi 餐廳，供應的墨魚汁燉飯實在絕妙無比。墨魚汁的味道新鮮濃厚——絕對不要錯過！

04

葡萄牙阿倫德如的海鮮大雜燴
找個無人沙灘上小木屋風格的餐廳，例如 Restaurante A Ilha，坐在戶外好好享用這道經典魚湯。

05

祕魯利馬的 El Mercado 餐廳
我最愛的祕魯餐廳，最能代表利馬的檸汁醃魚生，由大廚拉斐爾·歐斯特林（Rafael Osterling）所開設。鮪魚跟酪梨檸汁醃魚生，是最近大受歡迎的菜色。

22

22

22

想在馬德里共享巧克力跟吉拿棒嗎？

西班牙（SPAIN）// 冬天的馬德里是浪漫的縮影。不過如果你已經充分領會麗池公園（Buen Retiro Park）的美景，或已經在主廣場（Plaza Mayor）周圍的街道逛街逛到開心，那就該是時候讓你快凍僵的鼻子享受一下吉拿棒（churros）的熱氣。吉拿棒基本上是油炸之後沾滿糖粉的長條型甜甜圈，上桌時會附上一碗罪惡到不行的濃郁巧克力沾醬。傳統上，麵糰會以擠花的方式擠到一個大碗中再油炸，直到外皮又酥又脆。吉拿棒是對抗馬德里寒冬的最佳良方，不過我們要先提醒一下。當盤中只剩最後一根吉拿棒時，就是測試你跟友人之間友誼有多深厚的時刻。

🍴 上哪吃？ 位於馬德里 Pasadizo de San Gines 的 Chocolatería San Ginés 餐廳，從 1894 年開始供應吉拿棒，24 小時不間斷地提供巧克力讓你精神一振。

在人來人往的博蓋利亞市場大啖巴塞隆納美食

超級好玩的市場

↓

台南夜市的氣味、聲音與感官刺激，讓人永生難忘。

 52頁

↓

帶著一杯現場釀酒廠提供的精釀啤酒，在哥本哈根的瓦埃勒市場散散步。

 95頁

↓

首爾的鷺梁津水產市場，提供各式各樣稀奇古怪的海產與商品。

 222頁

西班牙（SPAIN）// 跟當地民眾在巴塞隆納的酒吧裡，肩並肩品嚐西班牙水果酒（sangria）、挑選小盤的餐前小點（tapas），是人生一大樂事。要在巴塞隆納盡情大吃餐前小點，另一個作法是到博蓋利亞聖約瑟市場去，又稱為博蓋利亞市場（La Boqueria）。

這裡的小吃攤位通常要到午餐時間才會開始營業，所以留幾個小時先逛逛賣新鮮食材的小攤，培養胃口。現場的新鮮水果會擺得像萬花筒一樣多彩，西班牙火腿的攤位會擺放著熟成程度不一的大火腿、乳酪、蛋、糕點跟麵包，以及讓人口水直流的海鮮。因為這個市場大受歡迎，所以人潮擁擠，不過逛市場的樂趣之一是看當地人買雜貨，還有遊客用幾句破西班牙文試圖要買幾片西班牙火腿。

如果逛到腳痛，就往附近的酒吧鑽。Ramblero 提供非常美味的海鮮小點、新鮮牡蠣、干貝、淡菜等餐點——鹹鱈魚沙拉（鹹鱈魚、蕃茄、洋蔥、橄欖油、醋、鹽拌成的沙拉）會讓你彷彿置身天堂。下一站是最知名的市場小點餐廳，El Quim de la Boqueria（你可能要等一會兒才有位子，這個地方超級受歡迎）。這裡最著名的餐點是用橄欖油火炸的雞蛋配小章魚，不過記得也要多吃幾盤波特紅葡萄酒燉

野菇。最後就到 Bar Pinotxo 嚐嚐鷹嘴豆跟血腸。

當然，市場內會非常繁忙。不過市場 8:00 就開門（週一到週六），所以可以盡早先來體驗逛市場（還有市場美食）的樂趣。

🍴 **上哪吃？** Ramblero、El Quim de la Boqueria、Bar Pinotxo 和 La Mercat de Sant Josep de la Boqueria；都在巴塞隆納。

左圖：巴塞隆納博蓋利亞市場知名的大門。
下圖：市場內的 El Quim 是非常受歡迎的休憩餐館。

欣賞色彩繽紛的水果擺設，擺放大隻火腿的小攤販，以及讓人口水直流的海鮮。

義大利冰淇淋店：
手工創造的極致美

24

義大利（ITALY）// 當然，走在鋪滿鵝卵石的街道上，吃著手中的冰淇淋，看著蔚藍的天空，帥氣的年輕人騎著偉士牌機車從你身邊呼嘯而過，你會覺得人生似乎更光明、更充滿活力。不過義大利的手工冰淇淋（gelato）會成為世界上最好吃的，可不只是單單因為這個原因。

義式手工冰淇淋脂肪含量少，強調食材的原味，而且跟很多冰淇淋不同的地方，在於它不會被當成可以一直冰凍的產品。所有的義式冰淇淋都是當天早上現做——以絕妙的方式強調出冰淇淋帶來新鮮、當地、當季的特色。所以到了4、5月，你就會看到用埃特納火山（Mt Etna）山腳下種植的堅果做成的開心果口味，以及用里貝拉山谷（Verdura Valley）產的成熟野草莓做的草莓口味。柑橘、歐洲酸櫻桃、栗子與榛果都是採用不同區域的當季食材，非嚐不可的口味。

不是每間冰淇淋店都會有自己的製冰師傅，仔細觀察幾個小細節，你就可以知道自己是不是來到正宗冰淇淋店。開心果跟香蕉等口味的冰淇淋看起來應該有點白，而不是有點螢光黃。還有，手工精巧的製冰師傅應該看起來很累——他們可是一大清早就起床製冰啊！

🔖 **上哪吃？** 冰淇淋愛好者一生一定要到諾托（Noto）傳奇的冰淇淋店 Caffè Sicilia，吃一次包在奶油麵包中的義式冰淇淋。地址：Corso Vittorio Emanuele 125, Noto。

下圖：美味的開心果與榛果口味冰淇淋送到你面前。
右圖：那不勒斯灣海邊的太陽與檸檬冰淇淋。

© Lonely Planet /Matt Munro

© Lonely Planet / Susan Wright

25

鷹嘴豆泥：
簡樸的鷹嘴豆
成為社交活動焦點

以色列（ISRAEL）// 把鷹嘴豆（hummus）歸於某個特定國家其實有點危險，所以進一步說明之前，得先跟黎巴嫩、敘利亞、巴勒斯坦、埃及、土耳其跟賽普勒斯打聲招呼。不過，我們推薦的是以色列的鷹嘴豆料理。最基本的鷹嘴豆泥是用鷹嘴豆混合芝麻醬、檸檬汁與大蒜做成的醬料，但鷹嘴豆泥真的不只如此。在以色列，鷹嘴豆泥代表著要好好享受的社交活動，所以會把幾個好友找來一起享用。以色列鷹嘴豆泥的配料非常多變創新，可以嚐嚐磨菇跟茄子、蠶豆泥跟芝麻醬配水煮蛋，還有 hummus basar，也就是鷹嘴豆泥配炒牛絞肉。每一種都會搭配新鮮的口袋餅跟白洋蔥塊。這就是吃鷹嘴豆泥最正確的方式。

🐟 **上哪吃？** 如果你實在不知道要吃什麼，就到非常可靠的 Abu Hassan（別名 Ali Caravan），地址：1 Dolphin St, Yafo, Tel Aviv。

© Bon Appetit / Alamy Stock Photo

25

26

© Lonely Planet / Mark Read

26

在天堂把新鮮烤魚當零嘴

塞席爾（SEYCHELLES）// 塞席爾的 115 個島嶼處處都有點綴著棕櫚樹的沙灘、花崗岩巨石、清澈的水跟閃爍的珊瑚礁，不斷吸引遊客前來。所以在這個樂園般的國家發現很棒的鮮魚（fresh fish）應該一點都不奇怪。海灘邊無數的餐廳以及群島各處的小販，都會提供塞席爾料理的精髓。你可以挑選最新鮮的笛鯛、籃子魚、狗魚、旗魚，全部都是當地漁夫乘著你在海岸邊看到的船隻捕撈上岸的新鮮漁獲。加一點辣椒、薑、大蒜、檸檬，你挑選的魚會烤到很完美。從旁邊另一個攤子買新鮮椰子水，讓味蕾覺醒一下，接著捏捏自己，因為你會以為自己身在天堂。

🐟 **上哪吃？** 趁著日落，到波瓦隆沙灘（Beau Vallon Beach）跟當地人一起，享受活力滿滿的沙灘上，不同攤位料理的塞席爾燒烤美食。

27

感謝美好巧合
讓法國飯店
為世界帶來翻轉蘋果塔

法國（FRANCE）// 翻轉蘋果塔（tarte tatin）背後最受歡迎的
故事版本，是拉莫特伯夫隆市（Lamotte-Beuvron）丹特飯店的
共同創辦人史黛芬妮．丹特，為了救一整鍋快燒焦的蘋果
派，把派皮直接蓋在蘋果上再放入烤箱，沒想到味道濃郁
又已經焦糖化的蘋果，跟底下又酥又脆的派皮結合，大受
歡迎，從此成為飯店招牌菜。往前推進 120 年，翻轉蘋果
塔現已成為法國名菜。丹特飯店的餐廳在蘋果塔發明當時
算是很現代化的餐廳，就像它的食譜，這家餐廳看來沒什
麼變動：古色古香的用餐空間，搭配木製傢俱、暗粉紅色
的地毯跟拉上窗簾的窗戶，巧妙地提供剛好的氣氛，讓你
可以好好享受一大片剛出爐的翻轉蘋果塔。

🖝 **上哪吃？** 丹特飯店也提供住宿哦！可以以此為據點，
探索有繁茂森林的索洛涅區（Grand Sologne）以及羅亞爾山谷
（Loire Valley）。地址：5 Avenue de Vierzon, Lamotte-Beuvron。

© Lonely Planet / River Thompson

27

28

用慢慢烹煮的烤乳豬
與薩丁尼亞人一起慶賀

義大利（ITALY）// 大部分的人想到義大利的薩丁尼亞島
（Sardinia），都會想到鮮魚，但島內的山也提供好幾道讓人
口水直流的料理。其中最棒的一道就是烤乳豬（porcedu）：
一整隻烤乳豬，以桃金孃葉、百里香、牛至、薄荷、月桂
葉、馬鬱蘭與蘋果樹木屑，慢慢烘烤好幾個小時才完成。
這道料理是愛的產物，不只能展現當地食材的優點，也能
顯現出薩丁尼亞人的獨立本質，以及有多欣賞他們擁有的
美麗風景。從烹調這道料理的繁複工序，就知道這道菜是
喜慶料理，所以趕緊想辦法讓自己可以受邀參加當地婚禮
或生日宴會，這樣才有機會品嚐小火慢烤好幾個小時之後
多汁又軟嫩的豬肉，以及酥脆鹹香的豬皮。上桌時，這道
料理會用以桃金孃蓋住的大盤子來呈盤。

🖝 **上哪吃？** 跟當地人交朋友好拿到邀請函，或者到民宿試
試，例如 Agriturismo la Sorgente Localita Annunziata, Castiadas,
Sardinia。

28

© Shutterstock / Alessio Orru

47

29

歡迎來到紐約：
讓麵包與牛肉成為天作之合的好地方

美國（USA）// 牛肉漢堡（beefburger）成為速食主角的起源，向來眾說紛紜。德國宣稱發明了第一個漢堡，而德國漢堡市（Hamburg）也確實是第一個用牛絞肉、大蒜、洋蔥、鹽跟胡椒製作肉排的地方，但是漢堡人並沒有用麵包把肉排夾起來；美國人堅持他們才是讓這個發明變成全球熱銷產品的國家。麵包後來也升級，現在除了大眾熱愛的芝麻圓麵包，還可以看到用布里歐麵包跟拖鞋麵包夾起來的漢堡。要討論哪種漢堡最好吃，是很危險的工作，不過我們認為紐約是讓你滿足「漢堡慾」最好的地點。在紐約這個大蘋果城市，漢堡是重要產業，隨時都會出現有創意漢堡

的新餐廳。如果你到 Bill's Bar & Burger，會發現這家餐廳的招牌起司漢堡美味無比：170 克牛肉、起司片、酸黃瓜跟萵苣。如果你比較喜歡豪華版的漢堡，那就到布魯克林區的 Emily 餐廳試試 Emmy 漢堡：熟成牛肉、切達起司、烤洋蔥、醃小黃瓜跟韓式醬料，再全部用德式椒鹽麵包夾起來。

🍴 **上哪吃？** Bill's Bar & Burger，地址：Bill's Rockefeller Center, 16 W 51st St（另外一家分店在 Downtown at 85 West St）；Emily，地址：919 Fulton St, Brooklyn。

30

要吃道地的瑞典肉丸子
當然要到肉丸的祖國啊！

瑞典（SWEDEN）// 瑞典擁有魔力的肉丸，瑞典文叫「köttbullar」。在瑞典各地，從最南端的馬爾摩（Malmö）到最北的北極圈，肉丸都大受歡迎。不過一般認為斯德哥爾摩（Stockholm）才是肉丸之都，因為這裡提供的肉丸選擇非常豐富。走在中古世紀古城斯德哥爾摩老城（Gamla Stan）內蜿蜒曲折的小巷內，欣賞莫名協調的金色與赭色建築，或到市中心走在優雅的鵝卵石街道上，你就會發現以傳統方式烹調瑞典肉丸的餐廳。瑞典肉丸會混合豬絞肉跟牛絞肉——有時還會加馴鹿絞肉，尤其是北部——再加上麵包粉、五香粉。煮好之後，先在淺碗中舀進口感滑順的馬鈴薯泥，放上肉丸，再淋上肉香濃郁的奶油肉汁。配菜是醃黃瓜跟有點酸的越橘醬，正好平衡醬汁的濃郁感。這道料理原本是為了讓在斯堪地那維亞寒冷天候中工作的工人可以補充能量，但料理中的不同味道卻達到絕妙的平衡。除非你人到瑞典，不然你還真沒吃過道地的瑞典肉丸。

🚗 上哪吃？ Tranan 餐廳並沒有把瑞典肉丸列在菜單上，但這家店以肉丸出名。地址：Karlbergsvägen 14 in Stockholm。

美好蘇格蘭景色下最新鮮的炸魚薯條

31

英國料理

↓

英式午茶最正確的組合——司康、果醬、奶油醬——是全國爭辯的焦點。

 109 頁

↓

巴爾蒂咖哩是現在英國各地印度餐廳都會供應的標準菜色，而這道菜源自於伯明罕。

 252 頁

↓

在倫敦酒吧用一品脫的當地艾爾啤酒搭配牛肉腰子派。

 303 頁

英國（UK）// 在蘇格蘭東北部的斯冬希文（Stonehaven），你會深刻體會到海洋的浪漫。綿延一公里長的海灣是散布鵝卵石的沙灘，港口停泊著帆船，岩石水塘中有螃蟹跟海星，海鷗順著海風翱翔，遠方則可以眺望北海淺灰色的海平線。讓這幅美麗風景更完美的是，海灘中央的 The Bay Fish & Chips，這家餐廳用的是從海洋管理委員會（MSC）認證漁場捕獲的野生新鮮漁獲，餐廳公告板上會寫當天抓到這些魚的船隻名。薯條則是用附近波特頓（Potterton）鎮商家提供的馬鈴薯。考量一下這樣的美景、漁獲的永續，以及美味到不行的炸魚，這裡的炸魚薯條（fish and chips）當然是全世界最棒的炸魚薯條！從排隊的長長人龍就可以得到答案。

當然，說英國國民美食的代表餐廳在蘇格蘭，會讓某些人不滿。首先，大部分的故事都說炸魚薯條起源於 1860 年代的英格蘭，地點可能是在倫敦猶太移民約瑟夫·馬林（Joseph Malin）的店，或是在蘭開夏由企業家約翰·李斯（John Lees）發明。不管真相為何，英國各地都有很棒的炸魚薯條餐館。下一個問題則是，要選鱈魚還是黑線鱈？現在大家都認為鱈魚是比較永續的選擇，但要找經 MSC 認證的漁獲來源。

📷

左圖：在斯冬希文港內等待漲潮的漁船。
下圖：剛炸好的炸魚薯條可能會用報紙或盤子上菜。

記得在又厚又白的炸魚排酥脆外皮，還有熱騰騰又鬆軟的薯條上淋一點點醋。

 上哪吃？ 一定要點：炸鱈魚、大份薯條、Irn-Bru 汽水。地點：Beach Promenade, Stonehaven, Scotland。

在台南夜市
逛到快天亮
玩個盡興

32

台灣（TAIWAN）// 在以街頭小吃出名的台灣，大家都公認台南是美食之都。所有人都親切地叫台南「小吃之城」，這裡是棺材板跟擔仔麵的發源地，而且幾乎每個街角都有很知名的街頭小吃。但傳說中的夜市會讓你目瞪口呆。當你加入逛夜市的有趣人潮，一起進去立刻就會感受到強烈的感官刺激，讓人口水直流的香味、明亮的燈光跟招牌，強力宣傳來自台南及其他地區的小攤販所販售的美食寶藏。

你可以在這裡找到新加坡的咖哩麵、泰國的甜品、印度的旋轉烤肉，當然還有一排一排的小攤販售台灣的臭豆腐、麻辣鴨血、蚵仔煎、蔥油餅、虱目魚湯、糖葫蘆跟各種麵包。這些夜市很大、很吵、很受歡迎，而且代表不同文化、口味、傳統的大熔爐。

台南兩處最大的夜市：花園夜市跟大東夜市，有很多賣各類商品及玩遊戲的攤位（像是古早味的射水球），讓你吃東西之餘還可以玩個痛快。在大東夜市，你可以一邊吃東西，一邊當觀眾欣賞大東夜市獨特又非常有趣的戶外夜間拍賣會。

🐟 **上哪吃？** 到老少咸宜又有很多遊戲可玩的大東夜市，地址：台南市東區林森路一段 276 號。

巴黎的完美料理

↓

可麗餅原本是來自布列塔尼的美好料理，而今在首都巴黎到處都可以看到小販販售可麗餅。
🐟 99 頁

↓

我們追尋最美味法式三明治的路途，帶領我們來到一間優雅的左岸小餐館。
🐟 150 頁

↓

要吃法式焦糖布丁，當然要到奇幻的蒙馬特啊！
🐟 229 頁

訂一間經典的
巴黎餐館
來份韃靼牛肉

33

法國（FRANCE）// 跟牛角麵包、法國長棍、香菸跟紅酒一樣，巴黎小餐館的韃靼牛肉（steak tartare）也是法國名產。在你抱怨說我們又在老調重彈，或想來幅諷刺漫畫之前，請記得有一些料理真的是經典中的經典，而法國真的有很多經典料理。因此，做好心理準備，就降服在這座愛之城中，各種經典美味料理的魅力之下吧！在巴黎第 9 區的 Le Bar Romain，菜單上有一整頁都是各種韃靼牛肉，從鮪魚口味、鮭魚口味到香草牛肉、洋蔥搭鮭魚卵、牛柳搭義大利香醋、帕馬森起司、洋蔥與醃漬續隨子。每一道看起來都很吸引人，不過你來這家店為的是要吃最道地的口味：韃靼牛肉搭配碎洋蔥、醃漬續隨子跟香草——只用拌過香芹的馬鈴薯或新鮮綠沙拉當配菜。肉質軟嫩，帶點微微的調味料，洋蔥有點嗆味，醃漬續隨子則有點酸味。除了非常平衡的味道之外，用餐環境有木雕天花板、文藝復興時期的畫作，還有光彩耀眼的吊燈，以及一杯香檳在手（這是當然要的吧）。

🐟 **上哪吃？** 明亮又古典的巴黎酒館 Bar Romain，地址：6 rue de Caumartin, Paris。

活力滿滿的台南夜市（上圖），燒烤燉煮的餐點讓人口水直流（左下）。
右圖：韃靼牛肉上桌。

由左而右：波隆那的
Ristorante Diana 餐廳準
備的寬扁麵；歷史古城
的風光；以傳統方式呈
盤的義式肉醬。

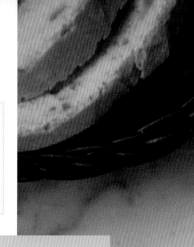

吵不停的晚餐

印度西孟加拉邦跟奧
里薩邦，為了是誰發
明甜蜜的起司甜奶球
而爭吵不休。
☞ 232頁

在澳大利亞和紐西
蘭，一提到究竟是誰
為了紀念安娜．帕芙
洛娃而創造出帕芙洛
娃蛋糕，就會吵個沒
完。
☞ 280頁

東部還是西部？北卡
羅萊納吵的不是誰創
造了北卡烤肉，而是
該怎麼烤。
☞ 292頁

要了解波隆那就得
……嗯……
吃波隆那肉醬

34

義大利（ITALY） // 這不不是波隆那風格的義大利麵，我們要先提出警告：千萬不要在波隆那點細麵（spaghetti）來搭配肉醬，不然就會有人瞪你或翻白眼，或者失望的搖頭。這是因為全世界都稱為「波隆那肉醬麵」的蕃茄紅醬絞肉，在波隆那卻不是這樣叫，而是稱為「肉醬（ragù）」。此外，一定要搭 扁麵，不能用細麵，因為 麵的麵條可以沾附更多味道濃郁的肉醬──這就是傳統肉醬寬扁麵（tagliatelle al ragù）在故鄉的樣貌。這道菜會使用至少兩種肉（通常是義式培根跟骰子牛肉），有時候會用小牛肉的絞肉跟豬肉，再加上洋蔥、胡蘿蔔跟芹菜，以及紅酒跟牛肉高湯，最後加入蕃茄糊。上桌時會搭配有點鹹味的寬扁麵，灑上一些帕馬森起司。

你以後還是可以吃波隆那肉醬細麵。但是，一旦你在原產地嘗過真正道地的波隆那肉醬寬扁麵，可能會發現當未來有人點了波隆那肉醬配細麵，你會是那個不由自主瞪他一眼的人。

🍴 **上哪吃？** 古城市中心傳統的 Ristorante da Nello al Montegrappa，地址：Via Montegrappa 2, Bologna。

③⑤

35

在陽光普照的卡布里島來份卡布里沙拉 過過簡單生活

義大利（ITALY）//陽光、露台上的小桌、紅色帶點粉紅的落日，加上完美的卡布里沙拉（insalata Caprese）——很多時候，生活中簡單的事物就是最美好的事物。卡布里島（Isle of Capri）距離義大利西岸的索倫托很近，是這款簡單沙拉的發源地。這道料理最重要的是口味的搭配：軟軟的水牛乳製莫扎瑞拉起司中和了熟成大蕃茄的果酸味，加上現摘的羅勒葉、一些氣味明顯的義大利醋跟橄欖油——剛好合成義大利國旗的顏色。卡布里沙拉真的不需要錦上添花。

因為成分單純，所以食材就非常重要，而這正是義大利料理的精神。重要的是所有食材都來自當地、當季，而且品質優良。溫室種植的無味蕃茄、口感像橡膠或沒味道的莫扎瑞拉起司、量產的橄欖油全部都會無所遁形。好好料理這道沙拉，就能在卡布里島上享受甜蜜夜晚。

🐟 **上哪吃？** Terrazza Brunella 有讓你欣賞無敵海景跟小島風光的露台，而且這裡的卡布里沙拉也很好吃。地址：Via Tragara, 24。

36

到水牛城找間酒吧探究
為何雞翅會成為人人必點的零嘴兼主食

美國（USA）// 直接了當地說，水牛城雞翅（buffalo wing）是配酒的小點。如果你在酒吧以外的地方吃水牛城雞翅，你就會覺得……嗯……就是：雞最不好吃的部位，厚厚地塗上奶油跟卡宴辣椒。但你如果在這道料理最適合的地方吃——例如在酒館裡面，電視正在轉播曲棍球賽，面前有幾瓶空啤酒瓶——那水牛城雞翅就會搖身一變，成為世上最美味的食物。水牛城在紐約市北部，傳說這道料理是1960 年代創作出來的。但是之所以會讓全國都趨之若鶩，就得感謝 Anchor Bar 的老闆，並且向傳說中創造出這道鹹

香下酒菜的泰瑞莎‧貝里西蒙（Teressa Bellissimo）致上崇高敬意。貝里西蒙家族堅持這道料理是意外的結果，但點水牛城雞翅配酒的組合已經超越漢堡配薯條。水牛城雞翅讓雞翅變成是簡單的媒介，讓你可以體會到舌頭辣到不行的快感。現在很多吃雞翅比賽跟酒吧的菜單都用水牛城雞翅這道料理，來展示自己自創的奇特醬料。

🍗 **上哪吃？** 雖然世界各地都有餐館賣水牛城雞翅，但最值得朝聖的地點是紐約州水牛城的 Anchor Bar。

37

用一碗豬肉飯
迎接柬埔寨的早晨

東埔寨（CAMBODIA）// 好幾百萬的東南亞民眾早上出門
工作時，都會在路邊買一碗風味絕佳的熱湯、麵跟飯當作
早餐。在柬埔寨，讓你一早就精神奕奕的早餐選擇包括米
粉（nom banh chok）：米粉加魚肉跟綠咖啡醬，或粿條（kuy
teav）：用豬骨或牛骨高湯煮的粿條湯，但會讓你口水直流
的是簡單的豬肉飯（bai sach chrouk）散發的香氣。用椰奶浸
過的豬肉，會用爐火或簡易的烤肉架慢慢烤，烤好的豬肉
擺在飯上，最後再灑一點青蔥。配菜有醃黃瓜、胡蘿蔔、
薑、白蘿蔔跟一碗雞肉清湯，口味又甜又鹹，還有焦香
味，超級好吃。

🍴 上哪吃？早上 7 點到 9 點之間，到金邊（Phnom Penh）任
何一家繁忙的早餐攤（9 點後豬肉飯就賣光了）。

© Austin Bush

© Getty Images / Andrew Peacock

38

到德黑蘭烘焙坊
觀察伊朗人的生活

伊朗（IRAN）// 平日德黑蘭（Tehran）早晨都會有這樣的景
象：顧客踏出他們最愛的烘焙坊，手上小心地捧著好幾盒
餐盒，裡面是剛烤好的麵包，還有各種精緻小點心跟甜
品。在這個熱愛食物而且強調國民熱情的國家，伊朗的糕
餅店就是生活的縮影。當地人民每天都會拜訪他們最愛
的烘焙坊，買一大堆薄餅（lavash）、烤餅（sangak）跟大餅
（barbari）──各種用來搭配各式餐點的薄餅。現在，除了
這些麵包，民眾還有可能會買受到國際糕點啟發的新產
品，包括各式各樣精緻的蛋糕、餅乾、塔、馬卡龍及其他
甜品。把這些點心全部帶回家，跟親友一邊喝茶一邊享用
甜蜜的感覺。

🍴 上哪吃？德黑蘭有很多糕餅店跟烘培坊可選，不過你可
以先從 Orient Café 開始，地址：Darvazeh Dolat No16,Tehran。

39

在蘇格蘭鮭魚燻煙室
找到真正的平靜

英國（UK）// 想像一下，蘇格蘭海岸邊的某個小島上有座古老的磚窯，屋頂上有個洞、煙霧慢慢向上盤旋，裡面則是一排又一排的煙燻鮭魚（smoked salmon），吊掛在用威士忌浸過的木頭堆上方，想像煙霧的味道跟鮭魚甜甜的鮮味混在一起，還有海浪的聲音。難怪外赫布里底群島（Outer Hebrides）生產的冷燻鮭魚，因為肉質油脂豐富又帶著煙燻香氣，會被選為「全球最棒鮭魚」──畢竟這些鮭魚來自一個這麼平靜又耐性十足的地方。如果你自己拜訪這個地方，你可能永遠都不會想到要把自己那則有關慢食（#slowfood）的貼文寫完。可以選擇參加瑜珈旅遊、吃天然食物……或者也可以選擇到蘇格蘭吃煙燻鮭魚，再配上一杯單一麥芽威士忌。你自己選吧！

🐟 **上哪吃？** Hebridean Smokehouse 會用泥炭、山毛櫸跟威士忌酒桶拆下來的橡木來煙燻鮭魚。地址：Clachan, North Uist, Scotland。

© Image Scotland / Alamy Stock Photo

39

40

© Getty Images / Lingxiao Xie

40

首爾的韓式烤肉：
燒烤、包好、一口吃掉

南韓（SOUTH KOREA）// 首爾迷人地混合了過去（古老寺廟、高大城牆、木造屋）、現代（不管走到哪裡都會聽到當週最新的韓國流行樂）還有未來（南韓人使用現代科技的方式彷彿科技就是氧氣）。雖然會有時光旅行的感覺：當你坐在這裡的餐廳，桌子中央是烤肉爐，空氣中有帶著肉香的淡淡煙霧，身邊一堆整齊排列的食材等著你享用，這時時間似乎停止了。韓式烤肉（barbecued pork）有很多種，但是烤豬五花（samgyeopsal）──用萵苣跟紫蘇把烤好的豬五花厚片跟大蒜、洋蔥、辣椒、泡菜包起來。對烤肉新手來說，這種烤肉方式可以很輕鬆就讓你吃到難以忘懷的美味食物，接著再繼續把所有食材放在一起，再吃另外一個。

🐟 **上哪吃？** Jeju Abang 以豬肉烤肉出名，另外附近幾家同樣位於烤肉巷（BBQ Alley）的店也以烤肉出名。烤肉巷近 Jongno 3-ga 車站（4 號出口）。

© Lonely Planet / Austin Bush

© Lonely Planet / Austin Bush

41

到曼谷盡情享用
瑪莎曼咖哩

泰國（THAILAND）// 跟很多東南亞城市一樣，在曼谷外出用餐是最棒的飲食探險。在每條街道、巷道、運河邊，都可以看到很多小販賣你可能很熟悉的料理——像是烤肉串（mooping）、炒粿條（padthai），還有冬陰湯（tom yum goong），或者非常獨特的料理——像是黑芝麻湯圓配熱薑茶、芋頭冰淇淋或瑪莎曼咖哩（Massaman curry）。瑪莎曼咖哩跟大部分的泰國料理很不同，口味不甜，調味也不清爽，而是比較像中亞跟南亞料理加了很多香料的厚重口味。白豆蔻、肉桂、丁香、八角茴香、孜然芹、孜然、月

桂葉、肉豆蔻跟豆蔻皮，使這道咖哩香氣十足，但它跟其他咖哩有什麼差別？這道料理的味道之所以獨特，是因為裡頭巧妙結合了這些香料跟當地的香料，裡面還加了南薑、白胡椒、蝦醬、羅望子、椰奶和烤花生，讓你有更多理由來探索曼谷真正原創的料理。

🍴 **上哪吃？** 到 Phra Khanong BTS 車站附近的 W Market 全球料理美食街逛逛，享受現場演奏的音樂、街頭藝人跟啤酒。

© 500px / Oliver Saved

42

天堂裡新鮮的斐濟椰子
↓

斐濟（FIJI）// 有時候讓你更肯定生命價值的飲食經驗，可能只是在有無敵海景、淺綠海水的海灘上吃新鮮的椰子。在斐濟，當地人都叫這些迷人的木造茅草渡假小屋「bures」。這些小屋面向亞薩瓦群島（Yasawa Islands）的藍色珊瑚礁（Blue Lagoon），海底下有很豐富的海洋生物。還有什麼可以讓這一刻更臻完美？或許大自然給予的一點禮物、新鮮椰子，再加一根吸管就夠了：清涼、甜美、耳目一新。

 上哪吃？找張戶外躺椅，仔細品味自己有多麼幸運。

43

到上海買小攤販的包子吃個盡興

中國（CHINA）// 不管是甜是鹹，這些拳頭大的包子是最適合的外帶早點。上海到處都有街頭小販賣包子，另外還有好幾百家餐廳都會供應包子。傳統的包子通常內餡會用加香料調味的叉燒豬肉或單純的豬肉餡，不過也有很多廣受歡迎的蔬菜包子，內餡會用香菇、白菜、韭菜跟豆腐；另外也有甜包子，裡面包紅豆沙或奶黃醬。近年來，包子事業正在快速轉型。很多新的餐館跟小販會賣新潮口味的包子，像是韓式炸雞、日本什錦燒，還有叉燒肉加蘋果以及糖醋蓮藕。

上哪吃？ 上海有上千家包子攤、包子店跟餐館，若是想嘗試現代版的包子，可試試看包主義（Baoism），地址：上海湖濱道購物中心湖濱路 150 號 B2，E30 室。

44

用伊斯坦堡夜生活必吃的經典淡菜鑲飯結束美好夜晚

土耳其（TURKEY）// 要怎麼吃淡菜鑲飯（midye dolma）呢？首先，到貝伊奧盧（Beyoğlu）、卡拉柯伊（Karaköy）、希什利（Şişli）或貝西克塔（Beşiktaş）這幾個活躍的區域，找一間夜店或酒吧。接著，當你跳舞跳到很累，走到街上跟著當地人的腳步，你就會看到伊斯坦堡到處都有的餐車販賣鑲好內餡、上頭還放了一小塊檸檬的淡菜。閃亮的黑殼內有美味多汁的淡菜，底下的飯用肉桂、胡椒、孜然調味，有時候還會加上松子跟醋粟。當地人每天都會吃淡菜，但是這道料理最受歡迎的時段通常是在深夜，當大家逛完夜店後，或是在酒吧裡面點來當小點心。加入當地人的行列，擠一點檸檬汁淋在淡菜跟飯上，再直接把淡菜連殼拿起來，送到嘴邊享用美食。

上哪吃？ 在享受伊斯坦堡知名的夜生活後，到街上看哪一個街頭小販有當地人在排隊，就加入隊伍。

荷西·
安德烈斯

荷西·安德烈斯
（José Andrés）透過他開
設的很多餐廳，引
領美國的小餐盤運動
（small plate movement）。
這些餐廳包含紐約
的 Minibar 跟拉斯
維加斯的 e by José
Andrés。

01

美國馬里蘭州的螃蟹

The Bethesda Crab House 烹調螃蟹的方式無懈
可擊──只用海鮮調味粉，不加其他。讓我好
像回到家鄉。

02

波多黎各的燉肉

身為波多黎各的主廚（#ChefsforPuertoRico），
我常常會供應這道簡單又舒心的燉肉
（sancocho），裡面有牛肉跟蔬菜。這道料理在
波多黎各的很多家庭都會烹煮。

03

西班牙里奧夫的魚子醬

格拉納達的小村落里奧夫（Riofrío）出產全世界
最棒的有機魚子醬。我會拿一片伊比利火腿

（jamón ibérico）把一小匙魚子醬包起來──我們
稱這道菜為「José Taco」。

04

加州奧海鎮的柑橘

柑橘男（The Tangerine Man）種植的蜜柑（kishu
mandarin）非常美味──又甜又多汁。你可以在
線上購買，不用特地跑到奧海（Ojai）。

05

日本北海道的海膽

我跟好友松久信幸（Nobu Matsuhisa）一起造訪北
海道，他帶我去釣海膽。北海道的魚卵鮮味濃
郁，讓你感覺彷彿正在親吻海洋。

45

咬一口貝涅餅，
品味紐奧良的節奏

美國（USA）// 只是簡單地把方形泡芙油炸，居然可以美味
無法擋，這實在是一種魔法啊！外層熱呼呼的酥脆餅皮，中
心是 Q 彈有嚼勁的甜甜圈，再灑上成山的雪白糖粉，結合
起來就使紐奧良的貝鎮餅（beignets）成為非吃不可的甜點。
貝涅餅屬於法裔加拿大移民帶到路易斯安納州的法裔文化，
這些熱騰騰的甜品在紐奧良法國區（French Quarter）特別受歡
迎。在這裡，街道上到處都聽到當地樂隊演奏的音樂，同
時一定也有很多因為吃完貝涅餅後糖分帶來的亢奮。

🍴 **上哪吃？** 到有 150 年歷史的 Café du Monde，加入排隊
人潮一起享用經典紐奧良的貝涅餅，以及咖啡菊苣拿鐵。

45

46

瑪薩拉香料捲餅：
席捲印度南部城市的飲食救星

印度（INDIA）// 在印度南部蜿蜒吵雜的都市街道中，除了人群與車輛、機動黃包車跟讓你有點受不了的熱帶空氣，新鮮瑪薩拉香料捲餅（masala dosa）細緻的酥脆口感、淡淡的酸味跟香氣，會讓你覺得彷彿有陣微風吹過。不論你人在哪裡，從西方熱鬧的孟買到……嗯……東方熱鬧的清奈（Chennai），都會看到有人會脫離人潮，到街邊享用由美味的米餅包好的馬鈴薯咖哩，而且不管現在幾點──早餐、午餐、晚餐，還有中間的時間，大家都會吃瑪薩拉香料捲餅。捲餅是用米粉跟小扁豆揉好再發酵的麵糰，用淺鍋

煎到一面酥脆，另一面又軟又輕。煎好的薄餅會放上馬鈴薯、洋蔥、咖哩葉、薑黃跟瑪薩拉綜合香料之後包起來，配菜通常是椰子沾醬（coconut chutney）。如果你問 12 位印度人哪一家瑪薩拉香料捲餅最好吃，你會得到 12 個答案。不過，在印度南部多花一點時間，你就會得到自己的答案。

🍴 **上哪吃？** 為了平衡風味，也為了吃起來比較方便，記得把椰子沾醬平均抹在捲餅上，撕一小片，並且淋一點桑巴湯（sambar）。

47

用愛爾蘭燉肉跟一品脫黑啤酒
讓灰暗的都柏林更明亮

愛爾蘭（IRELAND）// 愛爾蘭的冬日，外頭滂沱大雨，溫度下降到個位數，天空彷彿永遠停在黃昏時刻，人們通常會擠在酒吧裡面談天說笑，暢飲黑漆漆的健力士（Guinness）啤酒，也很樂意唱歌跳舞。這就是愛爾蘭的快樂時光（craic）──面對讓人憂鬱的天候與灰暗的天空，愛爾蘭人會以簡單的喜悅來應對。搭配的餐點一定是愛爾蘭燉肉（Irish stew），不管裡面擺了什麼，都會有魔法般的魅力。最簡單的形式是羊肉或幼山羊、馬鈴薯、洋蔥加水一起燉煮；現在也有愈來愈多人會使用綿羊肉，另外再加入洋芹、胡蘿蔔、韭菜、洋薏米，放在高湯裡一起煮吸收湯汁。這道料理暖心、豐富又讓人滿足。你可以加一點鹽來調味，不過要享用最好的風味，就要在酒吧裡點這道菜，搭配一品脫的健力士，二者是天作之合。許多文化都認為食物之所以浪漫，是因為要烹煮好幾個小時，而且使用了很多食材；但對愛爾蘭人來說，享用食物本身，享受吃飯時周遭發生的一切，就是浪漫。

☛ **上哪吃？** 位於都柏林 20 Bridge St Lower 的 The Brazen Head，是愛爾蘭最古老的酒吧，也供應經典的愛爾蘭燉肉。還在猶豫什麼？

以崇敬的心欣賞品味
懷石料理的巧妙平衡

48

日本（**JAPAN**）// 細緻的品味、美麗的擺盤、猶如米其林星級料理，是很多日本料理的特色，但懷石料理（kaiseki）的細緻程度無與倫比。懷石料理可說是處於料理最高殿堂，價格可能要幾萬到幾十萬日元不等，但絕對值得。懷石料理不只重視料理，更重視擺盤與品味；同時，懷石料理實現日本誠心款待（omotenashi）的心意——給顧客全心的接待——主廚的目的是要透過懷石料理表達對顧客的最高尊敬，以細緻優美的方式體現日本的料理技巧、敬重與欣賞，一輩子一定要體驗一次。

京都是懷石料理的發源地。通常日式旅館（日本傳統旅館，房間通常鋪榻榻米）都會提供這些非凡的懷石料理。每位主廚調理懷石料理的方式都會有些微不同，因為懷石料理是以藝術來表現自己的敬重，並且感謝大自然提供的當季食材，所以料理絕對不會完全一模一樣。話雖如此，每位主廚還是要遵循一些規則（畢竟是日本）。你可以預期一定會上桌的料理包含一道開胃前菜搭配清酒、一道燉菜、一道生魚片、一道所謂的「八寸」，也就是表現季節的當季料理、一道燒烤，還有一道米飯料理。這場色香味俱全的盛宴，最後高潮是甜點跟抹茶茶道。空出一整天的時間，好好沉浸其中，也讓主廚了解你非常欣賞他所提供如此美味又超凡的精緻料理。

🥢 **上哪吃？** 京都吉兆（Kyoto KitchoArashiyama），地址：58 Sagatenryūji Susukinobabachō, Ukyō-ku；或祇園迦陵（Gion Karyo），605-0074 Kyoto Prefecture。

京都有許多美不勝收的建築，如銀閣寺（右圖）。此外，在京都也能品嚐到「食」的藝術品：懷石料理（下圖）。

© Shutterstock / KPG_Payless

© Shutterstock / Luciano Mortula - LGM

49

在聖托里尼島
一邊享用炸蕃茄
一邊欣賞日落美景

希臘（GREECE）// 樸實無華的炸蕃咖為什麼會這麼美味？
或許是因為聖托里尼島的美景，又或許是因為這些小巧、
新鮮的櫻桃蕃茄是生長在火山島上——不管原因為何，
聖托里尼島是全世界最適合享用炸蕃茄（domatokeftedes）
的地方。一年四季都能採收的這些蕃茄，因為肥沃土壤
中的礦物質跟養分，所以會有會特別的風味，而且 6 月
到 8 月最美味多汁⋯⋯所以跟你夏天到希臘渡假的計劃會
很搭。島上各處的希臘餐廳（Tavernas）都會在供應小點拼
盤（ouzomeze）時加上這些炸物，當地人都知道，這些用蕃
茄、菲達起司、紅洋蔥、香芹、薄荷跟牛至混合後再稍稍
油炸過的小點，最適合在欣賞壯觀的日落景致時享用，最
好再搭上茴香餐前酒（aniseed aperitif）。

🔊 **上哪吃？** 島上很多傳統希臘餐廳的菜單上都會主打炸
蕃茄，選一家風景宜人的餐廳，盡情享用美食吧！

© Jean Cazals

50

在莫三比克海灘上
大吃辣味烤雞

莫三比克（MOZAMBIQUE）// 冒著煙的烤肉架上，辣味烤
雞（piri piri chicken）誘人的香氣，混著紅甜椒、檸檬、大蒜
調成的調味料以及香料的味道，真的讓人無法抗拒。可是
為什麼要抗拒？可能是因為你必須強迫自己離開莫三比克
美麗的海灘，而且這道招牌烤雞真的會辣。如果夠幸運的
話，你可能不用離開海灘；很多海灘棚屋、路邊烤肉店、
咖啡店、餐廳還有大城市的街頭小販都會販售辣味烤雞。
最棒的是，你還可以藉此幫助當地經濟：這些蝴蝶嫩烤雞
肉跟一杯冰涼的 Impala 木薯啤酒非常搭，是第一款以木薯
而非大麥釀造的啤酒，可因此為莫三比克的農業經濟注入
活力，帶來工作機會。

🔊 **上哪吃？** 到路邊的烤肉店就可以，不過如果你比較喜
歡餐廳，那就到 Piri Piri，這裡的辣味烤雞品質良好。地
址：Av 24 de Julho, Maputo, Mozambique。

© Dostfotos - www.superstock.com

51

與好友一起享用阿拉伯蔬菜沙拉：向敘利亞和紅遍全球的沙拉致敬

敘利亞（SYRIA）// 我們會說這道阿拉伯蔬菜沙拉（fattoush）來自敘利亞，但其實黎凡特（Levantine）地區到處都可以看到這道料理。沙拉中放了烤過的薄餅、鮮甜的蕃茄、新鮮蔬菜與香草、檸檬汁、鹽膚木（sumac）。在中東熱到會覺得燙的天氣，最適合這道清新的沙拉。吃這道菜最好的地方是大馬士革的街邊咖啡廳，但可惜現在已經不可能，而且短期之內大概也不可能。不過，大馬士革可是世界上人類居住歷史最長的都市，所以某天這個城市一定會再復甦的。　利亞人吃這道料理的方式，是舀一些沙拉放在萵苣或葡萄葉上，包成一個小包。如今我們無法在　利亞品嚐這道沙拉，不如自己為朋友準備一大盤，再泡壺木槿花茶（zouhourat）搭配，為敘利亞的未來喝一杯。

🐟 **上哪吃？** 在敘利亞、中東各地，以及全世界許多大都市，這是每天都可以吃到的沙拉。

51

© Getty Images / Penina Meisels

52

感受楓糖培根甜甜圈的魔幻魅力

美國（USA）// 要永續品味高品質的咖啡、絕佳的啤酒跟葡萄酒，波特蘭（Portland）是最好的地點──而且這裡還有巫毒甜甜圈（Voodoo Doughnut）的培根楓糖板擦甜甜圈。市區這家巫毒甜甜圈店的排隊人龍幾乎沒斷過，每個人都想買他們家顏色詭異又鮮豔的甜甜圈（會用粉紅盒子裝好）。你可以挑戰素食的紫色大猩猩（Grape Ape），這個酵母發酵甜甜圈會抹上香草口味的糖霜、紫色糖粉跟淡紫色巧克力米。或者是黏答答木槿（Viscous Hibiscus）跟像罐子的鮮豔楓糖棒（Maple Blazer Blunt），上頭會灑上肉桂糖還有像看起來像火焰餘燼的紅色巧克力米。不過店裡的王牌可能是培根楓糖板擦甜甜圈，這款酵母發酵甜甜圈會抹上楓糖口味的糖霜，再用兩種不同的脆培根肉片來裝飾。又甜又鹹又好吃的甜甜圈──怎麼可能不愛啊？如果吃完覺得有點罪惡感，就租一台波特蘭Biketown的共享單車，消耗一點熱量吧。

🐟 **上哪吃？** Voodoo Doughnut 在波特蘭有三家店：22 SW 3rd Avenue 和 1501 NE Davis St。再不然你也可以找餐車或要求單車送餐。

52

© Jack Sullivan / Alamy Stock Photo

53

挑選你最愛的薩爾瓦多普普薩
再把招牌小吃大口吞下肚

薩爾瓦多（EL SALVADOR） // 你已經試過油炸玉米餡餅（quesadillas）跟玉米麵包（arepas），現在是時候到普普薩餐廳（pupuseria）跟當地人一起交流一下，並用薩爾瓦多讓人停不下手的普普薩（pupusa），滿足至少 3 個感官。這些厚厚的玉米圓餡餅塞滿餡料，再用熱烤盤煎到金黃香酥，餡料種類很多，最常見的是乳酪、炒過的豆子、雞肉、炸豬皮（chicharrón）跟所謂的 revueltas（裡面混合了豆子、豬肉跟乳酪），不過玉米薄餅（tortillas）也會塞滿各類海鮮、綜合蔬菜，甚至還可以塞莓果類變成甜的口味。美味的普普薩通常都會以一小碟捲心菜沙拉（curtido）跟一碗蕃茄莎莎醬當配菜，讓你吃完濃郁的普普薩以後，可以換個清爽的口味。這道美食在街角跟餐廳都可以找得到，但最好是到所謂的普普薩餐廳吃；不用擔心，在這個國家到處都會看到普普薩餐廳——最有趣的地方，就是尋找自己最愛的口味。

上哪吃？ 薩爾瓦多到處都可以看到的普普薩餐廳，現在也開到美國跟加拿大，很多大都市都看得到。

54

在紐西蘭湖畔
吃一些銀魚煎蛋

紐西蘭（NEWZEALAND）// 每年8月，捕撈銀魚的人都會興奮地在紐西蘭各地的河川、溪流跟湖泊中先把漁網安置好，因為他們只准在8月這短短的時間內捕撈這些小小淡水魚。在北島懷拉拉帕（Wairarapa）地區的奧諾科湖（Onoke），漁夫會在湖畔布網，希望能大豐收。政府規範捕撈的季節是為了保護不同的物種，但也因為有了這些限制，人們在準備紐西蘭最受歡迎的小吃——銀魚煎蛋（whitebait fritters）時，都會特別興高采烈。烹調方式是打好蛋液，加上麵粉跟鹽拌勻，放進一大把銀魚再用奶油煎。在湖畔的Lake Ferry飯店還可以搭配Martinborough Sauvignon Blanc白葡萄酒。

🚐 **上哪吃？** Lake Ferry Hotel，地址：2 Lake Ferry Rd, South Wairarapa Coast。

55

躺臥在你的海灘椅上
等候草蝦上菜

緬甸（MYANMAR）// 緬甸內維桑（Ngwe Saung）白沙沙灘綿延好幾英里，長長的海岸線上只會看到零星的棕櫚樹、海灘椅跟海灘傘，在這悠閒的熱帶樂園，訪客可以游泳、浮潛、做日光浴。往北有高級渡假村，往南有平價飯店，且廣受背包客歡迎，中間則是內維桑村，你可以在這裡稍做停留吃點東西……不過如果沙灘上徐緩宜人的海浪聲讓你不願離去，該怎麼辦？不用擔心，當地人會把你顧得好好的。不用多久，就會有小販來到你旁邊，你就可以從小販頂在頭上的盤子挑選烤好的草蝦（tiger prawns）。當然，這感覺好像有點怪，但口味一定沒問題。

🚐 **上哪吃？** 內維桑海灘，Ayeyarwady region, Myanmar。

56

一邊觀光一邊大啖咖哩角補充體力：
這可是印度最受歡迎的外銷美食

印度（INDIA）// 一到印度，你會被各種奇特景象、聲音還有氣味環繞，而咖哩角（samosa）這種口感又Q又軟，又有一點辣的食物，就成為邊吃邊逛的最佳選擇。一手拿著咖哩角，一手還可以拿著旅遊手冊查看方向——印度每個區域都有自己的咖哩角，旁遮普的咖哩角內餡主要是馬鈴薯跟豌豆；古加拉特（Gujarat）則會用切碎的馬鈴薯混合甘藍菜；到卡納塔克，洋蔥跟羊絞肉的餡料大受歡迎；而在德里，內餡就會有很多變化，連綠豆都可能成為餡料。不過我們要推薦的是加爾各答的孟加拉口味咖哩角——在這裡

叫「shingara」。這種咖哩角內餡混合馬鈴薯、豌豆、花椰菜、辣椒，再加一點孜然、花生，有時候，在比較高級的甜點店，還會再加腰果。真是美味至極啊！加爾各答在英國殖民期間是首都，在這裡觀光最棒的外帶食品莫過於咖哩角跟一杯印度奶茶。

🔖 **上哪吃？** 到 Bara Bazaar 的 Tewari Sweets 試試加爾各答最棒的咖哩角，或到 Sarat Bose Road 找19世紀就成立的 Mrityunjoy Ghosh & Sons。

57

57

57

在積丹半島豐收季
切開海膽好好享用

日本（JAPAN）// 海膽（sea urchin）這種外觀都是刺的生物看起來其實不太吸引人，多刺的外表跟內部的軟嫩口感造成極大對比，也因此讓吃海膽變成蠻有趣的經驗。在日本北方的北海道，你會發現世界上最新鮮、最精緻也最好吃的海膽。北海道以兩種海膽著名：馬糞海膽的口味濃郁、滑順，而且顏色為鮮明的橘；紫海膽則是口味甘甜、比較清爽，還帶著淡淡的黃。喜愛海膽的人會說，要吃海膽，記得要在 6 月中到 8 月中海膽捕撈季拜訪北海道積丹半島

（Shakotan）。半島上到處都有小型海產店，在這段捕撈期，菜單上隨時都有海膽，因為這時的海膽最新鮮，生吃不加任何調味料最美味。剖開海膽多刺的外殼後，探入殼內，把這些看起來很像外星生物但很好吃的卵囊挖出來放進口中，真的是無法形容的美味。

🔪 **上哪吃？** 北海道積丹半島各家海產店。朝聖的時間是 6 月中到 8 月中。

58

在波西塔諾海邊露台
享用一盤
白酒蛤蜊義大利麵

義大利（ITALY）/ 在亞馬菲（Amalfi）海岸，陽光映照在清澈的海水上，岸邊的懸崖邊還有美不勝收的小海灣，種滿檸檬樹和葡萄樹梯田的山邊有粉彩色系的村落，山腳下就是陽光普照的波西塔諾（Positano）——古典的海邊小鎮，有陡峭、彎彎繞繞的街道，時尚的商店跟豐富的美食。這裡的美食重視簡單的烹調技巧跟當地食材，白酒蛤蜊義大利麵（Spaghetti alle vongole）是這種料理方式的經典代表。我們認為要享受義大利甜蜜生活（la dolce vita）的最佳方式，莫過於找一家波西塔諾的餐廳露台，手上拿著白酒蛤蜊義大利麵，還有一杯口感清爽的白酒。這道料理是海與山最完美的平衡。不只代表這個地方，也是夏日午後在海邊最美味的餐點。

👉 **上哪吃？** 到波西塔諾，或坎佩尼亞（Campania）海邊任何一個地方。

© 500px / Francesco Riccardo Iacomino

59

用酒吧的週日烤肉
享受英式週末時光

英國（UK）// 英國現在愈來愈少人會在週日一早上教堂，不過他們的週日午餐還是烤肉。來到英國的訪客一定不能錯過週日烤肉（Sunday roast），不管是去倫敦已經開店好幾世紀，又沒窗戶的酒吧，還是要去草地上擺滿桌子的大型鄉間旅店，你都可以跟親朋好友一起大笑、暢飲啤酒，並且大口吃著一盤盤切好的烤牛肉或烤豬肉、約克郡布丁、烤馬鈴薯跟綜合蔬菜，全部淋上濃郁醬汁。這些料理可以讓你覺得溫暖，可以填飽肚子，又可以放縱一下，絕對是最棒的舒心食物。不過更重要的是，你會感到安心。在英國，每個週末大家都把時間空下來大吃一頓，為下週做好準備，並且活在當下。所以拿個盤子，享用你的週日烤肉吧！

👉 **上哪吃？** 試過當地酒吧後，也可以到約克郡的米其林星級旅店吃高級的烤肉，像是位於 Main St, Harome 的 Star Inn，靠近 Helmsley。

© Shutterstock / mikecphoto

60

娘惹蕉葉烤魚：
吉隆坡海鮮饗宴

馬來西亞（MALAYSIA） // 跟著午餐人潮來到吉隆坡 Urban
Orchard Park 附近，走進香氣十足的煙霧中，你會看到面前
的小攤販擺放著色彩豐富的烤魚（ikan bakar）。這裡是吉隆
坡烤魚的中心，雖然這些攤販看起來非常不起眼。每個攤
位都會至少有一個大鑄鐵煎鍋，你可以自己選擇想吃的新
鮮海產，像是鯰魚、魟魚、鯖魚跟魷魚。每一家攤販不同
的地方，在於提供的配菜與用來醃魚肉的醬汁。在烹煮之
前，所有的海產都會用芭蕉葉包起來以維持鮮味，也確保
海鮮不會掉出來。光是看攤商用大煎鍋煎這些用芭蕉葉包
好的海鮮，確認煮到恰到好處，就是很有趣的經驗。

☛ **上哪吃？** 有那麼多家攤販提供自家特製的烤魚，你真
的應該大吃特吃：儘量每樣都試試。

61

60

61

到帕尼絲之家
品嚐此生必吃的美食

美國（USA） //「加州料理」從 1971 年開始，就非常重視要
使用當地以永續方式種植的食材，並且結合不同的烹調風
格，如今這樣的料理堅持幾乎已經成為西方料理的代表，這
一切都要感謝帕尼絲之家（Chez Panisse）的影響。時至今日，
帕尼絲之家仍然堅持這些理想，同時也為了相同的理由，提
供世界級的美食。雖然有法國的影響，但這家餐廳保證絕對
是加州灣區風格，從當地生產的農作物，到餐廳人員友善的
態度（原本是為了效仿柏克萊波希米亞式的晚宴），這裡
的料理等於是把北加州的特色呈現在餐盤上。開幕至今都一
直在同一棟充滿藝術與工藝氣息的房子裡面，雖然有經過整
修，但還是維持原本使用深棕色木頭的溫暖，共同創辦人也
仍然持續主導餐廳的營運。

☛ **上哪吃？** 到樓上按菜單點菜（à la carte），或者，更好的
選擇是待在樓下，品嚐每天都不同的新菜單。地址：1517
Shattuck Ave, Berkeley。

62

嚐嚐塞維利亞美味的西班牙餐前小點（跟雪莉酒）

西班牙（SPAIN）// 西班牙每個城市都有很多酒吧提供各種餐前小點（tapas），但塞維利亞（Seville）有一點很特別：位於雪莉酒生產重地安達盧西亞（Andalucía）的中心。上午出門先去塞維利亞王宮（Real Alcázar）了解這座城市的百年歷史，這裡還有全世界最大的歌德式教堂。再到中古世紀的街道逛逛街，直到你覺得肚子有點餓，就找一間小型的餐前小食酒吧，等著大開眼界。

西班牙人會用一杯杯的飲料搭配這些美味又精緻的餐前小點，而這些餐點可是多年經驗累積與不斷精進的成果。你的飲料可能是看起來很簡樸的陳年曼薩尼亞（manzanilla）、不甜的菲諾（fino），或口味較有深度的阿蒙提拉多（amontillado），但每杯酒跟下酒菜的搭檔都是令人讚賞不已的絕配。

你也可以藉此體會到西班牙人在社交場合狂野的一面，其中最重要的一點就是，西班牙人都很熱衷於享受美食與美酒，而且聊天非常重要。不管你是無意間走到一個如畫般優美的廣場，踏進邊緣一間小小的酒吧，或是自己找了

一家頗富盛名的餐廳，都不要猶豫請當地人推薦好喝的雪莉酒或餐前小點，問他們：「有沒有什麼推薦的？（¿Qué me recomiendas）」

底下這幾個餐點應該列在不能錯過的清單上。首先是炸彈（la Bomba）──一球軟軟的馬鈴薯泥，外層裹上麵包粉再油炸，在上桌前擠上蒜泥蛋黃醬跟辣蕃茄醬。接下來就是道地吃橡果長大的安達盧西亞豬製成的伊比利火腿。之後還有簡單的吉爾達（gilda）──鯷魚、辣椒與綠橄欖串成一小串，油炸或燒烤的一整隻甘甜烏賊（chipirones）搭配檸檬，烤剃刀蛤蜊或烤蝦，最後則是要來一盤多汁的肉丸（albóndigas）。這裡選出幾樣西班牙最棒的餐前小點，但這只是你下次去酒吧可以點的一些建議，真正的樂趣是要自己去探索自己愛吃哪幾道。

🐷 **上哪吃？** 在塞維利亞，經典的閒晃是到位於 C/Gerona 40 的 El Rinconcillo（右圖）。或到位於 C/Santa Teresa 2 的傳統 Las Teresas（左圖）。

在勃艮地葡萄酒的誕生地
品味最純粹的紅酒燉牛肉

法國（FRANCE）// 要吃真正的紅酒燉牛肉，你就必須要到勃艮地（Burgundy）——欣賞一望無際的翠綠山丘、蜿蜒的河流跟運河，有拱頂的羅馬式教堂跟莊嚴的法式城堡。哦！還有美味的紅酒跟牛肉。紅酒燉牛肉（boeuf bourguignon）是很簡單的當地料理，原本只是中古世紀農夫用手邊的食材烹煮的料理，因此呈現出當地農產品的特殊風味跟口感。使用的紅酒一定要是勃艮地紅酒，用當地成熟的黑皮諾葡萄——帶著新鮮的紅莓風味、一點明顯的土味跟一點點的辛辣味。在這裡，到處都可以看到牛隻在翠綠山丘上吃草——這些肩膀寬闊的白色夏洛莉牛——受到

當地人愛護，因為牠的肉質鮮嫩又帶了點油花，在當地各處供應鄉村菜的餐廳（fêtes du Charolais）都會使用夏洛莉牛。你在勃艮地不管走到哪裡，餐廳的菜單都會供應紅酒燉牛肉，這道料理一般屬於家庭料理，但如果你沒辦法獲得某人的邀請到他家用餐，勃艮地首府波恩（Beaune）有很多餐廳都會有自己「道地」的紅酒燉牛肉。

上哪吃？ 我們推薦 21 Boulevard，位於 21 blvd Saint-Jacques, Beaune。這家餐廳的用餐空間是在 15 世紀的石頭酒窖內。

64

海南雞飯：
代表新加坡精髓的料理

新加坡（SINGAPORE）// 乍看之下有點單調的海南雞飯隱藏了豐富的風味，就像是新加坡的個性：外表看起來乾淨、簡單，但其實隱含了各種複雜的元素。這道料理源自中國南方的海南島。以前會用帶骨而且比較小的文昌雞，後來受到廣東人的影響，才開始用肉質比較硬、比較大的白切雞，比較方便切、也比較方便吃。烹調海南雞飯要先將整隻雞煮熟，熬出來的湯汁會用來煮飯，同時還要加上薑、七葉蘭跟大蒜。切好的雞肉會淋上芝麻油跟醬油，最後上桌時搭配三種醬汁：辣椒、薑末跟生抽。

🍴 **上哪吃？** 麥士威熟食中心的天天海南雞飯，地址：1 Kadayanallur St, Singapore。

© Shutterstock / 2p2play

65

往南部走
才能大啖酥脆的越南煎餅

越南（VIETNAM）// 越南又酥又脆的金黃煎餅（bánh xèo pancake），是到南部觀光時一定要吃的一道料理。跟北部比，南部的煎餅比較薄，也比較酥，這是因為南部用了比較多椰奶跟薑黃。其他的食材還包括整隻草蝦、豬肉、豆芽菜、綠豆。煎餅的做法是把這些材料放在餅皮上，包好煎好之後才上桌。剝下一小塊煎餅，放在萵苣葉上捲好，旁邊會有辣辣的水蘸汁，不要忘記先沾一點再大口咬下去。這道料理在胡志明市非常受歡迎，到處都看得到，不過 Bánh Xèo Muoi Xiem 跟 Bánh xèo 46 的煎餅最好吃。

🍴 **上哪吃？** Bánh Xèo Muoi Xiem，地址：204 Nguyen Trãi, Phuong Pham Ngũ Lão；Bánh xèo 46，地址：46A Đinh Công Tráng, Tân Đinh。兩間都在胡志明市。

© Christian Berg / Lait / Camera Press London

亞曼達・赫塞

亞曼達・赫塞（Amanda Hesser）是《紐約時報雜誌》的前美食編輯，曾出版好幾本食譜書，同時也是大受歡迎的線上烹飪網站 Food52 的共同創辦人。

01

奧勒岡州波特蘭的辣根口味伏特加

在俄羅斯餐廳 Kachka，你可以品嚐很多小點、喝很多伏特加──有點胡椒味但勁道十足，真的讓人驚艷。

02

斯里蘭卡的椰香蛋餅

斯里蘭卡到處都可以找到椰香蛋餅（egg hoppers）：用椰奶煎出有美麗花邊的薄餅，中間再加顆蛋。

03

路易斯安那州紐奧良的比斯吉跟草莓果醬

在紐奧良的法國區，有一間 Soniat House 的小旅店，每天上午都會供應熱騰騰從烤箱取出來的比斯吉，以及自製草莓果醬，裡頭還有整顆草莓。

04

賓夕法尼亞州舊福奇的白披薩

我從小就吃這種白披薩（white pizza）長大。一層麵糰，上頭加上美國乳酪，再加另一層麵糰，最後加上橄欖油、鹽跟乾燥迷迭香。

05

紐約阿馬干塞特的龍蝦捲

龍蝦捲的版本很多，不過我說的這種來自 Crab Shack，位於長島 27 號公路，在阿馬干塞特（Amagansett）跟蒙托克（Montauk）中間，是我的最愛。

66

跟你說句悄悄話：記得在肉桂捲日到芬蘭去

芬蘭（FINLAND） // 說肉桂捲（Korvapuusti）是芬蘭人的狂熱，可能還不足以說明芬蘭社會有多麼重視看起來不起眼的肉桂捲。這些麵包不僅有專屬節日（10 月 4 日），而且說實話，在芬蘭人開始重視咖啡品質之前，很多咖啡館的評價好壞都要看所提供的肉桂捲大小來決定。沒有人知道這些結合肉桂與豆蔻的美味麵包到底從何而來，不過很多人都主張肉桂捲源自瑞典（其實北歐每個國家都說他們發明了肉桂捲）──我們之所以選了芬蘭，主要是因為芬蘭人真的熱愛肉桂捲。芬蘭文的肉桂捲直譯為「打耳朵」，可能是因為形狀有點像耳朵吧，不過不要因為這樣，就覺得一定不好吃哦！

☛ **上哪吃？** 到 19 世紀就開業的 Café Regatta。這間赫爾辛基最可愛的咖啡館，可以讓你感受到芬蘭人的友善。地址：Merikannontie 8。

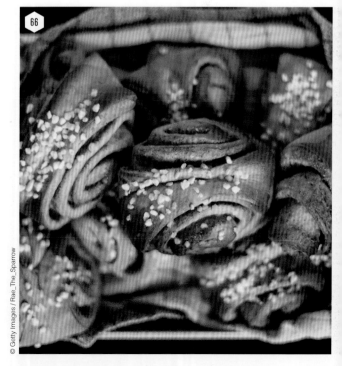

到特拉維夫
吃蕃茄蛋當早餐

67

以色列（ISRAEL） // 現在你大概可以在西方咖啡館的菜單上看到蕃茄蛋（shakshouka），說不定還曾經自己在家做過這道料理；許多讓人無法抗拒的中東料理都曾經躍上世界舞台，而蕃茄蛋也是其中之一。那以色列的蕃茄蛋有什麼特別呢？代表多年的愛、專注、實驗與精進的結果，才讓這道菜有了今日的面貌。在蕃茄蛋的發源地品嚐這道菜，你吃的不只是以烘蛋搭配調味過的蕃茄醬、辣椒、洋蔥，而是豐富的味覺之旅。

很多食譜都會加辣椒跟茴香，不過要加什麼香料其實因人而異。有些人會簡單地只加鹽、胡椒，或許再加點肉桂；也有人會加很多香料，像是煙燻紅甜椒粉、葛縷子籽，還可能加上哈里薩辣醬（harissa）。這就是蕃茄蛋真正有趣的地方——除了一定要用鑄鐵鍋呈盤，搭配麵包好把醬汁抹起來享用，其他細節都可以視個人喜好調整。

在以色列活力滿滿又熱愛美食的都市——特拉維夫，到處都可以找到不同的蕃茄蛋，有些會加茄子或豆腐而不用蛋，也有傳統做法搭配創新口味，像是雞肉沙威瑪跟鷹嘴豆泥，或羊乳酪跟義大利臘腸。

要在市區內吃蕃茄蛋，最棒的地點就是人潮擁擠的美食天堂：喀美爾市場（Carmel Market）。這裡的 Shukshuka 餐廳提供至少 9 種早餐菜色，從肉丸到摩洛哥鮪魚，另外也有奶蛋素跟純素早餐。要待在特拉維夫，絕對需要耐力，所以這樣的早餐絕對是一日之晨最適合的活力來源。

🕮 **上哪吃？** 喀美爾市場的 Shukshuka 餐廳，沐浴在特拉維夫的日光下。

在特拉維夫，蕃茄蛋（右圖）跟城內活力充沛的咖啡館文化（下圖）完美匹配。

© Shutterstock / Fotokon

© Getty Images / Sarka Babicka

68

阿瑪菲海岸：
享用烤章魚的
最理想地點

義大利（ITALY）// 阿瑪菲（Amalfi）海岸線以翠綠懸崖上如夢似幻的小鎮聞名，但同時也是章魚產地──要吃章魚，這裡絕對是最難忘懷的地點，品質在世界上數一數二，保證新鮮而且烹調到恰到好處──這些從地中海捕撈而來的章魚，會以燒烤方式調理到完美，再加一點點調味料跟檸檬皮，帶出鮮味。不管你是在有磨石子地的餐廳內用餐，還是在海灘把烤章魚（grilled octopus）當零嘴，味道都是跟風景一樣讓人開心。

☞ **上哪吃？** 到如詩如畫的波西塔諾（Positano）找 Da Vincenzo，品嚐美味無比的烤章魚配朝鮮薊。地址：Viale Pasitea, 172/178, Positano。

69

大快朵頤
墨西哥烤玉米

墨西哥（MEXICO）// 在墨西哥這樣到處都有美味街頭小吃的地方，烤玉米（elotes）也是難能可貴的美食。用竹籤串好的整株帶皮玉米，用水煮熟或用炭火烤熟，再淋上奶油、萊姆汁、辣椒粉、磨碎的墨西哥乳酪（Cotija）、美乃滋跟墨西哥奶油調成的調味料。基本上，這根玉米等於是墨西哥的縮影，在全國各地，都有餐車跟三輪餐車賣烤玉米，多半都是在晚上。檸檬跟辣椒的香氣讓烤玉米成為喝完龍舌蘭酒以後最適合的零嘴。

☞ **上哪吃？** 如果你擔心會因為吃烤玉米而弄得滿嘴都是調味料，可以試試看 esquites──把烤玉米粒放進碗裡，再用湯匙吃。

70

哦！快樂的日子：
美國的
熱巧克力奶油聖代

美國（USA）// 回憶 20 世紀美國，一定會有青少年情侶在冰淇淋店約會的場景，兩人中間有個裝滿香草冰淇淋、淋上熱巧克力焦糖醬的碗，裝飾著兩片薄脆餅跟一顆櫻桃──令人懷念的熱巧克力奶油聖代（hot fudge sundae）。窗戶映照著霓虹招牌，角落有台點唱機重覆播放 Ritchie Valens 的名曲〈Donna〉，這就是美國人最懷念的景象。這種復古冰淇淋店現在美國各地都還找得到，只要再找個人跟你約會就成了！

☞ **上哪吃？** 加入懷念 Al Capone、披頭四、滾石合唱團的人群，到芝加哥傳奇甜品店 Margie's Candies 吃著名的聖代，地址：1960 N Western Ave。

© Daniel Di Paolo

© Getty Images / studiovd1

© StockFood / Cawley, Julia

在寮國清晨
自己設計你愛吃的米粉

71

寮國（下圖）米粉，是在寮國街頭小販的廚房內（右圖）快速烹煮完成的料理，也是備受歡迎的早餐湯品。

寮國（LAOS）// 在寮國古老的龍坡邦（Luang Prabang），沒有什麼會比在路邊來一碗熱呼呼的米粉（khao piak san），更能讓你一早活力滿滿。跟著要上學的孩子們、要上班工作的男女一起大啖米粉，順便把週遭嘟嘟車、摩托車跟早市的聲音當成背景的配樂。這碗濃湯會在一眨眼間就送到面前，裡面會有用米粉跟樹薯粉做成的新鮮麵條、炸蒜頭、薑絲跟青蔥絲、香菜，還可能會加上水煮蛋一顆跟一些豬肉丸。在坐下點菜前要說清楚「不要內臟」，以表明你不想吃豬血、豬肝或豬心。

接下來就好玩了。因為這碗知名湯麵跟越南的一樣，你可以自己用桌上各式各樣的佐料跟醬料調整味道，直到找到自己喜歡的味道。比方說，可以選新鮮萊姆、辣椒、魚露、胡椒、醬油、糖等等。又鹹、又辣、又甜的組合讓你感到心滿意足，而且很容易一試成主顧。所以受歡迎的早餐攤都 9:30 就賣完了。想吃就不要想賴床！

🥢 **上哪吃？** 龍坡邦任何一間街頭小販，找到空位就坐吧！

© Lonely Planet / Simon Irwin

© Lonely Planet / Justin Foulkes

📷

左圖：我們有說過綠咖
哩雞很辣嗎？
下圖：到曼谷街上的市
集，一定要試試綠咖哩
雞（右圖）。

咖哩的世界

↓

在斯里蘭卡的海灘上
享受波羅蜜水果咖
哩，會感覺宛如人在
仙境。
🔖 150頁

↓

馬來西亞已經成為牛
肉仁當這道東南亞料
理的重心。
🔖 196頁

↓

奶油咖哩雞是德里旁
遮普廚師的心血結晶。
🔖 220頁

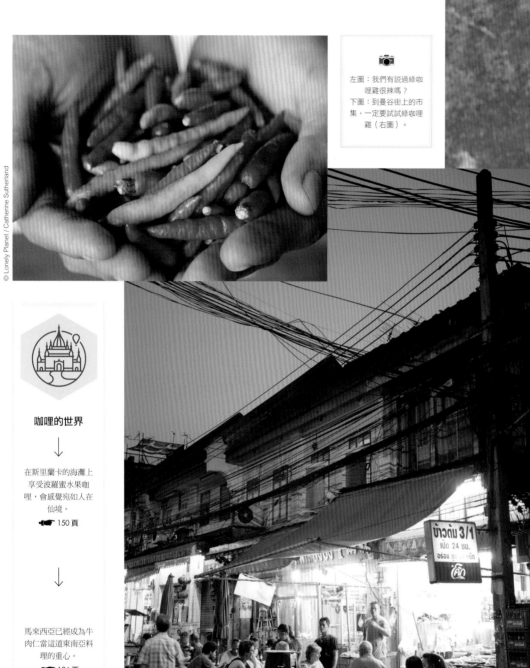

在微笑的國度
最重要的是
把綠咖哩全吃乾淨

72

泰國（THAILAND）// 要從泰國眾多美食佳餚中挑出一道最愛的料理，大概很像要從自己的孩子中選一個最愛的一樣困難，但是假設接下來的餘生只能選擇吃一道泰國料理，那我們會選擇泰式綠咖哩雞（gaeng keow wan）。綠咖哩是所有加入椰奶的咖哩中最辣的一種，之所以為綠色，是因為使用的綠色，小辣椒會被搗成泥，再加入其他講不完的香料。在曼谷這個美食天堂，到處都可以找到綠咖哩，而且一旦你開始觀察，就會發現每家餐廳的做法都有點不同，從咖哩的口感到使用的蔬菜都會有些差異。有些餐廳會附上一碗白飯，有些則是會附上米粉。倫披尼（Lumphini）有一間遵循傳統的小店叫 Sanguan Sri，在這裡你可以有最道地的綠咖哩體驗——這裡的咖哩很辣，店內滿是當地民眾，服務生動作迅速地穿梭在店裡。當你的綠咖哩上桌，配上一碗鬆軟可口的茉莉香米，心情忽然間豁然開朗，你會意識到自己正在品嚐夢想中最美好的泰國料理。

🍴 上哪吃？ Sanguan Sri，地址：59/1 Witthayu Rd, Lumphini, Pathum Wan, Bangkok。

73

舊金山的酸麵包：
了解麵包背後的傳奇

美國（USA）// 波丁（Boudin）的酸麵包王國是由加州淘金客以賽多‧波丁（Isidore Boudin）於 1849 年創立，現在波丁烘焙坊在舊金山各地皆有分店，每日提供麵包。想試吃這又Q、又彈、外皮又酥的麵包，最棒的地點就是在碼頭（The Wharf）的波丁總部。在這裡，你可以看烘培師傅工作、參觀烘培博物館、到市場購物，並且盡情享用各種酸麵包（sourdough）。菜單主打法式長棍牛肉堡，另外還有經典的三明治，像是鮪魚沙拉口味、雞肉配蔓越莓、酸麵包披薩，還有美味的湯品、燉菜跟辣椒，例如蛤蜊濃湯或蝦與辣香腸，所有湯品都放在挖空的酸麵包碗內。

🐟 上哪吃？到波丁的旗艦店 Boudin at the Wharf 去！地址：160 Jefferson St, San Francisco, California。

© Shutterstock / pansticks

© Daniel Di Paolo

74

趁著加勒比海狂歡節
多吃幾份油炸扁餅

千里達＆托巴哥（TRINIDAD & TOBAGO）// 在狂歡節期間首都西班牙港（Port of Spain）會非常熱鬧，餐廳、酒吧、俱樂部整個晚上都生意興隆，鋼鼓樂團會在停車場練習，讓你有機會可以聽到樂手用鋼鼓創作出來震撼心靈的豐富樂曲。為了要有足夠體力可以盡情享受，需要一點糧食，你可以選擇千里達的油炸扁餅三明治（double）──用兩片熱呼呼的扁餅把有點辣的鷹嘴豆泥咖哩（當地稱之為channa）夾起來。除了咖哩，還搭配辣椒醬、一些芒果開胃小菜跟羅望子餡。吃起來就跟聽起來一樣會弄得有點髒，但可以讓你撐到早上，而且到時候你一定會準備再來一個，或二個。所以才會叫「doubles」（兩份）啊！

🍴 **上哪吃？** 一年到頭，到 Breakfast Shed, Wrightson Rd, Port of Spain, Trinidad 都可以吃得到。

75

到塞內加爾跟著黑眼豆
炸餡餅的節奏起舞

塞內加爾（SENEGAL）// 黑眼豆炸餡餅（black-eyed pea fritters）──當地叫「accara」──在西非各地都找得到，但會讓你印象最深刻的地點是塞內加爾的印巴卡德（Embarcadère），在獨立廣場（Place D'Independence）北邊，要搭渡輪到格雷島（Isle de Gorée）前。乍看之下好像很輕的黑眼豆炸餡餅混合了黑眼豆、洋蔥、小蘇打粉，在首都達喀爾（Dakar）跟塞內加爾各地街角的小販會用荷蘭鍋油炸，感覺很簡單，可是炸出來的成品又脆又輕又軟，跟貝涅餅很像，讓人禁不住上癮。特別是如果再沾一下或搭配 sosukaani 醬──混合了蕃茄、洋蔥、哈瓦那辣椒或蘇格蘭圓帽辣椒，再用月桂葉、大蒜、鹽、胡椒調味。

🍴 **上哪吃？** 如果不是在靠近前往格雷島的渡輪附近，那就到龐畢度大道（avenue Pompidou）。包在法國長棍麵包中，也是很棒的點心。

© StockFood / Chatelain, Sonia

© Getty Images / Kim Rogerson

76

76

76

巴黎人都說：
國王餅是絕對可以用來招待國王的蛋糕

法國（FRANCE）// 要看到這個糕點出現在烘焙坊跟麵包店的櫥窗，就得等到 1 月，所以巴黎人覺得實在無法抗拒這道限時甜點的魅力。原本這道糕點是 14 世紀時，在 1 月 6 日慶祝主顯節或三王節時吃的點心，但現在已經成為慶祝耶誕節跟新年的必備點心。我們說的這道點心是用千層酥皮再加上濃濃的杏仁奶酥內餡製成的，國王餅（Galette des Rois）之所以會一直這麼吸引人，是因為傳統上會在甜甜的杏仁奶酥內餡中間藏 1 顆豆（原本是蠶豆），找到豆子代

表好運。現在豆子多半已經被小瓷偶取代，找到小瓷偶的人當天可以戴紙王冠，成為當天的國王。通常國王餅上會裝飾金色的紙王冠，不過光是跟著進入烘焙坊的人潮，看到他們臉上興奮的微笑，你也可以順利地找到國王餅。

🐟 **上哪吃？** 加入當地人的行列買國王餅——順便買根法國長棍麵包。地址：Régis Colin, 53 rue Montmartre, Paris。

77

印度豆泥糊：隨處可見，餵飽百萬人民的料理

印度（INDIA）// 到底為什麼扁豆這麼簡單的食材會變成全國皆熱愛的料理，而且任何美食場合都要有這道料理？豆泥糊（dal）無疑是讓印度弭平所有差異的一道料理，也是所有人一致的舒心料理。不管是在不起眼的街頭小攤、高級餐廳還是其他各類餐廳都可以吃得到，不論你是在德里街頭的繁忙人潮中，還是在有冷氣的餐廳環境裡，這都是一道由人民烹煮，可以滿足人民的料理。最棒的豆泥糊要燉煮好幾個小時，煮成非常濃稠的糊狀，而且多半要加入一些印度香料，例如孜然、薑黃、葛拉姆馬薩拉（garam masala，綜合香料）、辣椒、芥末籽、薑跟大蒜。黃豆糊

（tarka dal）中的香料會先用酥油炒過，再加到煮到濃稠的湯中，所以會有煙燻味；印度北部旁遮普區的黑扁豆咖哩糊（dal makhani）會用黑扁豆跟紅菜豆，加上奶油跟鮮奶油增加濃稠感；在南部的扁豆咖哩糊（sambhar dal）裡面會放各種當季蔬菜。

你現在應該懂我們的梗了。在這道印度人的主食中，似乎有無窮的變化，以及豆類跟不同香料的各式組合，每一種都值得探究。

上哪吃？印度各地。

77

77

© Tim Gainey / Alamy Stock Photo

© Lonely Planet / Matt Munro

柯提斯·史東

柯提斯·史東（Curtis Stone）是名廚與電視名人，目前也是《My Kitchen Rules》的節目主持人，和洛杉磯 Gwen 以及 Maude 餐廳的主廚與老闆。

01

義大利的家常麵條

我在 21 歲那一年跟好兄弟一起到歐洲各地旅遊，我們最後來到他位於義大利 Francavilla 的家園。我在這一家三代婦女的教導下學會新鮮麵條的製作——這真的是一項藝術。

02

倫敦紅磚巷的咖哩

我在名廚馬爾科·皮埃爾·懷特（Marco Pierre White）開設的 Cafe Royal Grill Room 工作期間，都會在週日到紅磚巷（Brick Lane）吃咖哩。

03

墨西哥薩與利他的魚墨西哥捲餅

衝浪、沙灘、幾瓶啤酒跟向海灘小販購買的墨西哥捲餅——有時候我覺得人生夫復何求。

04

西班牙里奧哈 Restaurante Alameda 餐廳的丁骨牛排

牛肉來自加利西亞（Galicia），瘦肉與油脂之間的平衡實在驚人。在我的 Maude 餐廳，我們正在研發以世界知名產酒地為靈感的料理，推出的第一份菜單就是以里奧哈（Rioja）為靈感。

05

我媽的烤豬與油炸豬皮

有酥脆豬皮的烤豬肉是澳洲的傳統料理，而且我堅持每年耶誕節一定要由我媽——Lozza 來烹煮這道料理。

78

用南瓜卡士達
舒緩逛完金邊夜市
過度興奮的感官

柬埔寨（CAMBODIA）// 在熱鬧滾滾的金邊（Phnom Penh）夜市，你不是會覺得逛得很累，就是可能會覺得感官刺激過度。所以，買一片南瓜卡士達（pumpkin custard），拉一張塑膠椅坐下來，觀察來往的人潮。一片卡士達？沒錯。這細緻的點心是先把南瓜（當地叫 kabocha）挖空，再把用椰奶製成的卡士達放進裡面蒸。南瓜整顆蒸到軟的時候，裡頭的卡士達會逐漸凝結，再切成楔形，搭配碎冰跟椰奶一起吃。聽起來就很美味吧？

 **上哪吃？** 試試這個夜市（Phsar Reatrey），地址：Preah Mohaksat Treiyani Kossamak, Phnom Penh。

79

挑選自己想吃的
越南街頭主食：
辣椒鹽水果

越南（VIETNAM）// 保證咬下第一口就會讓你感覺回到越南
繁忙的街頭，這些新鮮熱帶水果會沾辣椒鹽，或灑上辣椒
鹽，讓你品嚐到當地的味道。街頭很多小販都會把這些用
辣椒鹽（muoi ot）調味的水果，用小袋子裝好來販售，鹽會
讓水果嚐起來更甜，辣椒則會讓你的嘴巴感受到強烈的刺
激。試著擠一些萊姆汁到鹽上，再拿一片芒果來沾──那
又鹹、又甜、又酸、又辣的風味，以最簡單的方式呈現你
吃過最美味的越南料理。

👉 **上哪吃？** 越南各地的街頭小販都有在賣。

79

80

80

在傳統的
英格蘭三明治比賽
製作自己的蟹肉三明治

英國（UK）// 要製作自己的蟹肉三明治，首先必須先花費徒
勞無功但有趣的 1 到 2 小時，試著在克羅默（Cromer）碼頭抓
一隻甲殼動物，身邊的釣客可能包含才剛開始學步的小孩到
白髮蒼蒼的諾福克人（Norfolk），邊釣蟹邊談每年 5 月會舉
辦的克羅默與謝林漢姆螃蟹龍蝦節（Cromer and Sheringham）和
蟹肉三明治比賽。所以到底要怎麼做出很棒的蟹肉三明治？
首先要有新鮮的克羅默螃蟹，挖出來的淡棕色蟹肉要用美乃
滋拌好，拿一片新鮮麵包抹上奶油，舖上蟹肉，並且加上白
肉，最後再用檸檬、鹽跟胡椒調味。這樣，你的蟹肉三明治
就會非常美味。

👉 **上哪吃？** 5 月的時候到克羅默蟹肉三明治大賽嚐鮮。
若是其他時間，就去 Henry's Coffee & Tea Store，地址：
Church St, Cromer, Norfolk。

81

想吃世上最美味的比利時鬆餅，就一定得到列日

比利時（BELGIUM）// 如果你愛吃鬆餅（誰會不喜歡吃？）的話一定會知道，傳統的比利時鬆餅（waffles）因為其厚度、口感與種類繁多的配料成為鬆餅界的佼佼者。可選的配料包含灑糖粉、淋上巧克力醬，也可以加上一堆新鮮莓果或打發的鮮奶油。不過如果你想吃到最棒的比利時鬆餅，讓味蕾帶著你到列日（Liège）這個中古世紀前就建城的都市。列日鬆餅製作的技術已臻完美……而且這裡還有祕密武器：珍珠糖。要製作珍珠糖，得先把白糖塊壓碎再篩過，留下粗糖塊。這些糖塊會放在鬆餅麵糰上，鬆餅放到鬆餅機中烘培時，糖塊會慢慢焦糖化。最後的成品就是外殼更甜、更酥脆的鬆餅，咬下去的鬆餅心則是又 Q 又軟。列日的鬆餅一般會提供原味、香草或肉桂口味──在傳奇誕生地試試看！

👉 **上哪吃？** 跟著肉桂的香氣，沿著 Liège's Rue de Mineurs 走到 Une Gaufrette Saperlipopette，就可以吃到新鮮烤好的鬆餅。

82

好好享受哥本哈根
瓦埃勒市場
無法招架的豐富美食

丹麥（DENMARK）// 胃口小或無法決定自己想吃什麼的
人，可能不太適合嘗試這一趟美食冒險。在瓦埃勒市場
（Torvehallerne）鋼鐵結構搭配高大玻璃窗、日光充足的室內空
間中，有超過 80 家食品與農產品攤位，夏天時攤位還會擺
到相鄰的室外廣場，讓你更難決定要吃什麼。到這裡來加入
當地家庭、享用午餐的上班族以及被市場吸引的旅客行列，
逛逛販賣各種商品的攤位，看他們賣的肉品、乳酪、海鮮、
新鮮水果、調味料、麵包、蛋糕與鮮花。等你走到肚子有點
餓，找一家餐廳吃開放式三明治、喝杯精釀啤酒（現場有小
型釀酒廠），或者是法式油封鴨捲搭一杯香檳。

🖐 **上哪吃？** 瓦埃勒市場，地址：Frederiksborggade 21,
Copenhagen。

82

83

83

在炎熱的仰光
跟著人群早起
一起吃魚湯米粉

緬甸（MYANMAR）// 看到坐在塑膠椅上的人群了嗎？每個
人都忙著大啖一碗碗熱騰騰的麵，他們正在享用緬甸非官
方國民美食——魚湯米粉（mohinga），而且這碗麵可能會成
為你在仰光最喜歡的早餐。魚湯米粉是用魚湯加香料煮成
的咖哩米粉，上桌前會加上炸鷹嘴豆餅、水煮蛋、魚露跟
青蔥。大家會趁清晨仰光還沒那麼熱的時候來一碗，有些
地方在午餐前就會賣光，但是因為這道料理廣受喜愛，所
以餐廳跟小攤幾乎都會全日供應——包括在深夜，逛完夜
店以後，都可以找到地方吃魚湯米粉。

🖐 **上哪吃？** 看看當地人都去仰光的什麼地方吃魚湯米
粉，或到緬甸任何地方都可以吃得到。

坐到火堆旁邊
準備享受阿根廷的肉之饗宴

84

必吃烤肉

↓

約翰尼斯堡的烤肉一定會提供南非香腸，不然就不夠地道。
 235頁

↓

在美不勝收的卡帕多奇亞，大啖土耳其陶罐料理。
 194頁

↓

每一年塞爾維亞人都會在年度盛典享用國民牛肉料理普列卡維察。
 240頁

阿根廷（ARGENTINA）// 不管在任何情況下，都千萬不要稱讚阿根廷的烤肉有多美味，阿根廷人不喜歡他們用火堆烤肉的方式，被拿來跟任何把肉放在瓦斯烤肉架上烤肉的方式比較。阿薩多（Asado）烤肉一定要用木頭生火，沒有例外：唯一能用的其他燃料，是偶爾加幾顆松球來調整火勢。在燒得火燙的炭火上擺放 parilla（鑄鐵烤肉架）也至關重要，燒得發紅的木炭要先撥到旁邊，這樣從肉塊滴下來的油脂才不會讓炭火冒煙、影響風味。

溫度如果對了，就可以開始烤成山的肉。首先要放比較大的肉塊，因為要花比較久的時間烤——排骨會比較快熟，腹脇肉跟側腹橫肌牛排要比較久。讓肉慢慢烤熟，盡量不要翻動。除了喜歡用火堆烤肉，阿根廷人也會在烤肉時融入社交元素；烤肉的時間愈長，就有愈多時間跟機會可以喝馬爾貝克紅酒（Malbec），跟朋友談天說故事。

牛排之後，接著是牛雜。最常見的是胰臟（阿根廷人叫mollejas），牛腎跟牛腸也不算少見。最後的結尾是臘腸（喬佐利香腸 chorizo 跟血腸 morcilla）與波羅伏洛乾酪（Provolone）。聽起來好像東西很多，確實如此；吃阿根廷烤肉時，1個人平均會吃 500 克的肉，所以不要吃早餐哦！

烤肉大師完成準備工作以後，他（一定是男的）就會在大家的掌聲中，把烤好的肉分給大家。大吃大喝，盡情享受你一生難忘的夜晚。

👉 **上哪吃？** 到傳統的烤肉餐廳 Don Julio，地址：Guatemala 4699, 1425 CABA, Buenos Aires。

© Pablo Reinsch / pablo79 / 500px

肉烤得愈慢，阿根廷烤肉的社交活動愈熱烈，也讓你有更多機會喝喝馬爾貝克紅酒，跟朋友談天說故事。

85

拿一片
美國人最愛的派
跟媽媽以前烤的一模一樣

美國（USA）// 從美國有「蘋果派日」這件事，就知道美國人有多麼熱愛蘋果派（apple pie）。蘋果派日定於每年 5 月 13 日，這一天等於是邀請大家盡情享用美國最愛的家庭烘焙點心。我們認為家的感覺是蘋果派成功的重點，但是另一個重點是稍微用香料調味過的蘋果內餡跟酥脆的派皮。若你想要很道地的農場體驗，Apple Annie's Orchard 每天都會用新鮮現摘的蘋果來烤蘋果派；如果你比較喜歡自家食譜的作法，也可以自己摘蘋果帶回家。

🚚 上哪吃？ Apple Annie's Orchard，地址：1510 N Circle I Rd, Willcox, Arizona。

萍 ·
庫姆斯

　　英國節目《Master Chef》的冠軍萍·庫姆斯（Ping Coombes）透過她在倫敦開的 Chi Kitchen，以及她第一本食譜書《馬來西亞》，推廣馬來西亞料理。

01
泰國合艾的炸雞
我記得小時候曾在泰國邊界吃過這道菜。這道炸雞外觀是鮮明的橘色——很強烈的橘——真的很脆、很香。

02
摩洛哥阿特拉斯山脈的 Pizza Berber
我們當時住在阿特拉斯山脈的飯店，飯店老闆做出這道看起來像枕頭的佛卡夏麵包，裡面塞滿奶油、香料、堅果跟羊肉。

03
香港沙田的烤乳鴿大排擋
是介於餐廳跟街頭攤販之間的小店。會供應切半的烤乳鴿，連頭帶爪——有點野蠻，但超美味。

04
馬來西亞怡保的麵
在我的家鄉，大家在生日那天都會吃好一點。我的方式是吃用陶鍋煮的粉絲，加上泰國蝦。

05
西班牙阿爾布費拉湖的海鮮燉飯
我們走了好幾英里，來到一家名為 La Establishment 的餐廳。這裡的海鮮燉飯看起來不太起眼，但卻是我這輩子吃過最美味的。這道海鮮燉飯得花 1 小時才會煮好，但就是因為慢慢煮，才能那麼可口。

87

到林蔭大道用鼻子聞聞哪個攤位的巴黎可麗餅最完美

法國（FRANCE）// 很多街頭小吃都強調口味豐富、用當地新鮮食材，而且烹煮快速——但法國人就偏偏要看著煎餅的食譜，摸摸鼻子，決定要自己研發出餐廳品質的薄煎餅！在巴黎，因為可麗餅（Crêpes）大受歡迎，街頭小販用烤盤煎可麗餅的香氣似乎一直在空間迴盪。香味實在太犯規！原味可麗餅煎好之後會抹上奶油、灑上糖粉再捲好，成為甜蜜蜜、有淡淡鹹味、軟呼呼的經典。其他很受歡迎的口味還有檸檬加糖、果醬跟卡士達，另外還有加 Nutella 巧克力醬的可麗餅——手上拿著可麗餅，走在香榭麗舍大道，你會覺得自己好像成為法國總統。鹹的法式可麗餅（galettes），會用蕎麥粉，因為會有淡淡堅果味。配料有火腿跟格律耶爾乳酪，也可能會加一顆荷包蛋。儘管有融化牽絲的乳酪，仍然是最優雅的速食。

🖐 **上哪吃？** 布列塔尼人把可麗餅帶到巴黎，蒙帕納斯站（Gare Montparnasse）附近過去被稱為小布列塔尼，所以要吃可麗餅就要往那裡去。

86

叫一盤冒著熱氣的水餃好了解北京人為什麼那麼熱愛

中國（CHINA）// 身在遠處的我們，很容易透過放大鏡頭看北京。你會把焦點放在宏偉的紫禁城、櫛比鱗次的高樓建築和到處懸掛中國的紅色國旗。靠近一點看，你才能看到這些偉大建築中間的空隙，看到人民真正生活的地方。北京人的生活圍繞著食物；對北京人來說，最重要的食物就是餃子或水餃。餃子可以用蒸的、用水煮或用煎的。麵粉製成的餃子皮中會塞滿用簡單的食材組合而成的內餡，最重要的是食材要新鮮，而且餃子皮在用筷子夾起來時不會破掉。吃的時候要沾一點辣油或烏醋。這些餃子有嚼勁，內餡飽滿，讓人吃了還想再吃。跟當地人一起在擁擠的餐館內享用餃子，你就能體會真正的中國是什麼樣貌。

🖐 **上哪吃？** 寶源餃子屋的餃子內餡飽滿，餃子皮還會加入蔬菜跟水果，調成不同顏色。地址：中國北京市朝陽區麥子店街 6 號。

88

88

在全球數一數二的餐飲王國旗艦店，打包你的口袋餅

以色列（ISRAEL）//Miznon 這家餐廳是由以色列名廚埃亞爾・山尼（Eyal Shani）開設的。從你踏進餐廳那一刻起，就會聽到結合各種對話和擺放鍋碗瓢盆的噪音，以及主廚大喊上菜的聲音，讓顧客知道菜餚已經準備好了——幾乎就像把餐廳外的都市生活塞進微觀世界中。這裡活力滿滿，氣氛溫馨，而且供應的餐點會讓你吃一口就停不下手。山尼在世界各地拓展自己的 Miznon 王國，巴黎、紐約、墨爾本、維也納都有 Miznon 餐廳，但特拉維夫 Ibn Gabirol 街上的本店仍然是吃口袋餅的最佳選擇。口袋餅的菜單分四大類——肉類、蔬菜類、海鮮類、甜點類——但基本上，這只會讓你在吃完之後，想再回來試試其他三種因為太飽而沒吃到的口味。想想看，牛排搭配煎蛋、香菜、蘿蔔跟芝麻醬，或嫩莖花椰菜搭配青蔥、蕃茄跟芝麻醬會有多美味！

🖝 **上哪吃？** 任何一間 Miznon 都可以，但最好還是到特拉維夫 Ibn Gabirol 的 Miznon 餐廳，因為這道料理是在這裡成名的。

89

紐奧良經典海鮮潛艇堡
讓你有豐富體驗

美國（USA）// 美國是三明治之國，從最簡樸的花生醬、果醬三明治到超大的派對潛艇堡都有。但紐奧良的海鮮潛艇堡（po'boy）可算是三明治之王，在這裡吃這道份量滿滿的潛艇堡——或是在當地人笑笑看著你的同時，設法乾淨俐落地吃完一個——可是必要禮儀啊。製作完美的海鮮潛艇堡，要用紐奧良當地的法國麵包，外皮酥脆，白色的內裡又鬆又軟。擺上一堆炸海鮮——炸蝦、炸牡蠣、炸鯰魚、炸螃蟹……有時還有炸鱷魚肉。再加上萵苣、蕃茄，和一點美乃滋，你就有來自歐洲移民的 Creole 風格的午餐可以吃了。為什麼海鮮潛艇堡會叫「po'boy」呢？常見的說法是當地的餐廳業者在 1920 年代會免費提供三明治給電車售票員，當地人都叫他們「窮小子 poor boys」。

🖐 **上哪吃？** Domilise's 餐廳的炸牡蠣跟炸蝦（名為 half-'n-half）潛艇堡是當地傳奇料理，但餐廳也提供炸鯰魚、煙燻香腸跟烤牛肉等口味。地址：5240 Annunciation St, New Orleans。

© Getty Images / Lisa Romerein

90

到皮埃蒙特參加
一年一度的松露展覽會
探探白松露的價值

義大利（ITALY）// 因為極為稀有，白松露（white truffles）成為全球餐廳都想要的頂級食材。這些看起來又醜又不起眼的球狀真菌無法以人工栽培，只會與橡樹根、山毛櫸與白楊木的樹根共生，到秋季再靠受過訓練的狗聞出松露生長的位置。沒有自己養松露犬的白松露菌（tartufi bianchi）愛好者，記得要在每年的白松露展覽會期間造訪，皮埃蒙特（Piedmont）的阿巴（Alba）。在市集裡逛逛，自己聞聞、碰觸、品嚐、購買這些大地賜與的珍寶是感官的饗宴。點一杯巴羅洛酒（Barolo）坐下來，再點大份白松露來享用（不過別忘了，如果當年度比較乾燥，小小 1 顆 10 公克的白松露可能要花 45 歐元）。

🖐 **上哪吃？** 每年秋季在皮埃蒙特的阿巴舉行的國際阿巴白松露節（International Alba White Truffle festival）。

© Lonely Planet / Susan Wright

© Travelscape Images / Alamy Stock Photo

91

在澳大利亞烏魯魯山腳下 與原住民一起找尋食物

澳大利亞（AUSTRALIA）// 澳大利亞廣闊的沙漠中心，有一顆世界知名的紅色岩石——烏魯魯，也是整片地景最引人注目的景象，無數遊客被吸引到此，讚嘆這絕美景致。烏魯魯隸屬阿南古原住民的區域，原住民族阿南古是澳大利亞先民的後代，他們在這片世界上最艱困的環境中打獵覓食的能力無人能及。這些技能經過數個世代不斷精進，並在部落與家族中不斷傳承，現今的這一代仍然保留在幾乎沒有糧食的荒地找到糧食的專長。而在烏魯魯附近，艾爾斯岩渡假村的房客可以參與叢林食物（bush tucker）體驗，

由原住民嚮導帶領遊客穿越叢林，找出可食用的植物、種籽、水果、穀物與香料。你可以學習幾千年來，人類尋覓、烹調與食用食物的方式。導覽結束時，可以烹煮與品嘗你在路程中找到的某些食材。這趟體驗可以讓你在原住民文化的中心，深切體會原住民的足智多謀與親和力，而且煮好的東西還不難吃哦！

🍴 **上哪吃？** 參與 Ayers Rock Resort 在北領地（Northern Territory）舉行的步行導覽。

92

在哥多華
用西班牙番茄冷湯
清涼一下

西班牙（SPAIN）// 你很可能比較熟悉番茄冷湯（salmorejo）另一個比較清爽的版本——蕃茄蔬菜冷湯（gazpacho）——不過人都到了哥多華（Córdoba），當然要來認識一下冷湯家族另一個舒心成員。這道冷湯數世紀來都是哥多華的主角，完全不花俏，只提供新鮮、豐富的滋味。蕃茄與老麵包、橄欖油混在一起，可能再加一點大蒜，就可以煮成一碗又稠又清涼的冷湯。在安達盧西亞炎熱的天氣，這道冷湯猶如清涼微風。喝這道湯的時候可以嘗試跟當地人一樣——加一顆切碎的水煮蛋，跟一點鹹鹹的白毛豬火腿（serranoham）——再走進陽光普照的蜿蜒街道，看看庭院中妝點著色彩繽紛的鮮花，睡個午覺休息一下。

🥄 **上哪吃？** Bodegas Campos 為蕃茄冷湯加了一點變化。這家餐廳的房間跟露台很多，地址：Calle de Lineros 32, Córdoba。

© Maria Galan Clik / Alamy Stock Photo

92

© Getty Images / Hohenhaus

托尼·辛格

托尼·辛格（Tony Singh）是 Oloroso 餐廳以及蘇格蘭愛丁堡 Tony's Table 餐廳的主廚兼老闆。他曾當選英國 ITV 的年度主廚，並且主持電視節目《The Incredible Spice Men》。最近出版了一本名為 *Tasty!* 的食譜書。

© Paul Johnston/Copper Mango Ltd

01
印度旁遮普的瑯加
「瑯加」（Langar）是免費食堂提供的餐點——通常是黑扁豆與煎餅——全球錫克教寺廟都會免費提供給所有人。

02
蘇格蘭天空島的海鮮湯
在麥可·史密斯（Michael Smith）的 Loch Bay 餐廳，會讓你品嚐到最道地的蘇格蘭風味海鮮湯（Partinbree），我最愛的是用當地黃道蟹做的螃蟹湯。

03
越南胡志明市的法國麵包
我每次到西貢，都會去 Le Lai 跟 Nguyen An Ninh 交叉路口買越南法國麵包（Bánh mì sandwich）。

04
諾丁漢沙特·巴恩斯的海錦麵包
英國主廚沙特·巴恩斯（Sat Bains）花好幾個月研究出他最喜歡的組合。即使再小的細節都專注處理，就像他的海綿麵包。

05
丹麥哥本哈根的尤加利馬丁尼
在處處都提供冷食的國度，我會到 Curfew Cocktail 跟 Umber to Marques 酒吧，這兩家的馬丁尼是世上最好喝的。

© Shutterstock / AS Food Studio

93

除了拉普蘭
你還能去哪裡吃到
真正道地的燉馴鹿肉？

芬蘭（FINLAND）// 這道拉普蘭（Lapland）的傳統料理是愈往北走愈美味的其中一道料理。可能是因為愈往北走，馴鹿的供給量就愈大，又或許是因為外頭的溫度愈冷，這道簡單燉肉的吸引力就愈大。芬蘭北部這道燉馴鹿肉（reindeer stew）在其他地方無法複製有幾個原因，最重要的是出口的冷凍馴鹿肉真的比不上新鮮馴鹿肉。簡單才是王道：因為馴鹿肉本身已經非常美味，除了鹽跟胡椒，不用再加其他調味料。把成堆的燉肉淋在馬鈴薯泥上，傳統上還會再加壓碎並用糖煮過的越橘。越橘是當地人常常會自己採的一種酸味野莓。

🐾 **上哪吃？**拉普蘭小鎮羅瓦涅米（Rovaniemi）以燉馴鹿肉聞名，初來乍到的人可以試試高級的 Restaurant Nili，地址：Valtakatu 20。

© Getty Images / SoiluJussila

94

用驚嘆的心情
看廚師為你
烹煮台灣牛肉麵

台灣（TAIWAN）// 麵食在台灣屬於主食，而在台北，有好幾千家餐廳提供麵食。但是你會發現，在這麼多餐廳中，最道地的台灣麵會是刀削麵系列。廚師手中抓著一個大麵糰，以流暢的手法削下麵條，再丟進用牛骨熬煮了好幾個鐘頭、風味絕佳的牛肉湯中。通常會用有漂亮油花的牛胸肉切成的牛肉塊，加上味道濃郁的肉湯跟麵條，最後再灑一些酸菜，成品就是一大碗暖心、滋味豐富，蛋白質滿滿又有文化氣質的美味料理。觀察手腳俐落的廚師烹煮牛肉麵，幾乎跟吃牛肉麵一樣有趣，所以先把小菜點好，找一張離廚房很近的位子坐下來。

🐾 **上哪吃？**林東芳牛肉麵外頭通常都大排長龍，因為當地居民也很喜歡這家的牛肉麵。地址：台北市八德路二段322號。

© Images By Kenny / Alamy Stock Photo

97

95

在貝魯特
大啖哈羅米起司
什錦組合

黎巴嫩（LEBANON）// 哈羅米起司
（halloumi）數個世紀以來，一直是中東
飲食的主要支柱。哈羅米起司使用山羊
奶與綿羊奶，製成錢包大小的小球，再
油炸到呈現金黃色。炸好的起司外皮酥
脆，內裡結實有彈性。在黎巴嫩，擺滿
開胃小菜的桌上一定會有這道料理。其
他開胃菜還包含辣香腸、鷹嘴豆泥、茄
子皮塔（aubergine fatteh）、醬肉丸（kibbeh
meatballs）等等。哈羅米起司細緻的鹹
味，正好可以讓你胃口大開，也讓你可
以在大方主人的期待眼神下，大啖不斷
上桌的料理。

🗨 **上哪吃？** 在夏天，吃這道料理的
最佳地點莫過於 Beirut's Abd el Wahab
的露台上，地址：51 Abdel Wahab El
Inglizi St。

96

參與
新墨西哥的儀式：
烘烤綠辣椒

美國（USA）// 這個儀式會在 9 月舉行，
新墨西哥哈奇（Hatch）的路邊會出現很
多烤肉架，準備烤剛剛收成的辣椒，這
些辣椒通常都用來製作綠辣椒醬（green
chillies）。當地人會買好幾大袋，用燒
烤的方式把外皮烤到焦黑，剝掉黑色外
皮，再用塑膠袋包起來封好冰凍，接下
來的一年，要用的時候再把辣椒拿出來
解凍使用。要製作綠辣椒醬，則要把辣
椒跟大蒜、洋蔥、孜然及豬肉高湯一起
煮。在新墨西哥南部，綠辣椒醬可用來
搭配所有料理。

🗨 **上哪吃？** 自己製作，或到 Sparky's
吃這裡有名的綠辣椒漢堡。地址：115
Franklin St, Hatch, New Mexico。

97

品嘗法式櫻桃塔
體會
輕鬆生活的味道

法國（FRANCE）// 利穆贊（Limousin）的
綠色草原，綿延不絕的丘陵與田園森
林幾乎沒有受到觀光客侵擾，也因此
使這裡成為在各大景點間旅遊時，最
棒的休息充電處。更重要的是，休息
放鬆時，還可以來一盤美味又邪惡的
甜品：克拉芙緹（Clafoutis）。克拉芙
緹是利穆贊的名產，使用酸櫻桃連籽
帶皮製作，再以緊實的奶黃布丁包起
來，之所以如此美味，是因為櫻桃籽
在烘焙過程中會散發苦杏仁苷，為這
道甜點增添一點苦杏酒的迷人香氣。

🗨 **上哪吃？** 這道甜點也會用其他水
果製作。這種名為 flaugnarde 的甜點
也很值得品嚐。

98

到誕生地瓦倫西亞
大啖世界知名的
海鮮燉飯

西班牙（SPAIN）// 瓦倫西亞（Valencia）是西班牙第三大城，但常常都被大家忽略。不過，以當地人悠閒的生活方式來看，他們大概一點都不介意。若在春天造訪瓦倫西亞，空氣中會彌漫著橘子花的香氣，混著海鮮燉飯（paella）的濃郁香味。在大煎鍋中燉煮的海鮮燉飯，是瓦倫西亞送給西班牙其他地區的美味大禮，但有些瓦倫西亞人很後悔，因為他們認為任何脫離這道料理傳統食譜的方式都是一種褻瀆。傳統上只能用白米、雞肉、兔肉、豆、蕃茄，或用海鮮替代肉類跟豆子。海鮮燉飯的其他元素，還包含鍋子底部轉成酥脆鍋巴的焦香味。這道料理的美味，所有西班牙人都沒有異議。

上哪吃？ 到 Casa Isabel，挑著一張桌子，坐在瓦倫西亞海灘邊。地址：Playa de Malvarrosa: Paseo Marítimo, 4（Playa Malvarrosa）。

99

捕捉科摩羅群島
新鮮的當地海產：
香草味的挪威海螯蝦

科摩羅群島（COMOROS ISLANDS）// 這道料理又被稱為烤龍蝦佐香草醬，雄心勃勃、風味濃郁的組合，使挪威海螯蝦（langoustines）成為科摩羅群島上的國民美食。科摩羅群島是位於莫三比克與馬達加斯加之間的小型非洲群島，這道料理彰顯出當地食材的最佳風味，也展示出可追溯至 19 世紀法國殖民時期的料理手法。從海裡新鮮打撈上岸的龍蝦，搭配當地種植的香草（科摩羅群島是全世界新鮮香草的主要產地），最後的成品就是鮮嫩多汁、引人墮落的龍蝦，而且是科摩羅群島獨一無二的風味。

上哪吃？ 到科摩羅群島最大島──葛摩島（Grande Comore）上的莫洛尼（Moroni），找一間生意好的餐廳。

100–
199

101

甜到心裡去的
丹麥酥皮點心

丹麥（DENMARK）// 全世界都知道這種丹麥酥皮點心（wienerbrød），但是在丹麥，這種吃了還想再吃且帶點黏性的甜點，其名聲得歸功於 1840 年代時，在哥本哈根工作的維也納廚師。於是丹麥人就稱之為 wienerbrød，直譯就是「維也納麵包」。這種甜點的樣貌很多，而你絕對不能錯過的就是 kanelsnegle，也就是肉桂捲（cinnamon snail）。丹麥人通常把它當作早餐後的一道甜點，或在午茶時配上一杯咖啡享用。事實上，在一天當中的任何時候吃，都很棒。哥本哈根有一家古老的麵包店叫做 Sankt Peders Bageri，其歷史可追溯到 1652 年，在這裡，你可以吃到最正統的丹麥酥皮點心（當然也有其他金燦燦的烘焙食品）。

🥐 **上哪吃？** 哥本哈根古老的麵包店 Skt Peders Bageri 在每個星期三都會出爐一種特大號的肉桂捲，是該店最暢銷的甜點。地址：Sankt Peders Stræde 29。

100

打破常規的
英式午茶組合

英國（UK）// 再也沒有比風度翩翩地爭論何謂「完美」的英式午茶組合（cream tea），更能體驗道地的英國式生活了。司康餅（scone）這個字究竟是和 on 是 cone 押韻呢？享用的時候，究竟是應該先塗果醬，然後奶油醬（clotted cream）？還是先奶油醬，再果醬呢？還有，一定要用草莓醬嗎？用其他果醬可以嗎？所幸，英國式午茶是這麼的頹廢、甜蜜香濃又令人心滿意足，即使以上的各種多慮都不能破壞它。而且，既然傳統上所有的塗醬都是放在不同的罐子裡，你大可按照自己的意思來！享受剛從烤爐出來的司康餅和一壺伯爵茶的最佳自然環境，就是在一棟富麗堂皇的鄉村別墅花園裡。管理著許多美麗古蹟的國民信託（National Trust）便以其超凡的英式午茶聞名……他們的特色是水果司康餅！有誰聽過這種東西嗎？

🥐 **上哪吃？** 國民信託局的司康餅部落格對 Peckover House 莊園的司康餅評價是：「棒透了！」地址：North Brink, Wisbech, Cambridgeshire。

102

一定要大快朵頤的
維也納薩赫蛋糕

奧地利（AUSTRIA）// 在 19 世紀的維也納，對一家旅館而言，能因為供應令人難忘的蛋糕而聞名，是一件了不起的大事。經過了許多蛋糕戰爭後，薩赫旅館（Hotel Sacher）贏得了最終勝利。旅館的主人，愛德華·薩赫（Eduard Sacher），花了許多年的時間精進父親所創的蛋糕製作法：在兩層綿密完美的巧克力蛋糕間，塗上一層厚厚的杏子醬和鮮亮的巧克力醬。於是，維也納今天就有了與其旅館同名的薩赫蛋糕（sachertorte）。薩赫旅館到現在仍嚴防死守著他們蛋糕的製作祕方，而「正宗薩赫蛋糕」也成了他們的註冊商標。你在整個城市各處都可以買到各種山寨版的薩赫蛋糕，但都比不上在薩赫旅館大吊燈籠罩下，享受一杯咖啡再加上一塊正宗薩赫蛋糕的滋味。維也納因其氣派的皇家建築、潔淨的街道、歌劇院及美術館等，可說是一座最懂得凡事各得其所的城市，也包括巧克力蛋糕在內。

👉 **上哪吃？** 在維也納、薩爾茲堡（Salzburg）、格拉茨（Graz）、因斯布魯克（Innsbruck）等城市，都可看到薩赫咖啡館，但最原始的薩赫旅館才是你會想去的地方。地址：Philharmoniker Str 4, Vienna。

103

在海上製作的
鯖魚三明治

土耳其（TURKEY）// 在土耳其最大的城市裡，有比鯖魚三明治（balık ekmek）更美味的食物選擇嗎？有的。但有比這道食物更充滿情調的選擇嗎？恐怕沒有。享用一份鯖魚三明治，是在伊斯坦堡旅遊最典型的體驗之一。然而，那體驗的精髓，卻是在於食物是在何處製作、如何製作，而非它的食材。鯖魚三明治是在博斯普魯斯海灣內色彩明豔、上下浮動的小船上製作的：廚子會在船上的廚房裡先用平底鍋將鯖魚煎熟，然後和生菜一起塞進一塊切開的土耳其麵包裡，最後再灑上一點鹽巴、擠幾滴檸檬汁就大功告成了。當海中的波浪起伏得剛剛好時，這個簡單的三明治就會被遞到陸上的食客手中，然後在新清真寺（New Mosque）和加拉塔大橋（Galata Bridge）戲劇性的背景襯托下被吃掉。

👉 **上哪吃？** 在加拉塔大橋西面靠近歐洲那邊，那幾艘色彩明亮、四處漂動的船餐廳。

排隊搶吃上海小籠包

中國（CHINA）// 當你凝視著上海圓弧形的天際線，並對那些 1930 年代遺留下來的歐式建築驚艷不已時，不要忘了也要去獵尋這個城市對中國美食最重要的貢獻：汁多味美的小籠包。上海到處都有賣小籠包的店舖，但是最好吃的小籠包餐廳門前一定都排著一條長龍，尤其在午餐時間，你必需奮戰才能搶到一張狹窄的小桌子，否則就得來回徘徊、怒瞪著那些還不趕快吃完走人的饕客。小籠包有幾種做法，最經典的就是皮薄、餡多、調味裡有加上薑絲和紹興酒的。當小籠包放入蒸籠裡蒸時，肉餡就會釋放出

鮮甜味美的肉汁。吃的時候可能會有點狼狽，然而當你咬一口熱騰騰的小籠包，並感受著鮮美的湯汁流進嘴裡的滋味時——那種訴諸多重感官的回報，簡直難以形容！搶不到桌子的另一個結果就是：在你還沒排到長龍的前面時，店家的小籠包就已經賣完了，然後那一天他們就打烊休息了。這就是上海的生活。

🍴 **上哪吃？** 毫不起眼的店面。大排長龍。天下無敵的小籠包。佳家湯包，地址：上海黃浦區黃河路 90 號。

105

105

105

全世界最正點的馬卡龍就在巴黎

法國（FRANCE） // 馬卡龍（macaron）的製作與銷售早已風行全球，愛好者在全世界的各大城市裡都可享受到它的甜蜜滋味。但是，想要體驗那顆小蘑菇令人著迷的魔力，最佳城市也許是你在金三角（Golden Triangle）地段逛街，或沿著奧斯曼大道（Boulevard Haussmann）血拼一番後的巴黎。在巴黎，販售馬卡龍的巧克力店或糕餅店數量很驚人，下面是幾間你可以先嘗試的地方：Pierre Hermé 的馬卡龍有愛好者可能在其他店裡無法找到的味道，例如由覆盆莓、荔枝和玫瑰水調製而成的伊斯法罕（Ispahan）；Ladurée 的馬卡龍色彩柔淡，味道和口感比較傳統——他們的招牌馬卡龍上面有一層由奶油、黑蘭姆酒和碾碎的栗子烘烤而成的殼；Acide 的馬卡龍則有向電影《巧克力冒險工廠》主角威利旺卡（Willy Wonka）取經的風格，顏色比較鮮亮，味道也比較狂野。如果以上幾家甜點店無法滿足你對馬卡龍的渴望，巴黎還有其他數不完的馬卡龍糕餅店等你去探索。

🚙 **上哪吃？** Pierre Hermé：72 rue Bonaparte；Ladurée：75 av des Champs-Élysées；Acide：85 rue La Boétie，三家店都在巴黎。

106

讓冬天變得完美的
瑞士起司火鍋

瑞士（SWITZERLAND）// 在日內瓦湖畔的餐廳內，一頓典型的起司火鍋（fondue）絕對能讓你賓至如歸。Buvette des Bains 餐廳原是 1930 年代湖邊公共浴場的一區，當冬日降臨、遊客稀少時，餐廳就會為那些想要逃離寒冬卻又想要欣賞冬景的客人們端出逐漸融化的起司，為他們準備火鍋。在這座以專業與外交手腕著稱的城市裡，在 Buvette des Bains 餐廳與其他遊客共享起司火鍋，是一場在自然風光襯托下輕鬆且低調的社交活動。而且你不會覺得太撐太膩，因為隨著起司火鍋上桌的，是能夠調和濃郁起司味的氣泡酒。

上哪吃？ 日內瓦湖畔的 Buvette des Bains 餐廳，地址：Quai du Mont-Blanc 30, Geneva。

106

107

陽光燦爛的
英國夏日布丁

英國（UK）// 歌頌陽光、鋪滿盛夏鮮嫩水果的英國夏日布丁（summer pudding），是鄉村野餐時最完美的句點。精心製作的夏日布丁，洋溢著典型的英國風——也許是因為它的簡單樸素——普通的白麵包混合草莓、覆盆莓和葡萄乾等（任何新鮮的黑色莓果亦可），最後再淋上一勺鮮奶油。簡單、細緻、美味又符合節令，而且美得像一幀畫。你只需要一點點接骨木花釀及綠油油的英國鄉村風光，就能讓那幅美景無懈可擊了。

上哪吃？ 如果不想自己動手做，一般超市就可買得到。但無論如何，用餐的地點一定要在鄉下，並且以野餐的方式進行。

107

埃及烤餅的製作
就是一場視覺饗宴

埃及（EGYPT）// 觀賞埃及烤餅（feteer）的製作過程，是這道小吃為何如此令人難忘的主因。人們稱這種烤餅為埃及比薩，因為它也是在燃木烤窯裡烤成的。這個美味的多層鬆脆薄餅，令人想起馬來西亞的印度煎餅（roti canai），有著生麵團拉彈與摺疊的勁道。觀賞師傅熟練且快速的揉、拍、折，並穿插著撒入起司、橄欖、碎肉等動作；然後，不用等多久，你就會開始拜倒在那種烤餅的魔力下了。在開羅，到處都有賣烤餅的餐廳。餐廳都很熱，而且鬧哄哄的，烤餅最好吃的餐廳通常忙碌不已，顧客一圈又一圈地擠在櫃檯四周。但可別因為太多人而氣餒了，你只要記住自己為何會出現在那裡就好了。

👈 上哪吃？在開羅，到處都有販賣烤餅的店舖，但通常不是環境舒適、可以在裡面享用烤餅的餐廳。所以，直接外帶吧！

印度炸餅：
甜香脆辣的魔法師

印度（INDIA）// 到了夜晚，孟買的朝帕蒂海灘就擠滿了戀人、家庭、成群結隊的朋友和遊客等，而每個人都在享用著各種美味的小吃（chaats）。在那些小吃中，回購率最高的就是印度炸餅（bhel puri），這個看起來像一個小碗的點心，裡面塞了多種食材，形成一個完美的組合：香脆的米花和雞豆粉麵條，拌入軟糯的馬鈴薯塊，再加一小把辣椒和洋蔥。濃郁的棕色酸豆醬提升了撲鼻的香氣，而以香菜為基底的印度甜酸醬，則為它增添了活潑的色調。在西印度的街頭，到處都有賣這種炸餅的攤販。出售時將炸餅裝入折成圓錐狀的紙袋裡，人們直接用手抓著吃。在天氣酷熱的夜晚時分，bhel puri 是這個充滿混亂的國家裡，人們最愛品嚐的小吃。

👈 上哪吃？在朝帕蒂海灘，找隊伍排最長的那個小吃攤就對了。本地人最知道自己國家的美食在哪裡。

超級無敵的
印尼雜拌什錦沙拉

印尼（INDONESIA）// 要是有人告訴你，你不可能靠一道沙拉贏得友誼，那是因為他們還沒嚐過印尼這道經典沙拉，而且，絕對不曾在峇里島濱海的經典咖啡館裡嚐過。爽口的蔬菜、水煮雞蛋、花生醬、炸豆腐和新鮮的香菜等——印尼的雜拌什錦沙拉加多加多（gado gado），最適合為那些從早上起就在海裡游泳衝浪的人們畫下一天完美的句點。香辣的沾醬配上脆甜的豌豆、高麗菜、胡蘿蔔、小黃瓜和綠豆芽等，這就是最典型的印尼雜拌什錦沙拉。在一天當中的任何時候吃都適合。把你們膜拜陽光的朋友們從沙灘拉走，然後一起去祭拜五臟廟吧！再也沒有比一碗加多加多更能取悅你們的食神了。

👈 上哪吃？在海風輕輕拂面時節，Chez Gado Gado 是享受一盤印尼雜拌什錦沙拉的好地方。地址：JI Camplung Tanduk No 99, Seminyak。

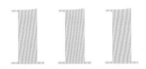

斯德哥爾摩街頭小吃：
炸魚捲

瑞典（SWEDEN）// 在橋樑、水道、水閘之間，以及至少未來幾年，在斯德哥爾摩斯魯森區的建築工地上，請特別注意那種車頂上有一條黃魚標誌、看起來很詭異的小貨車，因為在它們身上，你可以觀察到瑞典這個國家對快餐車現象的貢獻。Nystekt Strömming 可以簡單地譯成鮮炸魚捲，你可以選擇把小魚炸好後，用一塊薄餅捲起來吃，像瑞典式的沙威瑪；或者把魚炸好後，塞進小圓麵包裡；或者試試經典吃法，把炸魚跟馬鈴薯泥和脆薄餅放在盤子上，旁邊再配上一些小菜和沾醬，如酸黃瓜、紫洋蔥、甜菜根，以及時蘿美乃滋或越桔醬等。這道小吃的價格跟薯片差不多，是品味斯德哥爾摩最便宜的方式之一。

👈 上哪吃？ Nystekt Strömming，地址：Södermalmstorg, Stokholm。

112

112

112

拜見熱狗的老祖宗：德國香腸

德國（GERMANY）// 在柏林，到處可見現烤現賣香腸堡（bratwurst）的行動小販（grillwalker）。這種用手握著就可大快朵頤的美食，是德國最完美的街頭小吃。它們是遊客在觀賞這個忙碌的城市時，抽空來一客的點心；也是在熱鬧的酒吧裡，加上馬鈴薯和紫甘藍後，就可讓人飽足一頓的全餐前菜。從 14 世紀起，香腸就成為了德國飲食傳統中的一部份，而且直到現在，仍看不到這個謙卑的食物有任何失去吸引力的可能。德國香腸的材料主要是豬肉，加上一點小牛肉，通常以肉蔻、香菜、薑和小荳蔻等調味，但是由於許多區都有自己的祕方，因此實在無法告訴你究竟會吃到什麼。吃的時候，你可以在你的香腸堡裡擠上一坨芥末，或者蕃茄醬。

 **上哪吃？** 看到行動小販時，趕快揮手請他停下。或者找找 Konnopke's Imbiss 這家店，地址：Schönhauser Allee 44B, Berlin。

113

在巴西燉菜裡體驗聖保羅的脈動

巴西（BRAZIL）// 巴西的料理總是強勁有力。燉菜（feijoada）的內容豐富，材料包括黑豆、大塊的鹽漬煙燻豬肉和牛肉、芥藍菜、羽衣甘藍和樹薯粉（farofa）等。吃的時候，通常配上米飯，最上面再綴上幾片柳橙。在某些地方，人們還會加入傳統的豬肉切，如豬耳朵、豬腳和豬尾巴等。這是一道熱烈的火鍋，它所傳達的基本情調就是巴西最熱愛美食、24 小時不打烊的城市聖保羅的任何一個狂歡夜。在森帕（Sampa，當地人們對這個城市的暱稱），約有 15,000 家酒吧。時鐘滴答地在催促，所以趕快吃完你的那盤燉菜、灌下一口甘蔗酒（cachaça），然後著裝準備，出門去好好享受聖保羅典型喝酒跳舞的夜晚吧！

 **上哪吃？** Bolinha 餐廳以在地的風味美食和廣受歡迎的燉菜聞名。Bolinha Restaurante，地址：Av. Cidade Jardim, 53-Jardim Europa, São Paulo。

馬克·希克斯

馬克·希克斯（Mark Hix）是倫敦 Hix Soho 和 Hixter Bankside 兩家餐廳的老闆兼主廚，也是著名的美食作家。

倫敦 Hunan 的竹筍清湯

湖南（Hunan）是一家無菜單餐廳，服務員會送上很多小菜盤的食物。竹筍清湯裡的所有原料都沒有剝殼，而且全部浮在湯面上。

東京 Sushi Ken 的跳舞蝦

他們會直接從水箱裡撈出活的跳舞蝦（dancing prawns）；當你把蝦肉吃完後，店家會將蝦殼炸過，撒上海鹽，做成另外一道菜送上來。

雪梨 Sean's Panorama 的咖哩螃蟹

這家經典餐廳歷史悠久，店裡有一道馬來西亞式的咖哩螃蟹——你知道的，澳洲人喜歡把東西混在一起。

巴塞隆納 El Quim 的肥肝炒蛋

這家餐廳有很多受西班牙影響的小吃，但也有不少意想不到的美食，例如肥肝炒蛋（fried egg with fois gras）。

義大利潘薩諾 Dario's 的佛羅倫斯牛排

這家肉舖的老闆是個玩重搖滾的瘋子——他偶爾會在餐廳裡表演一下。在這裡，你可以一邊喝酒，一邊品嚐當地的各種風味牛排，通常只有一、兩分熟。

不能急著吃掉的
義式三明治

美國（USA）// 我們只能推測，當年移民到紐奧良的西西里人，因為無法像在家鄉時那般，在用餐時敞開肚皮大啖他們的傳統冷肉，於是便創造出了這款義式三明治（muffuletta）。用表皮撒滿芝麻的麵包（就叫做 muffuletta，正是這款三明治命名的由來）做成的義式三明治，是無肉不歡者的最愛。在切開的圓形麵包裡，你可以看到義大利香腸（salami）、火腿、義大利風乾火腿（coppa）和義式肉腸（mortadella），以及波羅伏洛和莫扎瑞拉起司，還有醃漬橄欖沙拉等。製作這個三明治時，不要因為太餓了就馬上吃掉，因為專家說做好後最好先放一會兒，等醃漬橄欖滲透進麵包裡，吃起來味道才最棒。在等待你的三明治時，可以先來一杯 sazarek（紐奧良的招牌雞尾酒），並順便感受一下紐奧良法國區裡特有的逍遙氛圍。

☞ 上哪吃？Central Grocery，地址：923 Decatur St, New Orleans。

115

熱香料酒和史多倫麵包：德國耶誕季節的最佳拍檔

德國（**GERMANY**）// 再沒有比來一大杯熱熱的香料酒（glühwein）和一片厚厚的史多倫麵包（stollen），更能讓人感受德國的耶誕氣氛了。德國版的熱香料酒，就是簡單地在紅酒裡加入了丁香、肉桂和八角，有些地方還會加入一點烈酒以及紅糖或水果。Glühwein 字面的意思就是熱酒，而你如果喝多了，當然會發熱。整個冬天，市場裡的攤販都會提供這種熱香料酒，讓購物的人們保持著耶誕的精神。在市場裡，你還可以看到史多倫麵包，也就是耶誕節蛋糕，可以搭配熱香料酒吃。史多倫麵包有多種口味，如肉桂或荳蔻等，是一種水果麵包，裡面塞滿了杏仁、葡萄乾和柑橘等，能創造出與熱香料酒絕配的滋味。

🍷 **上哪吃？** 從 15 世紀起，德勒斯登（Dresden）最能喚醒耶誕氣氛的市場 Striezelmarkt，就一直都在提供給客人們最迷人的熱香料酒和史多倫麵包。

115

© Shutterstock / linerpics

116

羅馬是經典培根蛋麵的故鄉

義大利（**ITALY**）// 培根蛋麵（spaghetti carbonara）是義大利人永恆的安慰食物，早就已經從一般的家庭料理轉變成餐館客人們最愛的美食了。Da Danilo 餐廳位於一條不起眼的羅馬街道上（就在警察局隔壁，所以總是吸引著許多下班後的波麗士大人），享用這道培根蛋麵，更是一種終極完美的經驗。餐廳設在地下室，小酒館的裝潢，格子花紋的桌布，牆上是一張張開心用餐的客人的照片，不乏大眾熟悉的面孔，整個格調是這麼經典，簡直不像真的。羅馬的培根蛋麵保持著最簡單的做法，沒有青豆或洋蔥那些東西，有的只是用醃豬頭肉（guanciale）做成的肉醬料、羊奶起司、蛋（通常只用蛋黃），和一小搓黑胡椒而已。

🍴 **上哪吃？** 想要吃最經典的培根蛋麵，到 Trattoria Da Danilo 就對了！地址：Via Petrarca 13, Rome。

116

© Lonely Planet / Susan Wright

© Shutterstock / Aleksandr Shilov

人間稀有好滋味：
胡志明市的法式三明治

越南（VIETNAM）// 將法國最棒的兩種料理和越南式的烹調法結合在一起，無疑會孕育出特殊的結晶，於是三明治界的超級巨星就這樣誕生了。一條輕、脆的法式麵包，裡面填滿了肝醬（pâté）、燻肉、醃蘿蔔、胡蘿蔔、小黃瓜、美乃滋、香菜和鮮紅的辣椒等，混合成了這一道新鮮、濃鹹、酥脆、香甜、辛辣，滋味與口感俱佳的三明治──而在首都胡志明市熱鬧嘈雜的街道上享用這道法式三明治（bánh mì），更是美食與地點的絕配。

Banh Mi Huynh Hoa 號稱是胡志明市最好吃的法國麵包專賣店。別跟本地人客氣，勇敢地擠到最靠近櫃台的地方，這裡的人不排隊，所以請大聲地將你要點的三明治吼出來。不久，送到你手上的就是他們經典的國家三明治，滿滿一層又一層的冷肉（大部分是豬肉）、滿滿的醬料、爽脆的小黃瓜、胡蘿蔔和嗆得你眼淚鼻涕直流的紅辣椒。

📣 **上哪吃？** Bánh Mì Huỳnh Hoa，地址：26 Lê Thi Riêng, Phuong Pham Ngũ Lão, Quan 1, Ho Chi Minh City。

丹·杭特

丹·杭特（Dan Hunter）是位於澳洲維多利亞省的原生態餐廳兼民宿布雷（Brae，意為山坡）的老闆兼主廚。他也是 *Brae: Stories and Recipes from the Restaurant* 一書的作者。

日本京都的懷石料理

離京都市區約一個半小時的美山莊旅館（Miyamasou），他們所提供的懷石料理（kaiseki meal）基本上取材自周圍環境——冬天時，你可以在這裡吃到野熊肉。

西班牙吉塔里亞的燒烤比目魚

在巴斯克區（Basque）有一家著名的餐廳，叫做 El Carno；他們的燒烤完全用木炭，而且是在街上烤。招牌菜就是放在葡萄藤的灰燼上燒烤的比目魚。

義大利阿瑪菲海岸的水牛起司莫札瑞拉

只要走進店裡，在還未冷卻前趕緊買下，然後找一家咖啡館，給自己點一杯咖啡、幾片麵包，再要一點鹽巴和橄欖油——這些就是你的早餐了。

祕魯利馬的玉米

在利馬舉行的薔萃美食節（Mistura），所有的印第安人都會來慶祝他們所食用的食材豐收。在這裡，你會看到幾千種由不同的馬鈴薯、藜麥、玉米和穀物等所做成的菜餚。

澳洲的南方大螯蝦

在澳洲南方的大海裡，大螯蝦的重量可達 5 公斤。耶誕節時，澳洲人喜歡一邊吃這種用澳洲木頭燒烤的大龍蝦、一邊喝香檳，這是一種傳統。

118

讓貝魯特街頭飄香的甜點

黎巴嫩（LEBANON）// 享受這種阿拉伯式甜點（knafeh）最好的方式，就是在貝魯特的街頭咖啡館裡當早餐吃，並配上一杯可調和甜味的濃烈黑咖啡。可別讓人們對它甜膩的形容把你嚇跑了，knafeh 其實是一道很細緻、誘人的起司甜點。製作時，先把莫札瑞拉般柔軟的起司浸在玫瑰和橙花糖漿裡，再裹進麵絲卷（kataifi）的油酥裡。細麵般的麵絲卷包覆著所有的起司，讓整道甜點看起來像是一個小禮物，尤其是在完成後淋上更多的糖漿、再撒上一些開心果和花瓣做裝飾時。

🔖 **上哪吃？** Amal Bohsali，地址：Hamra, Beirut。

119

吃了還想再吃的孟買素餐包

印度（INDIA）// 當你想去孟買的街頭溜達吃點心時，素餐包（vada pav）可不是那種一下就會想起來的小吃，但肚子餓時，還有什麼比這個海邊的素餐包更好的選擇？果阿式（Goan-style）的白麵包捲裡，塞著一團炸得酥軟的馬鈴薯球，旁邊搭配幾條烤過的青辣椒和印度甜酸醬。在海邊的小食攤買一客素餐包，然後坐下來一邊享受一邊看情侶們及孩童們在朝帕蒂（Chowpatty）海灘上漫步玩耍，接著再去附近的寺廟參觀虔誠的人們做晚禱。在這些活動結束前，你可能已經又食指大動，想要再來一份了。

🔖 **上哪吃？** 孟買的海邊就買得到。

120

沒有比糖餡煎餅更香甜的點心

韓國（KOREA）// 韓國料理以其可口的米飯及火辣的泡菜（kimchi）、冒煙的烤肉和飽肚子的拌炒而聞名。除此之外，韓式糖餡煎餅（hotteok），這個小小甜甜的點心，同樣讓人回味無窮。糖餡煎餅只有巴掌大，在南韓街頭到處都有賣此種煎餅的小攤販，這個點心如此受歡迎，要歸功於煎餅裡的紅糖餡。當餅在平底鍋煎時，餅裡的紅糖餡就會融化成甜滋滋的一團。走在冬日的街頭上，再也沒有比咬一口糖餡煎餅，更叫人覺得溫暖在心頭的了。

🔖 **上哪吃？** 在韓國的鐘路區仁寺洞（Sambodang），有許多賣糖餡煎餅的小攤子。

從海底岩石剝下來的鮮美滋味：藤壺

葡萄牙（PORTUGAL） // 人類在尋找食物方面的心靈手巧，總是令人歎為觀止。譬如說，在大西洋上無意中看到有著史前樣貌的鵝頸藤壺，然後對自己說：「哇，那些附著在岩石上，看起來崎崎嶇嶇的小生物好像很好吃的樣子！」的那個人是誰？不管他是誰，他說對了！在葡萄牙，藤壺（percebes）被人們視為珍饈，不過倒不是因為這種小生物本身，而是因為要將牠們從水裡的岩石上撬下來，是一件很危險的工作。一旦被人們從其海底棲息處解放出來，牠們就會被放在水裡，加上一點鹽巴、月桂葉和大蒜等煮熟，然後和切片檸檬一起端上桌。品嚐藤壺最棒的地點就是沿海的海鮮餐廳；在那裡，人們對這些附著在岩石上的小生物給予至高無上的崇仰。口感和滋味介於烏賊和螃蟹之間，食用時需要一點力氣──你必需一手抓著硬殼、一手將身體從管狀的殼裡扭出來。裡面珊瑚色的肉就是你的佳餚；在上面擠幾滴檸檬汁，然後一口（也許兩口）吞下肚去。

☞ **上哪吃？** 葡萄牙南部阿連特如一帶（Alentejo region）被海浪衝擊過的沿海小鎮。

122

必需給予尊敬的波爾香腸

南非（SOUTH AFRICA） // 只要是南非的露天燒烤（braai），都會將一大條很長、盤起來的香腸放到烤架上，任何有自尊心的南非人都會告訴你：沒有波爾香腸（boerewors），露天燒烤就不叫做露天燒烤。南非人對香腸的製作很嚴謹：香辣的手工波爾香腸必需至少含有 90% 的肉，且大部分是牛肉。對餐廳老闆所準備的香腸，請務必給予最大的尊敬；對南非人而言，這是一種個人兼國家的驕傲。

🐟 **上哪吃？** 約翰尼斯堡葉普鎮（Jeppestown）的 Pata Pata 餐廳，是品嚐南非波爾香腸的絕佳地點，地址：286 Fox St。

123

非吃不可的亞三叻沙

馬來西亞（MALAYSIA） // 亞三叻沙（assam laksa）是椰漿叻沙的酸辣姊妹版。由於檳城盛產魚類（通常是鯖魚），因此在這個城市裡到處都可以吃到這道馬來西亞的代表美食。亞三叻沙的明顯酸味主要來自羅望子（馬來文 assam），但也混合了其他材料，從切片鳳梨到薑花梗等，最後形成了這道細湯麵令人難忘的酸辣滋味。享用時還可以加上一些香甜的蝦膏（hae ko）提味。

🐟 **上哪吃？** 檳城的露天市場裡，或路邊叫賣的攤販。

124

令人胃口大開的馬鈴薯煎餅

厄瓜多（ECUADOR） // 亞馬遜雨林、安地斯山麓、一座世界遺產首都以及加拉巴哥群島上的野生勝地──這些都是厄瓜多能跟其他國家比肩的理由。同樣能為這個國家爭光的，還有料理──製作馬鈴薯煎餅（llapiongachos）時，先在裡面填滿起司再放到烤架上，烤熟之後與辛辣的花生醬一起上菜，這就是厄瓜多爾最完美的街頭小吃。當然，配上西班牙臘腸、酪梨和炒蛋，也可以成為一頓正餐。

🐟 **上哪吃？** 在首都基多（Quito）的 Vicentina 區，Mercado de las Tripas 市場有一家超棒的馬鈴薯煎餅攤。

123

© Lonely Planet / Austin Bush

126

庫莎莉：
開羅料理的大熔爐

埃及（EGYPT）// 不管你是坐在餐廳面對開羅熱鬧混亂街頭的第一排位子上，或是坐在以庫莎莉（kushari）聞名的 Abou Tarek 餐廳室內水池旁，你所吃的這一道料理都是埃及本身的餐飲象徵。這道令人尊敬的大雜燴，源自 19 世紀景氣繁榮時期撒網在這塊土地上的多元文化：來自印度的香料、義大利的麵條，以及中東食材如鷹嘴豆等，在混合米飯、扁豆、番茄醬、炸洋蔥和辣椒醬或大蒜醬後，成為了一道讓勞動百姓能填飽肚子的大雜燴。在路邊小店買一客庫莎莉，然後面對著開羅熱絡的大街享用這道平民美食，最能品味其豐盛滋味。埃及人對自己喜歡的店家很死忠，雖然每個小販所賣的庫莎莉味道差不多。

🍴 **上哪吃？** 向街頭忙碌的小販購買。如果想要比較舒適的環境，去 Abou Tarek 餐廳試試，地址：26 El-Shaikh Marouf, Marouf, Qasr an Nile, Cairo。

125

在曼谷的熱鬧街頭
輕鬆享用香芒糯米飯

泰國（THAILAND）// 拜訪過曼谷後，你不可能不想念曾經大快朵頤過的街頭小吃，例如：香芒糯米飯（mango sticky rice）。加上椰奶和蔗糖烹煮的糯米飯香甜美味、口感黏糯，與鮮甜多汁的芒果形成完美搭配。在曼谷街頭，到處都有販賣這道小吃的攤販，而饕客的樂趣之一就是找尋他們最想吃的那一攤。問問路人吧！因為這不是一道旅遊網站 TripAdvisor 會幫你指出路標的食物；即使會的話，在網站標示出來之前，小攤子可能早已經換地方了。請注意新花樣：如用黑米、鹹椰子醬或在米飯上撒一些烤綠豆以增加其香脆口感等。雖然這道小吃終年都有人賣，但是在泰國，芒果盛產的季節是從 3 月底到 5 月底；因此只有在這段期間，才能嘗到最甜的芒果滋味。

🍴 **上哪吃？** 在曼谷，販賣香芒糯米飯的小食攤幾乎無所不在，包括以下幾個地點：Sukhumvit Soi 38、Soi Sukhumvit 38、Phra Khanong、Khlong Toei。

126

© Sarah Lawrie / wandercooks.com

127

肥死人不償命的打拋肉

寮國（LAOS）// 永珍（Vientiane）跟你一般認識的東南亞城市不太一樣。在這裡，沒有讓人躲避不及的汽車或摩托車，混合著法國殖民時期的建築、佛教廟宇及多采多姿的街頭市場，讓遊客靠雙腳即可慢慢探索和欣賞。湄公河穿過市中心的西邊，每當黃昏時，夕陽的餘暉便在水面上閃爍折射。河流沿岸除了林立的餐館，還有許多小吃推車，賣著各種寮國的經典美食，而其中沒有比非官方國家料理打拋肉（larb）更加美味的了。在河邊大啖打拋肉，是食物與地點的完美結合，因為打拋肉跟火紅的夕陽一樣簡單迷人。打拋豬肉配上糯米飯（當地主食），就是人間美味——那種飽足感、辛辣口感和噴香的滋味……只是，你需要走更多的路來消耗富含的高熱量。

📖 **上哪吃？** 打拋肉有時是以生肉調製；由於有細菌感染的風險，因此，一定要吃煮熟的那種。

127

128

128

極致美食：墨西哥慢烤乳豬肉

墨西哥（MEXICO）// 美麗的梅里達（Mérida）是猶加敦半島（Yucatán）的首府，市區裡有許多殖民時期遺留下來的優雅建築和陰涼的廣場。在這個城市，你一定要品嚐當地最極致的美食：烤乳豬肉。這是一道慢烤後再剝成絲的乳豬肉，也是猶加敦地區的美食之一。不知為何，這裡的柑橘（萊姆、柳橙甚至葡萄等）都有特別強烈且特殊的味道，胭脂樹（achiote）滷汁也帶著更重的煙氣和土味，豬肉絲入口即化。在這裡，烤乳豬肉通常是一道節慶時才有的菜餚，製作時先將一頭乳豬全身塗上一層厚厚的、混合大蒜、香料和柳橙汁的胭脂樹膏，再將烤乳豬肉（cochinita pibil）埋入一個燒熱的石頭坑洞（cochinita 意即乳豬；pibil 意謂埋入），然後慢慢烤上幾小時。這樣的功夫菜在一般墨西哥的連鎖餐廳裡吃不到。享用的時候，通常將乳豬肉絲和醃漬紫洋蔥放在一張墨西哥薄餅裡，一起包起來吃。

📖 **上哪吃？** 在梅里達區中心的 La Chaya Maya 餐廳，地址：Calle 55, no.510, in central Mérida。

129

129

129

身價金貴的魚子醬

俄羅斯（RUSSIA）// 魚子醬（caviar）是這個地球上最獨特、最奢侈也最昂貴的食物。取自伊朗鱘龍魚的卵子，其價格高達 1 公斤 35,000 美元——對寡頭政治的獨裁者來說，那是完美的享受，但對我們一般百姓而言，也許就難以企及了。在這種情況下，到莫斯科的 Pushkin 咖啡館品嚐魚子醬加紅煎餅，算是一種頗合理的揮霍。結合舊世界的奢侈以及一坨 200 美元以下（含飲料）精選的綜合鮭魚卵、白鮭魚卵、鱒魚卵、鱘龍魚卵等，可說是相當便宜的享受。說到飲料，當然有香檳了，雖然許多俄羅斯人比較喜歡來一口鱘龍魚伏特加酒，好把那一股頹廢感沖下肚去。

🐟 **上哪吃？** Pushkin 咖啡館，地址：26A Tverskoy Boulevard, Moscow。

130

向飢餓宣戰的朗哥斯炸餅

匈牙利（HUNGARY）// 匈牙利的朗哥斯炸餅（Lángos）是一種油炸大餅，這種亦稱做匈牙利比薩的平民美食，和麵時不是用水，而是用酸奶及酸奶油或牛奶。大餅炸好後，上面通常會放上酸奶油、起司和大蒜醬，但是也有其他多種變化和裝飾，如烤香腸、辣椒、胡椒、番茄、洋蔥等，在很多地方都買得到。布達佩斯有一家共產時期就有的人氣小店叫做 Retró Lángos Büfé。從深更半夜狂歡到天亮的人們最喜歡擠在這家小店前，點一份上面蓋滿配料的朗哥斯，從甘藍菜、熱狗到「原子彈轟炸」（atomtámadás）——包括辛辣的胡椒、火腿、起司、香腸和紫洋蔥等。這家店每天營業到凌晨 2:00，週末時到早上 6:00；他們的大餅是治療宿醉的最佳良方。

🐟 **上哪吃？** 布達佩斯的 Retró Lángos Büfé，地址：Bajcsy Zsilinszky út, Arany János metro, Budapest。

到馬賽港非吃不可的美食：法式魚湯

法國（FRANCE）// 法式魚湯（bouill-abaisse）是所有偉大海鮮料理的老祖宗。最早的風格很簡樸，就是法國南部馬賽港附近漁人們常吃的一種殘羹剩菜；如今，標準大幅提升，已成為老饕和當地漁工們最愛的的美食。同如法國其他地區，馬賽（Marseille）的魚湯版本也與時俱進，早已不再採用市場賣不出去的魚，如骨頭太多的岩魚，而是改用美味的鮋魚、魴鮄魚、康吉鰻等，不過你偶爾也會在湯裡看到安康魚、比目魚、鯛魚、胭脂魚或無鬚鱈等。而這令人垂涎的海鮮大集合還沒完，其他常見的海產也會出現在湯裡，包括淡菜、螃蟹、章魚、海膽等；在高檔的餐廳裡，甚至可能看到一兩隻海螯蝦——這些可不是你會在湊合的魚湯裡看到的主要食材。除了豐富的海產外，湯裡還會加入各種蔬菜，如韭蔥、芹菜、洋蔥、番茄和馬鈴薯等，以及普羅旺斯香料，如茴香、百里香、番紅花等——這些，全部都放進魚湯裡用文火慢慢地燉煮。

　　為何品嚐法式魚湯是如此極致的一場美食體驗，其原因在於呈現這道魚湯並享用的那種戲劇性過程。首先會先送上一碗魚湯，裡面放著幾片烤麵包，上面塗著內含大蒜、番紅花和卡宴辣椒的佐醬（rouille），而那一堆豐盛的海鮮則是放在另外的盤子裡送上來的。先喝魚湯，再吃魚，然後再從盤子裡將魚湯舀出來淋在剩餘的魚

上。如果這樣的訊息對你而言還不夠，那麼，再告訴你一件事：馬賽魚湯很少做給少於4或5個人吃；因此，你必需帶著或找一些同伴一起去。

🍴 **上哪吃？** 請帶著新朋友或老朋友到這家餐廳來：Chez Fonfon，地址：140 Rue du Vallon des Auffes, Marseille。

下圖：法式魚湯一開始只是馬賽漁人的一道菜餚。
右圖：馬賽 Endoume 區的沿海景致。

132

132

132

在倫敦的熟食店
尋找美味的蘇格蘭蛋

英國（UK）// 用碎肉將一顆水煮蛋裹起來，再抹上麵包粉油炸，聽起來像是一大丸油膩的蛋白質，應該不會太好吃，但倫敦的 Fortnum & Mason 食品公司賣的蘇格蘭蛋（Scotch egg）卻美味無比——當然好吃，因為該公司宣稱他們在1738 年就已經發明這個蘇格蘭蛋了。假如「期待」是美食經驗的一部份，那麼穿過這家建於 18 世紀的百貨公司一樓茶葉禮品部、再走下旋轉樓梯到地下一樓的熟食部時，那一刻的期待肯定是最強烈的。蘇格蘭蛋的味道符合我們的期待嗎？切開那有點硬的外殼，露出來的是一個完美軟嫩的橘色蛋黃，外面裹著粗糙、帶著香料氣息、味道濃郁的炸肉。張開口把倫敦的歷史狠狠咬進嘴裡吧！

🍴 **上哪吃？** 倫敦 Piccadilly 街 Fortnum & Mason 公司地下一樓的熟食部，或者如果不怕路途遙遠的話，杜拜（Dubai）也有一家分店。

133

融合舊滋味
與新風格的 fëgesë

阿爾巴尼亞（ALBANIA）// 一整個早上，你已經欣賞過阿爾巴尼亞首都地拉那（Tirana）的主要景點，如斯甘德貝格廣場（Skanderbeg Square）、東正教教堂、國家歌劇院和國家歷史博物館的藝術收藏等，接下來，你也應該去嚐嚐阿爾巴尼亞正迅速發展的風味美食了。地拉那的餐廳不費吹灰之力就融合了傳統的食譜和現代的咖啡館文化，一腳踩進未來的同時，不忘點頭向過去致敬。就像美味的料理 fëgesë：簡單混合了烤過的胡椒、番茄和洋蔥，再和茅屋起司、辣椒等一起翻炒，最後搭配麵包端上桌。這道料理已經有幾百年的歷史了，但是當它在歐達餐廳陰涼的露台上出現，並且伴隨著一杯舒爽的白葡萄酒時，那感覺卻再現代不過了。

🍴 **上哪吃？** 找一家真正傳統的阿爾巴尼亞餐館，如地拉那的 Rr Luigj Gurakuqi 餐廳，就可以品嚐到了。

134

到羅德島渡假的
終極目的：
品嚐蛤蜊餅

美國（USA）// 新英格蘭人會告訴你，當手裡拿著滿滿一袋冒著熱氣的蛤蜊餅（clam cake）時，到羅德島（Rhode Island）的旅程就只會變成一個假期了。從外帶窗口拿到你要的半袋或一袋這種炸過的、裡面滿滿都是豐美的蛤蜊肉的麵團時，你要盡快地把它們吃掉。愛好者會告訴你，最好的新英格蘭蛤蜊餅一定要用巨型蛤蜊，但那其實是所有人的看法。有些人喜歡簡單、像高爾夫球般的蛤蜊餅；有的人發誓說，隨意捏出的不規則形狀口感最佳；有的人喜歡把餅浸入蛤蜊濃湯裡吃；有的人則喜歡把餅放入羅德島特有的清湯裡享用。哪一種方式嚐起來味道最美呢？嗯，唯一的辦法就是全都嚐一遍。

🦞 **上哪吃？** 新英格蘭的羅德島到處都有這種專賣蛤蜊餅的外帶窗口，街邊的餐館也買得到。

© Stan Tess / Alamy Stock Photo
134

© Shutterstock / Toronto-images.com
135

135

不可錯過的阿根廷玉米粽：
烏米塔

阿根廷（ARGENTINA）// 烏米塔（humita）看起來很像墨西哥粽塔馬利（tamale），但從技術面來看並不是相同的東西。烏米塔用的是新鮮玉米，而傳統塔馬利包的則是浸泡過的乾玉米。烏米塔的餡料基本上就是用洋蔥、大蒜、起司、蛋和奶油等調味過的碾碎玉米粒。在街頭向小販買一個烏米塔，找一個陰涼的地方坐下來，然後把它拆開；在這道美食裡，你會目睹人們對玉米最崇高的禮讚。那鹹濃的起司香，會讓你留在阿根廷的期間，不斷地去找尋這個讓人吃了還想再吃的好滋味。

🦞 **上哪吃？** 看到街頭小販，趕緊趨前買一個就是了。

拉麵的無限可能：
從外賣窗口到米其林星級餐廳

日本（JAPAN）// 在日本料理的複雜和細緻裡，一碗上面只撒著一些配料的拉麵竟能創造出如此美味鮮明的飲食經驗，實在是一件令人讚嘆的事。真正道地的日本拉麵是由兩大條件──食材和技巧──完美融合的結果。有些拉麵館提供不同味道的選擇，有些則專攻一種風味。由於拉麵館很多且差異也很大，因此想要尋找某種決定性的拉麵體驗，幾乎是不可能的事。乾脆就學學日本人的方式吧：找你喜歡的那一種來吃就對了。說到拉麵，東京可說是最讓人滿足的獵食地。而不管你是在何處找到你的終極拉麵──窄巷底的外賣小窗口、購物商場裡明亮的餐飲區，或這個城市裡兩家米其林星級拉麵店中的其中一家──享用時，請用最快的速度吞下麵條（免得在湯裡泡軟了）、大口吸氣（可增加滋味），並且要發出很大的聲音（這是向拉麵師傅致敬的象徵）。

📣 **上哪吃？** 鼓起勇氣到東京「世界第一家米其林星級拉麵」排隊就是了，地址：Tsuta, 1 Chome-14-1 Sugamo, Toshima, Tokyo 170-0002。

(137)

138

在現代派的
昌迪加爾品嚐羊肉咖哩

印度（INDIA）// 好幾個南亞國家都宣稱這道羊絞肉青豆咖哩（keema matar）是他們國家的美食，但我們這裡選擇的是印度的旁遮普邦（Punjab），因為旁遮普的昌迪加爾市（Chandigarh）是品嚐這道料理最棒的地方。1950 年代，著名的建築師柯比意（Corbusier），在印度獨立後第一任總理尼赫魯（Nehru）的邀請下，以埃比尼澤‧霍華德爵士（Ebenezer Howard）的英式花園城市風格為藍圖，打造設計了這座迷人的城市：從優雅現代派的祕書處大樓市民中心，到旁遮普及哈里雅那省（Haryana）的高等法院和立法議會，再到古怪的 Nek Chand 岩石公園。在這一整天的觀光活動後，坐下來吃一盤羊絞肉青豆咖哩，似乎是再恰當不過的事了。

🐟 **上哪吃？** 在旁遮普大學（科比意的經典建築之一）的圓形三層樓，大家稱之為「Stu-C」的學生中心。

137

打擊飢餓的
阿根廷臘腸三明治

阿根廷（ARGENTINA）// 眾所周知，當你走在布宜諾斯艾利斯街頭忽然受到飢餓襲擊時，就該去買恩那達（empanada，看起來像餡餃的阿根廷平民美食）來解飢。但是，如果你的飢餓不是那幾口小吃就可以滿足的話，怎麼辦？這時，雷達就會將你指引到超級無敵的臘腸三明治（在阿根廷稱為 choripán 或 chori）那條路去。簡單而言，臘腸三明治就是將烤架上用阿根廷阿薩多（asado）烤肉法烤過的西班牙臘腸，塗上厚厚的阿根廷青醬及用洋蔥和番茄等製成的莎莎醬，然後擺進一塊切開的硬皮麵包裡，再塞到一隻迫不急待的手中。多脂、有嚼勁，阿根廷臘腸三明治能完美地讓你的肚子不再咕嚕咕嚕叫。

🐟 **上哪吃？** 在布宜諾斯艾利斯，有兩個大啖這種臘腸三明治的好地方：Chori，位於 Thames 1653, Palermo；或 Nuestra Parrilla，位於 Bolívar 950, San Telmo。

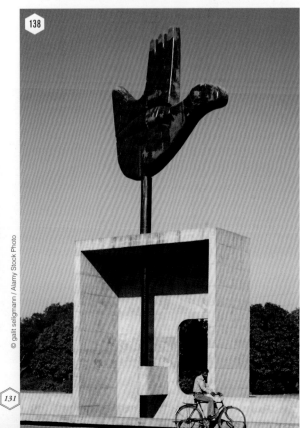

(138)

139

139

139

感受浸泡在辣椒裡的火熱：
納什維爾炸雞

美國（USA）// 抓緊你的牛仔帽，因為這種版本的南方炸雞會把你辣到冒火。這道炸雞的發明據傳如下：有個女人，在等待她那野狗般的老公與別的女人廝混一整夜回家時，在他每天早上都要吃的炸雞摻入了大把的辣椒粉。讓這女人沮喪的是，那無賴竟然這喜歡那辛辣無比的炸雞，於是辣炸雞就這麼誕生了。據說這個故事發生的地點就在Prince's Hot 炸雞店現址。這家位於田納西州（Tennessee）納什維爾（Nashville）北邊的炸雞店，至今仍是家庭式經營。在這家店裡，有機會考驗你的抗辣指數，不過要有大排長

龍的心理準備。假如想要保留你的味蕾，建議點「中辣」的就好；若是點「辣」的，那麼，請準備燃燒；至於「超辣」的，呃，這個就……辣死人不償命了。事實上，在整個納什維爾市都可以買到辣炸雞，而且品嚐辣炸雞不必是痛苦的經驗。餐館通常會提供一個警告評分系統，以防客人被辣死。如果這些都沒有用的話，不必擔心，反正還有超酷的啤酒呢！

🍗 **上哪吃？** Prince's Hot Chicken Shack 這家店提供各種辣度的選擇，地址：123 Ewing Dr, Nashville, Tennessee。

生魚飯：
夏威夷黃金海灘上的人氣美食

美國（USA）// 在夏威夷，訪客最早注意到的就是美麗的地理環境：閃亮的海浪拍打著半月形的海灘，青翠山巒內奔騰著火山的能量。此外，你也會注意到各種各類的活動，如衝浪、浮潛、越野車叢林之旅等。這些島嶼早已成為全世界最主要的渡假勝地，而且由於它的殖民和移民史，當地的食物也因為波里尼西亞、歐洲、美國、日本、中國、菲律賓、葡萄牙和波多黎各等國的影響，而進化出一種妙不可言的融合。從這個大熔爐裡，夏威夷全方位的超級餐——生魚飯（poke）誕生了。最簡單的生魚飯，就是在一碗熱米飯上擺

放多塊切成丁狀的生魚肉，再加上海菜、酪梨和小黃瓜等配菜。生魚飯所結合的，是經過考驗和試煉的經典素材。數不盡的影響仍然在塑造著這塊土地的美食成就，但生魚飯已擁有其永恆的地位。

🍾 **上哪吃？** 到追隨本地人的腳步，到開著小窗口的外賣餐館就對了。拿著你的生魚飯，到海邊找個地方坐下來，同時享受美食和海上風光。

滑雪後的極致享受：
瑞士起司燒

瑞士（SWITZERLAND）// 有乳糖不耐症的讀者請別看，因為這篇要介紹的是最好吃的起司光榮史。為了體驗這種奢侈的美食經驗，你要先到瑞士阿爾卑斯山去健行或滑雪，然後找一家農村餐館，坐到火爐前開始這場盛宴。不管是自己動手還是有人服務，你的起司燒（raclette）所用的起司，在送上桌時都應該是一大塊或半圓形，然後放在火上慢慢烤。當起司開始融化時，就把融化的部分刮到一個已經放了醃黃瓜、嫩馬鈴薯和切片火腿或牛肉乾的熱盤子上，然後在起司變硬前儘快覆蓋到盤內的那些配菜上，大口吃掉它們，把盤子弄乾淨，然後重覆之前的動作。

☛ 上哪吃？滑雪或健行後，請到這家阿爾卑斯山美景環繞的 Restaurant Schäferstube 餐廳，品嚐人間美味起司燒，地址：Riedstrasse 2, Zermatt。

溫暖腸胃的
札幌味噌拉麵

日本（JAPAN）// 當冬季降臨日本北海道時，一碗熱騰騰的味噌拉麵（miso ramen）就是人們終極的安慰食物。麵屋彩未（Menya Saimi）的廚師尾久勝彥（Oku Masuhiko）在開自己的店面之前，曾在老字號拉麵店 Sumire 受過札幌風味拉麵的訓練。他的味噌拉麵總是吸引一大票拉麵迷來排隊：大膽卻又溫潤的味道，滿滿一碗形狀蜷曲的拉麵上配置著許多配料，包括叉燒豬肉、竹筍和豆芽等。味噌拉麵的湯頭都是油膩的肉湯，而尾久勝彥的肉湯是用豬大骨熬成，再以鹹鹹的味噌調味。「添加在麵上的蔬菜都先經過拌炒——這是札幌拉麵的訣竅。」尾久勝彥說。他的廚房飄著濃烈的味道，混合著豬肉味、大蒜味和奇特的炒味噌香味。在他的店裡，冬季威力完全沒有發揮的餘地。

☛ 上哪吃？麵屋彩未，地址：Misono 10-jo, Toyohira-ku, Sapporo。

令人難忘的
上海阿大蔥油餅

中國（CHINA）// 2016 年 9 月，知名人物吳先生拉下了他小小的外賣窗口的鐵門，結束了超過 30 年鍾愛的生意。就在上海居民和蔥油餅迷還未從悲傷中緩過來時，吳先生在離他原本聲名大噪的老窩只有幾條街的地方，重新開張了。除了地點之外，其他都沒改變：你仍然必須調好鬧鐘，一大早就起床去跟排成長龍的顧客競爭。但除此之外，其他都很棒：同樣塞滿了青蔥，一層又一層柔韌的口感，用鹹豬油煎得香酥美味。完全值得那麼久的等待。不過，可別在星期三時上門哦——那是吳先生每週唯一休息的日子。

☛ 上哪吃？吳先生的阿大蔥油餅一天只做 300 個，每週三公休。地址：上海市黃埔區茂名南路 159 號。

在倫敦最高雅的早餐館
品嚐印度風

英國（UK）// 這種很不英國式的早餐，是早年從印度殖民地帶回來的。自從登陸英國海岸後，這種原本叫做豆飯（khichari）的印度米飯料理，便從印度次大陸的重辛辣口味版逐漸演化成今天的印度燴飯（kedgeree）——由煙燻黑線鱈、米飯、香菜、煮雞蛋、咖哩粉和奶油等混合烹調而成。英國早餐的選擇很多，但你不會因為打破傳統而後悔，一定要試試這道精湛且令人驚豔的印度早餐（不喜歡的話，明天再換回英國式的就好了）。在 Wolseley，倫敦最精緻的早餐館裡所供應的印度燴飯不但細膩且滋味美妙：米飯混和著豐富的奶油和鮮奶油、溫的咖哩粉香料及輕煙燻的黑線鱈等，最後在米飯上面放一顆水煮蛋。

☛ 上哪吃？請前往 Wolseley 奢華的用餐區，地址：160 Piccadilly, St James's, London。

145

聖母峯下的
達八飯
→

尼泊爾（NEPAL）//
這是一道簡單的食
物——只有豆湯和
米飯。但是讓「達
八」（dal bhat）如此
特殊的，不是它的
食材，而是在一整
天往聖母峯基地營
健行後的疲勞。停
下來讓痠疼的四肢
休息，吃一碗達八
飯補充體力，是登
山客通過此地的儀
式。而這一碗辛辣
的豆飯，將會支持
你第二天辛苦的攀
登，並帶領你更進
一步靠近攀登世界
頂峰的夢想。

上哪吃？前往
聖母峯的路上。尼
泊爾各處也都有賣
這道國民美食。

145

146

甜蜜蜜的
香港雞蛋仔

香港（HONG KONG）// 假如你從未看過香港的經典街頭小吃雞蛋仔（egg waffle），那麼你很快就會看到了。在香港街頭，到處可見開心的人們大口咬著一塊看起來好像氣泡布、用香軟的鬆餅糊做成的煎餅。大部分的街頭小販賣的都是簡單的原味，但這個點心如此受歡迎，以至於許多地方都開始發明出新口味和各種配料。在中環的 Oddies 冰淇淋店，你可以買到埋在義式冰淇淋下的雞蛋仔，上面淋著巧克力醬；在鴻記極品雞蛋仔，你可以選擇用巧克力或草莓餅糊做的口味；而在媽咪雞蛋仔，你還可以選擇海藻或抹茶的口味。至於哪一種最好吃？我們的建議是：每一種都嚐嚐看。

🖐 **上哪吃？** Oddies：中環歌賦街 45 號；鴻記極品雞蛋仔：西灣河筲箕灣道 57-87 號太安樓第二街 A34C 號鋪；媽咪雞蛋仔，尖沙咀加拿分道 8-12 號。皆位於香港。

146

147

147

風味絕佳的
索菲亞班尼扎

保加利亞（BULGARIA）// 想要吃到真正美味的班尼扎（banitsa），唯一的指南就是：不要在路邊廉價的小攤，也不要在巴士站或火車站買；找一家咖啡館放鬆一下，然後就著一杯博扎（boza，用煮熟的小麥、黑麥、小米和蔗糖等發酵而成的傳統保加利亞飲料），慢慢享受班尼扎一層層酥軟鬆脆的風味。事實上，在首都索菲亞（Sofia）的街頭，你很難經過一家麵包店而不被迷人的酥皮糕點的模樣和香味所吸引。班尼扎是保加利亞人的主食之一，製作時使用類似菲達起司的 sirene 起司以及雞蛋、優格和油等烘製而成。雖然這個多層薄皮的鬆脆糕點在一天當中的任何時候都可以吃，但是最常被當作早餐食用。除了基本的乳酪外，口味的變化包括菠菜和起司、五香米飯、甘藍或韭菜等。但是，我們在這裡推薦的還是原味班尼扎。

🖐 **上哪吃？** 早晨時，在咖啡館點一份剛剛出爐的班尼扎當早餐，是一天美好的開始。

到麻婆豆腐的發源地
體驗令人發麻的滋味

中國（CHINA）// 四川料理全都是跟質地熱辣、使嘴巴發麻的四川辣椒有關；而與其南轅北轍的，就是味道較溫和、名聲與它並駕齊驅的廣式料理。說到四川火辣食物的初體驗，你絕不能錯過麻婆豆腐。這一道看起來彷彿冒著火的菜餚，裡面主要的材料是絞肉（通常是豬肉，但有時也用牛肉）和絲緞般的嫩豆腐，烹煮時加入堪稱「爆竹大聯盟」的調料：豆腐乳、辣椒油、乾辣椒等，最後上桌時，在上面撒一把蔥花。這一道料理是以發明的那位老婦的外貌命名。據傳，老婦人在小時候因患了天花而在臉上留下

坑坑凹凹的疤痕，於是這道食物便叫做「麻婆」，意思就是「麻臉老婦」。雖然要在全世界的唐人街吃到麻婆豆腐並不難，但是品嚐這道料理的最佳地點是在四川的首府成都。據稱成都就是麻婆豆腐的發源地，而陳麻婆豆腐店的服務人員們宣稱，他們就是那位老婦人的後代。

🍴 **上哪吃？** 陳麻婆豆腐，地址：四川省成都市青羊區西玉龍街。

© Shutterstock / ndquang

149

中古世紀流傳至今的南法鄉土菜：
卡酥來砂鍋

法國（FRANCE）// 中古世紀的山頂小鎮卡卡頌（Carcassonne），是品嚐南法知名的料理成就之一——卡酥來砂鍋（cassoulet）最完美的地方。這個小鎮裡仍遺留著古老的戰爭堡壘，一方面訴說著幾百年來人類的辛勞、努力和靈巧，同時也給品嚐這道源自創意與衝突的美食一個最為適當的背景。在整個法國南部，一鍋經典的卡酥來到底應該採用哪些食材，到現在仍然受到激烈的爭辯。人們議論著應該使用哪種肉品、最上面是否應該撒上麵包屑、甚至應該使用哪種豆子才會最好吃。然而，我們毋須理會法

國人自己的爭吵，因為我們不會在乎我們吃的卡酥來是否用了來自土魯斯（Toulouse）的香腸，或使用的扁豆是否產自庇里牛斯（Pyrenees）山腳下。我們只在乎砂鍋裡的肉是不是細煮慢燉到吸收了所有的調味料，並且入口即化。在卡卡頌，卡酥來通常放在一種叫做 cassole 的傳統陶製砂鍋裡端上桌。

🍴 **上哪吃？** 卡卡頌城的 La Barbacane 餐廳，地址：Place Auguste Pierre Pont, Carcassonne。

150

到丹麥的明星餐廳品嚐新北歐料理

丹麥（DENMARK）//2010 年時，名廚雷奈‧瑞哲彼（René Redzepi）在哥本哈根開了贏得多項大獎的餐廳——諾馬（Noma）。諾馬背後的餐飲哲學其實要追溯到 2004 年，當時雷奈和廚師克勞斯‧梅爾（Claus Meyer）以及其他北歐的飲食專家們，開展了一個食物採集、準備、烹調及食用必須純粹、新鮮和簡單的新風潮。他們鼓勵廚師們採用季節性食材，並使用由區域性氣候、水和土壤所培養的材料，來烹煮傳統的菜餚。於是，新北歐料理（New Nordic Cuisine）誕生了。站在這個飲食哲學最前線的新明星，就是哥本哈根的天竺葵餐廳（Geranium Restaurant）。在曾經贏得大獎的

名廚萊斯慕思‧科福特（Rasmus Kofoed）的領導下，天竺葵的菜式全部採用野生和有機食材。科福特運用現代技術，再加上一點分子烹飪法，將用餐者帶到了極致的美食家高度。千萬別因為天竺葵開設在國家足球場的頂樓這樣古怪的地點而卻步了，內部裝潢很明亮，擁有俯瞰整座城市的景觀，而且一點都看不到足球帶。

 **上哪吃？**天竺葵餐廳，地址：Per Henrik Lings Allé 4, 8th floor, Parken National Stadium, Copenhagen。另一個選擇：BROR and Restaurant 108。

151

享受蓋亞那的家庭
耶誕大餐：胡椒燉湯

蓋亞那（GUYANA）// 品嚐這道湯色深濃晶亮的胡椒燉湯（pepperpot stew），最佳地點就在歡慶耶誕佳節的家庭裡。熬煮了好幾個小時的燉湯中有一堆無法辨認的食材；煮好後主婦們會恭敬地舀出來，一邊爭論著誰要哪一塊肉（或哪一塊牛蹄、豬蹄或豬尾──這些都是為了增添湯裡的膠質）。燉湯的材料通常包括牛肉、羊肉和豬肉，然後用肉桂、辣椒和以木薯塊根製成的木薯醬汁（cassareep）。這道知名的胡椒燉湯，據傳是由一萬年前遷移到蓋亞那的美洲印地安人所流傳下來，闡述了蓋亞那的料理和文化為何會成為如此特殊大熔爐的原因，以及長遠歷史及這段歷史的各種影響。品嚐時，請佐以扎實的白麵包，因為它最能將湯汁飽滿地吸進去。

🐽 **上哪吃？** 沒有人邀請你去參加蓋亞那人的耶誕派對嗎？那就試試這家 German's Restaurant，地址：8 New Market & Mundy sts, Georgetown。

152

在安哥拉海灘悠閒享受
一碗棕櫚油燉雞

安哥拉（ANGOLA）// 撒哈拉沙漠以南的非洲料理，在世界烹飪舞台上一直受到冷落；但是，在嚐過安哥拉獻給這個世界的辛辣禮物──棕櫚油燉雞（當地稱為 muamba de galinha 或 chicken muamba）後，你可能會搔著頭感到疑惑。在沿著盧安達島（Luanda Island）海灘的茅草屋頂餐廳下，你會發現遊客和本地人一樣都悠閒地喝著啤酒、吃著一碗這種濃郁火辣的燉湯。受到葡萄牙口味，如辣椒、大蒜、番茄等，以及幾個世紀的殖民影響，這道料理的紅色其實是來自非洲棕櫚樹的油。雞肉先在棕櫚油裡浸泡過，然後再與秋葵和南瓜一起燉煮，最後配上用木薯粉或玉米粉做的一種粥（funge）一起上桌。這是在盧安達島海灘逍遙一兩個鐘頭的可口方式。

🐽 **上哪吃？** 盧安達島有許多美麗的海灘，你可以在沿著海灘開設的餐廳，吃到這道幸福感十足的安哥拉國民美食。

莫妮卡 ·
加萊蒂

莫妮卡 · 加萊蒂（Monica Galetti）是 BBC 電視台收視率超高的烹飪節目《MasterChef》資深裁判。她曾在世界知名的 La Gavroche 餐廳當過多年副主廚，最近在倫敦開了一家叫 Mere 的餐廳。

01

新加坡的辣螃蟹加餃子

這是一道街頭料理，我大約 5 年前第一次嚐到，從此每次去一定都會吃。

02

阿曼的 Schuer

前天他們在那個已經有上千年歷史的菜市場裡買了一頭羊，將羊肉用孜然和茴香抹過，再用鋁箔紙包起來，然後將羊肉埋入一個火坑裡。

03

太平洋島的檸汁醃魚生

在我的家鄉，這道菜其實就簡單地叫做「生魚」。跟檸汁醃魚生（ceviche）不一樣的是，我們用椰奶做為醃汁，吃的時候再加上一點萊姆、番茄和小黃瓜。

04

紐西蘭的 Hokey Pokey 冰淇淋

這是以香草為基底再加上焦糖塊的美味冰淇淋。我的餐廳現在也供應這款冰淇淋，因為它讓我想起家鄉。

05

我朋友布萊特家的檸檬蛋糕和蒸柳橙布丁

很少人敢做菜給我吃，但我的朋友布萊特（Prat）和西恩（Sean）做的這兩道甜點，實在超棒！

153

紐約巨無霸起司蛋糕

美國（USA）// 在美國你很難找到切成精緻小片的起司蛋糕。由於這個標誌性甜點所用的材料——軟質起司、雞蛋、糖，甚至酸奶油等，烘烤時下面還要再墊上一層碎餅乾——似乎只有「大」才能襯托其豐富的內容。而且，除了在暱稱大蘋果的紐約市外，哪裡還有更適合盡情品嚐這個甜點的地方？紐約老派猶太熟食店——Leo Lindemann's Lindy's deli 是第一家推廣這道甜點的熟食店——你會看到切成很大一片的起司蛋糕，旁邊或配著亮晶晶的草莓，或在蛋糕上放著幾塊布朗尼，或上面淋著滿滿的焦糖等。越大越好，對吧？你可以跟一兩個朋友共享一塊，並且還能將吃不完的打包回家，當做第二天的早餐。

🍴 上哪吃？在曼哈頓下城的 Eileen's Special Cheesecake 蛋糕店，你可以嚐到各種口味的起司蛋糕，從經典的草莓口味，到添加堅果和巧克力的，再到調入鳳梨汁、蘭姆酒的等等。地址：17 Cleveland Pl, New York。

© Daniel Di Paolo
153

154

在克拉科夫一年一度的餃子節向波蘭餃子致敬

波蘭（POLAND）// 如果你還不知道波蘭獻給這個世界的禮物——樸實的餃子（pierogi）——那就有點孤陋寡聞了。這種用絞碎的牛肉、豬肉、小牛肉或雞肉，再拌入酸菜、馬鈴薯和起司等做為餡料的小餃子，是全波蘭人都愛吃的平民美食。但8月的時候，在克拉科夫城（Kraków）舉辦一年一度的餃子節時，來此地品味這種小餃子，則別有趣味。節慶期間，每家販賣餃子的餐廳都會擺起攤子，使出渾身解數以吸引顧客和裁判，最後大家公認最好吃、最具創意的餐廳會獲得頭等獎，而口味最受大家歡迎的，則會獲得人氣獎。不用說，你會嚐到有別於傳統的肉和馬鈴薯的各種新奇口味：2016年的贏家就是用鴨肉和杏子做為餡料。這個節慶十分有趣好玩，有烹飪示範、競賽和現場樂隊演奏等。

🍴 上哪吃？在波蘭克拉科夫一年一度的餃子節，地點：Small Market Square, Kraków, Poland。

© StockFood / Baranowski, Andre
154

155

美麗的一天 從這塊糕點開始

阿爾及利亞（ALGERIA）// 法國的影響在首都阿爾及爾（Algiers）很明顯：優雅的公寓建築、寬闊的大道、忙碌的咖啡館文化等等。你可以學本地人，悠閒地看著人來人往、用一杯薄荷茶和一塊叫做麥考特（makroudh）的菱形糕點開始美好的一天。受到土耳其風格和口味的影響，菱形的麥考特是一種由粗粒小麥粉加入很多蜂蜜、棗子膏和杏仁醬等做成的糕點。在你融入熙熙攘攘的阿爾及爾市中心之前，machroudh 是最完美的早餐選擇。

☛ **上哪吃？** 這是我們推薦的咖啡館：Café Aroma，地址：Bab Ezzouar, Algiers。

156

升級下班後的食物：冰島龍蝦

冰　島（ICELAND）// 雷克雅維克（Reykjavik）的居民早已提升自己的飲食檔次，在外賣窗口選擇新鮮龍蝦來度過他們微醺的夜晚了。警告：冰島龍蝦（Icelandic lobster）比較像海螯蝦，體形較小，所以別預期你會吃到大型的甲殼類動物。但是，牠們的滋味卻更清甜，且同樣多汁。你有三種方式可以選擇：加一點辣椒，做成微辣的湯；簡單的海螯蝦沙拉；或做成三明治，加上美乃滋和碎玉米片。

☛ **上哪吃？** 在雷克雅維克 Hverfisgata 和 Lækjargata 兩條街街尾的龍蝦小屋。

157

真正香甜好滋味 的土耳其軟糖

土耳其（TURKEY）// 許多西方人不欣賞土耳其軟糖（Turkish delight），因為添加香精、大量生產、看起來又像橡膠。讓我們到土耳其去品嘗生產了好幾世紀、真正道地的軟糖（lokum）吧！你會看到切成四方形、色彩充滿活力，添加玫瑰水、檸檬或苦橙的軟糖，牛奶口味的還會加入開心果或杏仁果，很像牛軋糖。街頭就有販賣軟糖的小販，餐後配上一杯土耳其咖啡，好好品味強烈的香甜好滋味。

☛ **上哪吃？** 在伊斯坦堡的香料市集，有好幾百個賣土耳其糖的攤販。

158

在加泰隆尼亞餐 桌上為自己做一 塊番茄麵包

西班牙（SPAIN）// 這個食譜的簡單，反映了加泰隆尼亞人（Catalan）對純樸口味的執著；你會發現一整天中人們都會把番茄麵包（pa amb tomaquet）和油麵包（pa amb li）當作前菜或點心吃。雖然這種麵包的製作很簡單，但把所有材料結合起來時，卻是有嚴格次序的。首先，將大蒜抹在麵包上，然後是番茄，接下來換鹽巴，最後是橄欖油。我們很高興得知，在某些加泰隆尼亞的餐館裡，店家會提供材料讓客人自己動手 DIY。

☛ **上哪吃？** 在西班牙加泰隆尼亞，到處都有賣這種麵包的小吃吧。

159

讓你 絕對有飽足感的 波西尼亞巨獸

波西尼亞（BOSNIA）// 千萬別被當地人吃的切巴契契（ćevapi）的龐大體積嚇到了，其實也有較迷你的尺寸。先嚐嚐所謂一半分量的——5 根臘腸狀的烤肉，以大蒜調味，吃的時候配上洋蔥丁和叫做 somun 的圓形麵包。你可以在任何地方買到切巴契契，所以在他們充滿歷史古蹟的首都塞拉耶佛（Sarajevo）好好逛一逛吧，等到饑腸轆轆時，就可以來一份這種波西尼亞臘腸，以補充你努力觀光所消耗的體力。

☛ **上哪吃？** 在任何一家老城（Old Town）的餐廳都吃得到，或到塞拉耶佛外賣食物的地點。

160

烏干達 經典街頭美食： 勞力士雞蛋捲餅

烏干達（UGANDA）// 如同那個知名品牌，這個烏干達街頭美食也有其成為永恆經典的要素。方法很簡單：將煎好的蛋餅捲起來塞入一塊印度薄餅（chapati）裡。勞力士（rolex）是最棒的外帶食物，也是烏干達首都坎帕拉（Kampala）居民最愛的早餐選擇。直到現在，外賣的蛋餅仍用捲起來的報紙包著。雞蛋捲餅的名字源自錯誤的發音，早期人們知道它叫做 rolled eggs（蛋捲），但發音聽起來很像 rolex（勞力士），於是這個美食的名字就這麼定住了。

☛ **上哪吃？** 在坎帕拉的許多街角，你會看到有小販在拋著印度薄餅，走過去就是了。

161

挖出斐濟地底下的驚喜：
海灘上烘烤的 Palusami

斐濟（FIJI）// 躺在舒適的海灘椅上時，忽然發現周遭瀰漫著一股誘人的香氣，這就是你第一次和 palusami 的邂逅。但是，那股香氣是打哪兒來的呢？從地底下來的。這道斐濟的國民美食是由鹽醃牛肉加上大蒜、百里香、椰奶、洋蔥和番茄調味，再用芋頭葉包裹起來，然後埋入地底下的 lovo 裡烘烤——lovo 就是傳統的美拉尼西亞人（Melanesian）用的地下烤爐，使用木炭和餘燼將食物烤熟。斐濟人通常用罐裝的鹽醃牛肉，因為在熱帶氣候，這樣比較容易保存。當然，在家裡做這道菜的時候，你可以用其他各種絞肉取代。用芋頭葉裹好後放入砂鍋裡烘烤，然後打開一瓶啤酒，舒服地躺在搖椅上，遙想斐濟。

👉 **上哪吃？** 當作家常菜時，這道料理吃起來最美妙。如果不想在家裡自己動手做，到這家餐館錯不了：Bounty Bar & Restaurant，地址：79 Queens Rd, Nadi。

© Getty Images / Matteo Colombo

© GARY DOAK / Alamy Stock Photo

162

伯恩斯之夜的焦點：
哈吉斯羊肚雜碎

英國（UK）// 每年 1 月 25 日，蘇格蘭會為國家詩人羅伯特·伯恩斯（Robert Burns）舉辦紀念會。伯恩斯之夜的慶祝活動包括：詩歌朗誦、喝酒、跳舞，以及最重要的——享受一頓哈吉斯（haggis，意即羊肚雜碎）配上蕪青和馬鈴薯的蘇格蘭傳統料理。對沒吃過的人而言，哈吉斯就是一道用碎羊雜（切碎的羊心、羊肝等羊內臟），加上洋蔥、燕麥、羊油及香料等調味後，將之塞入一顆橄欖球形狀的羊肚裡，再放入水中烹煮 3 小時的料理。聽起來很噁心，看起來很可怕，而且這是一種後天養成的口味。但是，感謝蘇格蘭人的好客以及他們的另一個傳統：威士忌酒，你仍可以試著在伯恩斯之夜品味他們這道狂歡的焦點。

👉 **上哪吃？** 愛丁堡的古鎮餐廳（Old Town）就是你要尋找的目的地——跟著最親近的蘇格蘭友人去嚐嚐看吧。

163

新鮮空氣是
阿布羅斯燻魚最好的佐料

英國（UK）// 在蘇格蘭，羊肚雜碎（haggis）是眾所矚目的焦點，但他們另有一道美味，雖較少人知，卻跟香檳和五香火腿一樣，受到歐盟指令的保護。想品嚐這道美味，你得到蘇格蘭東岸的阿布羅斯港（Arbroath）去。在這裡，大西洋拍打著海岸，來自北極的寒風呼呼吹著，阿布羅斯燻魚（Arbroath smokies）就是在這樣的氣候裡製成，是當地人們忍受酷寒時的最佳安慰。燻魚是將保留背鰭的黑線鱈放入窯裡，用木煙以傳統方法將魚肉燻到呈銅色。在新鮮的空氣裡，將經過木煙和蒸氣熟成的燻魚從刺上剝下來慢慢享用時，最能嚐到其滋味的奢華和美妙。當地人通常將燻魚做為煙燻鮭魚（kipper）的替代品，當作早餐吃。不論你如何享用，阿布羅斯的燻魚都是蘇格蘭國寶。

🐟 **上哪吃？** Spink & Sons 餐廳提供燻魚的歷史已經傳承了五代。在阿布羅斯，Old Boatyard 和 the Old Brewhouse 兩家餐廳也有賣燻魚。

164

從豬頭到豬尾：
地表最強的豬肉料理

菲律賓（PHILIPPINES）// 比起亞洲其他國家，菲律賓料理似乎很少登上國際美食舞台。對任何嚐過 sisig 這道菲律賓國民小吃的人而言，這真是不幸的事。這道又酸又鹹的菜餚魔力來自所結合的食材：酥脆的炸豬皮、膠質豐富黏稠的豬耳朵、綿密柔滑的豬肝等。耳朵？肝臟？你沒聽錯。做這道菜時，先把豬頭肉和豬耳朵切碎、燜煮，然後再加上肥豬肉和滑膩的豬肝拌炒。調味時，用的是辣椒和金桔（calamansi，小而圓的柑橘屬水果，綠色果皮、金色果肉）擠出的酸汁，最後華麗地放到燒燙的鐵盤上，再滋滋作響地端上桌。在呂宋島炎熱的夜晚，能配得上一杯冰涼啤酒的，只有這道地表最強豬肉料理。

🐟 **上哪吃？** 位於安吉利斯市（Angeles City）的 Aling Lucing Sisig（地址：Cnr G Valdez and Agipito del Rosario Sts）。這裡有「Sisig 之王」的美稱，因為是他們讓這道菜聞名遐邇的。

163

164

© Getty Images / jackmalipan

165

© Lonely Planet / Mark Read

165

165

溫和鮮美的柬埔寨料理：
阿莫克魚

柬埔寨（CAMBODIA）// 位於越南和泰國兩大美食強國間，柬埔寨的料理顯得樸實無華；比起誇張炫麗的鄰居，味道通常溫和得多。柬埔寨的國民小吃阿莫克魚（fish amok）就是傳統高棉口味及烹飪法的最佳範例。這道小吃的主要食材是淡水魚，通常用鯰魚，但偶爾也會用雷魚（又稱蛇頭魚）。做這道菜時，先將魚肉泡在以魚醬、椰糖、雞蛋和咖哩膏等調過味的椰子醬裡。高棉版的咖哩膏（當地稱做 kroeung）則是由生辣椒、高良薑、薑黃、泰國檸檬葉、大蒜和香茅等調製而成。傳統做法是將魚肉和醬料包在香蕉葉裡蒸，如此醬料會產生一種柔滑、蓬鬆的口感。當然，你可能也會喜歡在大鍋裡翻炒的版本，在這個國家的任何餐廳裡，都吃得到這個做法。軟嫩的魚和香濃的咖哩醬，阿莫克魚是品嘗東南亞辛辣料理的入門磚；比起這個區域裡其他許多又嗆又辣的菜餚，阿莫克魚的溫和滋味令人覺得放鬆。

🐘 **上哪吃？** 這家聽起來不大像餐廳的餐廳，名字叫做 The Corn，地址：26 Preah Suramarit Blvd, Phnom Penh 12000。他們的阿莫克魚做得超棒。

© Lutz Jaekel / Laif / Camera Press London

羊肉手抓飯：
能讓人把爭吵擺一邊的料理

約旦（JORDAN）// 在約旦文化裡，當家族或部落間產生爭吵時，傳統上都是由長老們開會擺平，而大家集會的地點就在主事者或某部落成員的家裡。為了表示尊重，主人會犧牲一頭羊，準備羊肉手抓飯（mansaf）給大家吃，當大家一起享用時，這頓飯就象徵了所有紛爭的解決之道。嚐嚐這盤香噴噴、堆得像座小山般的食物，你就會明白，為何每個人都願意將所有的歧見擺一邊，以便開吃。約旦式的薄餅會被放在一個大盤子裡，上面堆著米飯和用奶油醬及香料烹調過的羊肉，最上面還撒著烤杏仁和松子。你只能用右手吃，左手要藏到背後。把薄餅撕下一塊，用它挖起適量的米飯和羊肉，然後一口塞進嘴裡去。只有結束用餐時才能舔手指頭，表示你已經吃飽了。這時，你會有一種感覺：人與人之間，再也沒有什麼能比分享一盤食物，更能象徵他們對彼此的尊重了。

🐫 **上哪吃？** 即便沒有什麼部落之間的爭端要擺平，你還是可以到約旦的 Sufra Restaurant 試試這道羊肉手抓飯。地址：Al Rainbow St 26, Amman。

167

好吃到擁有博物館的咖哩香腸

德國（GERMANY）// 柏林有一間真正的博物館，專門展示這個標誌性的香腸小吃，所以你應該明白，一說到咖哩香腸（currywurst），柏林人可是很嚴肅的。如果你還不是這種蒸過後再酥炸的豬肉香腸愛好者，很快就會是了！這種香腸之所以會成為如此美味的外賣小吃，是因為用了番茄醬和咖哩粉的混合調料。不用擔心找不到地方買，在柏林到處都有賣咖哩香腸的小攤子，因此你有很多機會打斷自己的觀光活動，隨時給自己來一份。大部分的攤子都會幫你把香腸切片，並在香腸旁邊搭配一些薯條。

🍴 **上哪吃？** 你會看到一條長龍，不過你知道那是個好兆頭！Curry 36，地址：Mehringdamm 36, 10961 Berlin, Germany。

168

比比看誰能吃掉最多餃子

喬治亞（GEORGIA）// 如果你從未吃過喬治亞餃子（khinkali），請注意它講究的吃法：抓住餃子上面扭起來的頭輕輕咬一口，讓蒸氣先冒出來，接著大口塞進嘴裡，只留下你手指捏住的地方，再把那些頭排在盤子上呈一條線，像戰利品一般。從餡料就看得出餃子來自哪裡，平地餃子通常用牛肉和豬肉，山區則用羊肉，但不管哪一種都很美味可口，絞碎的牛肉、豬肉或羊肉，會加入藥草和香料調味。跟中國的小籠包一樣，蒸過的餃子飽含湯汁，因此咬下第一口時，小心不要讓裡面的肉汁跑掉。若能吃掉兩位數字以上的餃子，還會得到本地人讚賞的眼光。

🍴 **上哪吃？** 在這個國家較大的城市裡，幾乎任何傳統喬治亞式餐廳的菜單上，都會有這一道美味小吃。

169

法式三明治＋法式經典 小酒吧＝浪漫的滋味

法國（FRANCE） // 相信法國人會把簡單的火腿起司三明治，變成一種把愛人賣了都要吃的東西。最簡單的法式三明治（croque monsieur），只用火腿、起司（通常是 Gruyere 起司或 Emmental 起司），再塗上第戎（Dijon）芥末醬和貝夏（béchamel）美白醬而已。但放到巴黎小酒館的廚師手中，它會變成一種能讓全世界都融化的東西，以至於除了你和那流淌的起司外，什麼都不重要了。左岸 Café Trama 的法式三明治已經成為傳奇：含有堅果、味道濃郁的 Comte 起司取代了 Gruyere 起司，上面撒著松露鹽，剛出爐的新鮮吐司上還覆蓋著一層烤得酥軟的貝夏美白醬。坐在這個城市最具代表性的優雅的公寓建築群中，最適合品嚐法式三明治的絕美滋味。

🦐 **上哪吃？** 在巴黎的任何咖啡館都吃得到，但我們推薦優雅的 Saint-Germain-des-Prés 和 Café Trama，地址：83 rue du Cherche-Midi。

170

味道香濃的 咖哩波羅蜜

斯里蘭卡（SRI LANKA） // 許多遊客不吃波羅蜜（jackfruit），因為把它誤認為看起來很像但味道比較臭的榴槤。真是可惜，因為這個怪獸——果實最重可達 30 公斤——有非常廣泛的用途，據說未來或許能解決億萬人的飢餓問題；不僅能為人類提供高營養的食物，其木材、樹膠和染色功能等皆可被廣泛利用，連葉子都能做為牲畜的飼料。在斯里蘭卡，人們還知道尚未成熟的波羅蜜嚐起來很像肉，而這也是為何成為咖哩波羅蜜（polos curry）這道料理最喜歡採用的食材的原因。咖哩波羅蜜是這個位於孟加拉灣天堂般的島國最知名的眾多咖哩料理之一，小小提醒：椰奶、辛辣香料和辣椒等的添加，或許也與其知名度有關。

🦐 **上哪吃？** 在你把腳趾頭浸入烏納瓦圖那沙灘（Unawatuna Beach）的海水之前，別忘了先造訪斯里蘭卡的濱海古都加勒（Galle），美食愛好者的勝地。

171

延宕飢餓的
義大利餐前酒

義大利（ITALY）// 經過不知道多少愛聚會的美食專家集思廣益，我們才有了享受餐前酒時光（aperitivo）的概念。這不僅是喝一杯促進晚餐食慾的飲料而已，為了搭配這杯飲料，你會順便享用一些點心，而這不但可以延長餐前酒的愉快時光，也確保了不會因為太飢餓而狼吞虎嚥掉你的晚餐。為了充分利用這個優良傳統，請在晚間 7 點左右，找一家櫃檯上擺滿一盤盤開胃菜的酒吧要個位子，點一杯餐前酒——金巴利（Campari）、內格羅尼（Negroni）或艾普羅（Aperol）——然後舒舒服服坐下來，一邊享受在義大利最普遍的樂趣——看人，不管是在鄉村的廣場或聖馬克廣場——一邊等服務生給你送來你的餐前酒和一個大盤子。只要花個 9 歐元，就可以飽到放棄晚餐。但是，媽媽咪呀！這是什麼奇怪想法？

🥄 **上哪吃？** 最棒的餐前酒在義大利北部的城市裡，如米蘭（Milan）、波隆那（Bologna）和都靈（Turin），但基本上整個義大利都有。

171

172

172

補充登山能量的
喜馬拉雅湯麵

尼泊爾（NEPAL）// 你可以在尼泊爾和西藏的喜馬拉雅山區，吃到這種補充能量的湯麵（thukpa），但是只有在尼泊爾，湯麵裡才會有額外添加的辣椒、胡椒和溫熱的綜合香料等，使得尼泊爾版的能量湯麵更叫人回味無窮。當你覺得再來一碗達八飯（dal bhat）有點過多時，那麼這種湯麵就是你的最佳選擇了——同樣的令人滿足，滿滿的麵條、來自雞肉的充足蛋白質、豐富的蔬菜、濃郁的肉湯等。這一碗湯麵能幫你儲存第二天登山時所需的能量。

🥄 **上哪吃？** 加德滿都（Kathmandu）博達那佛塔（Boudhanath stupa）附近的餐館。

173

泰式酸辣湯：
曼谷的超級巨星

泰國（TAILAND）// 說到曼谷美食，每個人對哪家餐廳賣的泰式酸辣湯（tom yum goong，冬陰功湯）最棒，都有自己的獨門見解。首先，請先確認你想喝的是清湯（nam sai），還是加入淡奶烹調的濃湯（nam khon）。不論是清湯或濃湯，泰式酸辣湯一定是又辣又酸，裡面加了很多香茅、檸檬葉和辣椒。在社媒寵兒迅速更迭的曼谷，泰式酸辣湯擁有一個比宗教團體還要龐大的粉絲團。

🔊 **上哪吃？** 一般餐廳賣的都是清湯；想喝濃湯請到 Mit Ko Yuan，地址：186 Thanon Dinso, Phra Nakhon, Bangkok。

174

阿里的媽媽讓你
在開羅喘口氣

埃及（EGYPT）// 在熱鬧喧嚷的開羅街頭，即便久經鍛鍊的都市人都想逃進有空調設備的庇護所。建議你躲進一家街頭咖啡館，再點上一份「阿里的媽媽」（umm ali，一種堅果奶油布丁）。看到這個中東著名甜點端上桌時，心靈將會感到無比安慰，外型很像土耳其的果仁蜜餅（baklava），嚐起來卻是道地的北非口味。將一塊酥皮點心浸泡在加入蜂蜜的淡牛乳裡，以肉桂和荳蔻調味，撒上開心果再放入烤箱烘烤，然後……輕鬆享用。

🔊 **上哪吃？** 不論是本地人或觀光客，El Malky 都是最甜蜜的選擇。地址：28 El Mashhad El Husseiny St, Cairo。

175

物美價廉的
印度烤雞

印度（INDIA）// 在德里 Pandara 市集的餐廳裡，可以吃到許多最美味的北印度料理，價格便宜得不像話——例如在 Pindi 餐廳，一整隻印度烤雞（tandoori，又名天多利烤雞）只要 4 英鎊。因為是在一種叫做 tandoor 的圓筒狀泥烤爐裡烘烤的，所以名字就叫做 tandoori。製作時，先把雞肉用凝乳或酸奶再加上瑪薩拉綜合香料（包括卡宴辣椒和會把肉染成鮮紅色的紅辣椒粉等）醃過。小心了，他們可沒有節省嗆辣香料的概念。

🔊 **上哪吃？** Pindi 餐廳以多種雞肉料理著稱，但他們的印度烤雞是真正的美食之王。地址：Pindi, 16, Pandara Road Market, New Delhi。

176

溫暖身心的
冷酸湯與熱啤酒

波蘭（POLAND）// 冬天時若還想在大雪覆蓋的克拉科夫（Kraków）古老街頭繼續遊蕩的話，那麼你需要一些能夠暖身的東西。在猶太區隨意找一家咖啡館，然後點一碗酸湯（żurek），再加一杯摻了香料的熱啤酒（grzane piwo），休息一下。酸湯是放在挖空的圓麵包裡送上來的，湯裡的鹹火腿、辣香腸和馬鈴薯會中和湯的酸味。搭配酸湯的熱啤酒則散發著肉桂、荳蔻和薑片的暖香。

🔊 **上哪吃？** Szynk 提供傳統的波蘭美食，地址：ul Podbrzezie 2, Kraków。

香港的驕傲：龍鬚糖

香港（HONG KONG）// 曾經做為招待皇家的甜食，龍鬚糖（dragon beard candy）如今在香港的購物商場裡到處可見，隨人品嚐。這些蓬鬆的小雲團是由玉米糖漿、麵粉和砂糖調製後，再拉成細絲而成，裡面包著碎花生和椰子絲，嚐起來既甜蜜又香脆。遇熱或潮濕時，龍鬚糖就會融化。因血拼而筋疲力盡的你，休息時嚐一口它們的滋味，肯定也會被龍鬚糖的甜蜜融化了。

🐟 **上哪吃？** 在香港無所不在的購物商場裡，如果你不喜歡逛街的話，香港機場也找得到。

離婚蛋讓破鏡重圓成為可能

墨西哥（MEXICO）// 跟馬雅奇蹟奇琴伊察（Chichén Itzá）一樣，雞蛋也是墨西哥文化的重要部份。此地最美味的雞蛋料理很毒舌地稱為離婚蛋（huevos divorciados）。盤子上的兩顆煎蛋被兩種沾醬——綠蘋果醬和紅色辣番茄醬——分隔開來，兩種滋味一點都不會不協調，反而還很速配，所以象徵破鏡重圓的希望！不過如果盤子是被一條墨西哥豆泥一分為二，希望可能就比較渺茫了。

🐟 **上哪吃？** 豪華的 Tacuba 餐廳會幫你跟這個為愛所困的早餐送做堆。地址：Calle de Tacuba 28, Centro Histórico, Mexico City。

起司味濃郁的莫斯科早餐

俄羅斯（RUSSIA）// 體驗錫爾尼基麵餅（syrniki blinis）的最佳方式，就是獲邀到某個當地人家裡做客，因為大部分俄羅斯家庭都有自己的祖傳祕方。錫爾尼基由一種味道濃郁的 tvorog 軟起司（類似瑞可塔起司但質地較乾）做成，製作時以白砂糖、香草調味，炸過後撒上糖粉，吃的時候再佐以果醬和酸奶油（smetana）。錫爾尼基嚐起來帶一點酸味、口感細膩，是在清晨時光愉快談話時的最佳良伴。

🐟 **上哪吃？** 家裡做的最好吃，但大城市裡的咖啡館手藝通常也不錯。試試莫斯科的 Praga-Ast，在這裡你可以嚐到口味完美的錫爾尼基麵餅。

179

180

181

180

提神的深夜甜點：
利馬甜甜圈

祕魯（PERU）// 所有優良的文化都會致力於某種油炸點心的發明：美國有甜甜圈、西班牙有吉拿棒（churro，又稱西班牙油條）、法國有貝涅餅（beignet）、蘇格蘭有……瑪氏巧克力棒（Mars bars）。當然，祕魯人也以其熱情和才智接受了這項挑戰：他們把甘薯和一種當地稱為 macre 的南瓜一起搗成泥，加上麵粉、酵母和蔗糖調製後，再捏成甜甜圈的形狀放入鍋裡油炸。加入利馬（Lima）深夜狂歡者的行列，在巴蘭可區（Barranco）的路邊小攤讓這種炸成金黃色、淋上大量 chancaca 糖漿的利馬甜甜圈（picarone），為你吸收肚子裡頭的過量酒精。

🍴 **上哪吃？** 在利馬的巴蘭可區或米拉佛羅雷斯區（Miraflores）酒吧裡，也可以找找 Picarones Mary 的美食餐車，地點：Parque de la Amistad, Santiago De Surco, Lima。

181

紐奧良能量早餐：
薩爾杜蛋

美國（USA）// 造訪紐奧良花園區（Garden District）時，就應該到最著名的餐廳 Commander's Palace，嚐嚐紐奧良對班乃迪克蛋（eggs Benedict）的改良做法。薩爾杜蛋（eggs Sardou）是以 19 世紀法國劇作家維多利恩・薩爾杜（Victorien Sardou）命名的，薩爾杜在美國旅行時曾是 Antoine 餐廳老闆安托萬・艾爾西亞托（Antoine Alciatore）的座上賓，而薩爾杜蛋便是老闆特別為這位貴客設計的早餐。長得很像班乃迪克蛋，但薩爾杜蛋不使用菠菜，而是將水煮荷包蛋放在朝鮮薊心上，再用松露和（或）火腿撒在上面做裝飾。如今，大部分的地方都會同時使用菠菜和朝鮮薊，而這正是一個盡情享受生活的城市該做的事。

🍴 **上哪吃？** Commander's Palace，地址：1403 Washington Ave。餐廳在卡崔娜（Katrina）颶風後曾進行過整修，用餐前不妨先欣賞一下該棟建築物的外觀。

184

182

細醃慢炸的
塞內加爾辣雞

塞內加爾（SENEGAL）// 當一種料理能夠風行整個大陸時，必定有其獨到之處。香辣炸雞（poulet yassa）的魅力和成功的本質，就是來自於雞肉在滷汁中的長時醃泡——有些廚師說，最好是 8 個小時。滷汁是由檸檬汁、辣椒、芥末和洋蔥調製而成，這些味道會在浸泡時逐漸滲入肉裡，使得雞肉的味道不但具有層次、肉質甘美，還帶著一絲熱氣。油炸時用的是花生油，洋蔥炸成焦糖色，雞肉則外酥內軟。

🐟 **上哪吃？** 達喀爾（Dakar）的 Marché Kermel 市場有幾家攤販。不過香辣炸雞的真正搖籃在甘比亞（Gambia）以南的卡薩芒斯（Casamance）。

183

天然完美的速食：
台灣五香茶葉蛋

台灣（TAIWAN）// 速食通常油膩、糖份高且多飽和脂肪，但是有一種老式的點心卻堅守了健康、不添加人工香料的製造方式——茶葉蛋（Tea eggs）。放在結帳櫃檯旁邊鍋子裡保溫的茶葉蛋，是最完美的外帶點心。滷茶葉蛋的湯汁是由茶葉、醬油和五香滷包混合而成，能輕易滲透輕微碎裂的蛋殼，在蛋的表面形成明顯的大理石花紋。

🐟 **上哪吃？** 台灣到處都有便利商店，就在店裡靠近櫃台旁的電鍋裡。

184

瓦哈卡恐怖美食：
烤蚱蜢

墨西哥（MEXICO）// 你在其他地方也能嚐到烤蚱蜢（chapuline），但是瓦哈卡（Oaxaca）Mercado Benito Juárez 市場裡的烤蚱蜢，滋味是公認最棒的。這個美麗的山間村落，是墨西哥少數生態旅遊景點之一，而這個市場則是瓦哈卡最古老的市場，裡面販售著各種食物和手工藝品。到攤子上買一杯用大蒜、萊姆汁和鹽巴拌過的香辣烤蚱蜢——鮮美的滋味覆蓋了蚱蜢奇特的肥美口感——然後盡情地漫遊在醉人的山林間。

🐟 **上哪吃？** Mercado de Benito Juárez 市場，地址：Oaxaca, Centro, 68000 Oaxaca。

185

塔斯馬尼亞的
干貝派之旅

澳洲（AUSTRALIA）// 塔斯馬尼亞（Tasmania）會進化成一個觀光美食勝地，是一件不用大腦也能理解的事情——而且圍繞這片肥沃土地的是未受汙染、充滿各種美味海鮮的大洋。開車環繞整個島嶼，然後一路品嚐起司、葡萄酒等饕客級美食，再加上奇特的雨林漫步、參觀荷伯特市（Hobart）的新舊藝術博物館（MONA art gallery）等，就是一個精緻美妙的假期了。眾所周知，塔斯馬尼亞人喜歡簡單的事物，所以發明了這道聞名的干貝派（scallop pie）——一種酥皮糕點，裡面填滿用濃郁咖哩醬烹調過的干貝。當地的干貝肥美、味道清甜，而且由於數量眾多，全都超級新鮮。每一家糕餅店所用的奶油芥末醬都有自己與眾不同的配方，但是干貝永遠是這道料理的焦點。

🦐 **上哪吃？** 計畫一個干貝派之旅吧！第一站：Exeter Bakery，地址：104 Main Rd, Exeter, Tasmania。這家店精益求精，製作干貝派的歷史已經有一百多年。

© Ben Dearnley / Bauer Media / Camera Press London

185

186

© Getty Images / Laura Harker / EyeEm

186

英國酒吧和餅店的
豬肉、肉凍和派餅主食

英國（UK）// 英國的經典小吃，比如許多種肉派，都是某個家庭為了貼補家用，不得不將自家吃食推出門外販售而發揚光大的。豬肉上面用餅皮裝飾，在內餡底部加上一層肉凍，這樣似乎比較扎實。除了在軟嫩的豬肉和酥脆的餅皮之間提供對照外，肉凍因為把空隙填滿而保留了鮮美滋味。豬肉派（pork pie）應該吃冷的，佐以醃菜或芥末醬，而且最好是在酒吧配上一大杯的英國啤酒。另一個選擇是到傳統的派餅店去，除了豬肉派外，你還能看到其他許多種包著各種肉類、蔬菜和起司的肉派。萊斯特郡（Leicestershire）的梅爾頓莫布雷小鎮（Melton Mowbray），是能夠體驗英國最美味肉派的地方——全都已經在 2009 年獲得了歐盟「地理標示保護制度」（PGI）的保護。

🦐 **上哪吃？** 試試這裡好吃的肉派：Gorse Farm，地址：Old Dalby, Melton Mowbray。

187

187

美食的皈依：愛上法國蝸牛

法國（FRANCE）// 啊，蝸牛——最陡峭的料理分水嶺：你要不是熱愛這個黏滑的小東西，要不就完全不愛。但是，若是有一道蝸牛料理能夠改變你的美食信仰，那一定是勃艮地蝸牛（escargot à la Bourguignonne）；若是有某個地方能夠讓你的信念大大改變，那一定是這家神聖的、位於地窖的豪華餐廳——La Dame d'Aquitaine。你必需付出 30 歐元，才能在第戎的這家由 14 世紀教堂改裝的餐廳裡擁有一席之位。值得嗎？物超所值。因為這道源自勃根地（Burgundy）的經典法

式前菜的食材，採用肉質肥美、味道甘甜的野生蝸牛。用大量奶油、香菜和大蒜翻炒後，蝸牛的肉質會變得較柔韌但仍然易嚼，而且濃郁的味道完全滲入肉裡。搭配這道料理的一定是新鮮酥脆的法式麵包，最能完美地吸收充滿奶香蒜香的殘汁。有誰能抵抗這樣的滋味呢？

 **上哪吃？** 有著拱形屋頂的地窖餐廳 La Dame d'Aquitaine，地址：23 Place Bossuet, Dijon。

188

馬尼拉消暑聖品：瘋狂的攪拌攪拌剉冰

菲律賓（PHILIPPINES）// 在菲律賓讓人熱得發昏的夏日裡，再也沒有比來一碗顏色古怪、內容瘋狂的攪拌攪拌（halo-halo）剉冰，更能提神醒腦的了。這碗顏色多采多姿的混合物，內容包括甜蜜的紅豆、白豆、波羅蜜、椰子、西谷米、粉圓、香蕉和名為 plantain 的一種彩色果凍等。把這麼豐富的東西蓋在剉冰上後，再淋上香濃的煉乳，最後放上一勺芋頭冰淇淋。這道滋味完勝的消暑聖品，會讓你立即忘了難耐的酷暑。

🍴 **上哪吃？** 在馬尼拉市到處可見的超群連鎖快餐店裡（Chowking chain of restaurants）。

189

透過小麥雞絲粥感受亞美尼亞的靈魂與脈動

亞美尼亞（ARMENIA）// 亞美尼亞人傳統上會在特殊的節日如復活節時，吃這道細燉慢熬的哈里薩（harissa，小麥雞絲粥）。不過，由於哈里薩是一道國民美食，因此在他們的首都葉里溫（Yerevan）的餐廳裡，人們全年都吃得到。熬煮小麥雞絲粥需要很長的時間，要煮到雞絲入口即化、小麥像糜，才算大功告成。據說至少要熬煮 4 個小時，期間還需不斷攪拌。這道甘美又富含營養的粥品，驗證了亞美尼亞人在面對困境時的韌性。

🍴 **上哪吃？** 葉里溫有很多傳統的亞美尼亞餐廳，找一家嚐嚐看！

190

撫慰忙碌人心的香港煲粥

香港（HONG KONG）// 香港花園街市場（又稱為波鞋街）的忙碌，遮蔽了迎面撲來的溫暖慰藉。市場內最頂層的飲食區，有一家叫做「妹記生滾粥品」的小店，店裡所賣的港式煲粥（congee）具有撫慰靈魂的力量，堪稱大師級的粥品。你不必盲目相信我們的推薦，自己讀讀貼在牆上的各家報章雜誌風評就知道了。妹記的煲粥口感柔順，帶著濃濃的原始米香，最適合人體吸收。他們的招牌是佐以薑片的豬肉丸子粥。

🍴 **上哪吃？** 請爬上旺角花園街市場 4 樓，找到位於第 12 攤的妹記生滾粥品。

188

191

獻給帥哥的
巧克力

巴西（BRAZIL）// 據說這種巧克力球的創造，是為了紀念另一道菜色——英俊的艾德華多‧戈麥斯准將（Brigadier Eduardo Gomez）。1940 年代艾德華多雖然擁有一大票女粉絲，卻終生未婚。失望的女人能怎麼辦呢？顯然她轉向了巧克力，巴西巧克力軟糖球（Brigadeiro），就是向風采迷人的戈麥斯准將致敬的結果。這種一口大小，由煉乳、奶油和巧克力製成的巧克力球，在忙碌的現代都市聖保羅（São Paulo）仍然四處可見。

🖐 上哪吃？聖保羅的 Brigadeiro Doceria & Café。地點在：Av Brg Faria Lima。Rua dos Pinheiros 和 Rua Padre Carvalho 設有分店。

192

凡人無法擋的
伊比利火腿

西班牙（SPAIN）// 細膩、美味、奇特的伊比利火腿（jamón ibérico），是全世界風味最佳的火腿。肉源來自放牧於長滿橡實的草地上的伊比利亞黑豬，並經兩年醃製而成。在整個西班牙的酒吧和餐廳裡，你都看得到這種像古怪的吊燈般懸掛著的黑蹄火腿。切成紙般薄片的深紅色火腿肉，呈現一條條美麗的大理石紋油花，一入口真的會在你嘴裡融化。品嚐時，通常配上吐司、新鮮番茄和橄欖油，再加上幾片甜瓜。當然，單獨吃滋味更棒。

🖐 上哪吃？到這個市場試試切片伊比利火腿的絕美風味：Madrid's Mercado de San Miguel, Plaza de San Miguel, s/n。

193

飄香整條街的
印度拋餅

印度（INDIA）// 就像德里這個城市的縮影，稱做 Paranthe Wali Gali 的窄巷也是一個人山人海、如馬戲團般混亂、到處叫賣著令人食指大動的美食之處。而這裡的小吃之最，便是印度拋餅（paratha）。在這條街上，賣這種填有內餡的印度拋餅的餐廳和食攤將近 30 家，而且每一家都好吃，任君選擇。製作拋餅的師傅手腳驚人地快，動作令人目不暇給：填餡、翻炸，整個過程全都在店門口進行。

🖐 上哪吃？試試辛辣口味的傳統馬鈴薯拋餅，或富有實驗精神的花椰菜和印度起司口味。地點：Paranthe Wali Gali, Chandni Chowk, Delhi。

194

往林蔭深處探訪
黑森林蛋糕之源

德國（GERMANY）// 黑森林就像是從童話故事中走出來，幽深的林蔭、隱匿的瀑布和冰蝕湖等，這些元素吸引遊客們前往森林中心的某個小鎮，探訪黑森林櫻桃蛋糕（Schwarzwälder kirschtorte）的源頭。如果已經花了一整天在森林裡遊蕩，也已讚嘆過美麗的 Triberg 瀑布，接下來你該嚐一塊飽含鮮奶油和櫻桃酒的巧克力蛋糕了。特里堡（Triberg）的 Café Schäefer，是黑森林蛋糕的原始配方現存之處。咖啡館的酥餅師傅 Claus Schaefer 擁有曾經屬於 Josef Keller（發明這道甜點的麵包師）的蛋糕食譜，而 Claus 所烘焙的黑森林櫻桃蛋糕，就是根據 1915 年的原始配方而製。

🕭 **上哪吃？**早點去，以免一部接一部的遊覽車載來想到 Café Schäefer 品嚐最原始、最美味的黑森林蛋糕的遊客。地址：Café Schäefer, Hauptstrasse 33, Triberg。

195

不落人後的
肯亞烤肉

肯亞（KENYA）// 全世界有許多國家都在競爭頂級燒烤的冠軍，但其中有一名競爭者，雖然對燒烤的熱情也很高漲，卻沒有獲得世人太多的注意。在肯亞，人們對烤肉（斯瓦希里語 Swahili 語稱為 nyama choma）的熱愛，展現在一般家庭聚會、街頭、路邊小屋以及節慶和慶祝上。基本而言，只要幾個人聚在一起，他們就會烤肉。任何聚會的藉口，都是一個架起烤肉架的機會。最普遍使用的肉品是羊肉或牛肉，簡單地用油和鹽巴醃過後，就能烤出完美的滋味。通常與 kachumbari 沙拉（用番茄丁和洋蔥丁製成）以及一種玉米粉做成的 ugali 麵餅一起食用。

🕭 **上哪吃？**不要再想其他的烤肉了，首都奈洛比（Nairobi）市場烤肉攤的烤肉，好吃到讓你想把舌頭都吞下去。地點：Nairobi's Kenyatta Market（Mtongwe Rd）。

196

壓成各種形狀的瑞典薑餅

瑞典（SWEDEN）// 在瑞典，沒有薑餅（pepparkakor）就不能算是耶誕節。又薄又脆的薑餅會切成各種有趣的形狀，溫暖、酥香的味道來自薑、肉桂、丁香和荳蔻，甜蜜的滋味則來自蔗糖和 sirap 糖漿。壓成心型、星星、人物、山羊和豬（多產的象徵）等形狀的薑餅，在每天工作的休息時間（fika，瑞典文化的基石）配上一杯咖啡或加香料的 glögg 熱紅酒一起享用，滋味特別美好。

📯 **上哪吃？** 在瑞典當地的耶誕節市場，就可買到節日薑餅。或者……沒錯，IKEA 也有。

199

© Shutterstock / Yvonne M. Cornell

197

魚子沙拉：希臘文明的飲食遺產

希臘（GREECE）// 希臘人拿他們的皮塔餡餅（pita）配魚子沙拉（taramasalata）吃已經有幾千年的歷史了。在新鮮的魚卵上簡單地撒上一點調味料、檸檬汁和橄欖油——這道歷史悠久的美食，毫無疑問從斯巴達時代起，就是希臘文明的動力。也許你已經習慣超市買來的那種淡紅色產品，但真正道地的魚子沙拉是米黃色的，且帶著濃郁、刺激的鮮味。你會發現希臘的每家小餐館，都有自製的獨特的口味。

📯 **上哪吃？** 這家旅館的魚子沙拉絕對令你終生難忘：Agistri's Taverna Moschos（Ioannou Metaxa）。

198

魚派：馬爾他跨文化美食

馬爾他（MALTA）// 曾被北非、義大利和英國殖民過的馬爾他，文化特色與料理自然而然地呈現跨文化風格，最具指標性的就是魚派（lampuki pie）。最好能在當地人家裡享用，但是餐廳也能做出同樣美味可口的魚派。Lampuki 就是鯕鰍魚（俗稱鬼頭刀），是當地魚派的主要餡料。雖然馬爾他魚派看起來深受喜愛吃派的英國人影響，但是魚派裡也塞入了地中海東部的元素（如葡萄乾、薄荷等）和義大利食材（如橄欖、刺山柑、番茄等），擁有文化融合的美妙滋味。

📯 **上哪吃？** 在馬爾他擁有三間分店的 Café Jubilee，具有呈現 1920 年代風格的廊柱外觀，和溫馨舒適的內部裝潢。他們提供顧客各種魚派的選擇。

199

檸檬草雞湯：一天完美的句點

墨西哥（MEXICO）// 在探索古馬雅遺跡奇琴伊察（Chichén Itzá）一整天後，你就可以在美麗的粉彩小鎮巴利亞多利德（Valladolid）大快朵頤一道源自馬雅料理的美食：檸檬草雞湯（sopa de lima）。這道湯品是猶加敦半島的經典料理，採用的兩種主要食材都是當地所產：猶加敦檸檬和一種叫做 xcatic 的辣椒。雖說奇琴伊察遺跡在金錢上給檸檬草雞湯很大的競爭壓力，但是後者的甜和酸銳度，卻是馬雅創意的一個明證。

📯 **上哪吃？** 整個猶加敦半島都有提供這道美食的餐廳，但巴利亞多利德小鎮的風味公認最佳。

200–299

200

來自上帝
的禮物：
雅典的希臘沙拉

希臘（GREECE）// 如果需要一個理由相信希臘沙拉（Greek salad）的偉大，就在西方文明首都點上一盤並準備大吃一驚吧！首先會注意到份量：大量菲達起司和隨意撒上的牛至、飽滿的卡拉馬塔黑橄欖等等⋯⋯全都超級新鮮。某些地區還會添加酸豆和胡椒，和脆皮麵包一起配著吃最棒。有時回到源頭，才會想起為何事物在起源地總是如此美好。

👉 上哪吃？ Ta Karamanlidika tou Fani 餐廳，地址：Sokrates 1, Evripidou 52, Athens。

201

布列塔尼
讓人歡呼的
法式可麗餅

法國（FRANCE）// 從迷人的臨海城市歐賴（Auray）到世界最大的新石器紀念碑收藏區卡納克（Carnac），或是有著美麗羅馬城牆的聖馬洛（Saint Malo），選擇一個如畫般的布列塔尼城鎮來品嚐布列塔尼可麗餅（galette bretonne）。位於法國西北角這座城市的當地居民十分自豪這道美味的法式可麗餅，是用蕎麥麵粉再配上火腿、起司和煎蛋製作而成。

👉 上哪吃？我們喜歡在 Auray 吃可麗餅，地點：Carnac or Saint-Malo。

202

馬達加斯加以外
都算不上真正的
蔬菜燉肉

馬達加斯加（Madagascar）// 蔬菜燉肉（romazava）這道多汁、充滿綠色蔬菜和肉類，類似義式肉醬（Ragu）燉菜，在馬達加斯加以外地區常被模仿，但無法被複製。關鍵之一是肉：正版食譜使用肩峰牛（zebu），在該國文化中帶有神聖意味，團結互助的重要時刻才會食用，肉質比一般牛肉硬，需長時間燜煮。另外，馬達加斯加使用的是龍葵，比其他地方的蔬菜更辣一些。

👉 上哪吃？米飯是該國主食，因此邀請吃晚餐通常會說成：「一起來吃飯。」

200

203

在珍珠奶茶的家鄉勇敢地點上一杯

台灣（TAIWAN）// 珍珠奶茶或許已經開始風靡全球，但如果你是個死忠鐵粉，台灣是你得點上一杯的地區。讓春水堂茶館引以自豪的高品質配方，加上新鮮飽滿的粉圓，以及能調配出超過 70 種不同口味和每年至少開發 5 種新品的專業員工。最受歡迎的像是荔枝、芒果和百香果口味都是常年供應，但某些特殊口味像是薰衣草、棉花糖和酪梨更是讓人一試難忘。

🐾 上哪吃？春水堂。地址：台北市信義區松壽路 9 號新光三越百貨 B1。

204

將目標轉向新一代速食：毛毛蟲餐

辛巴威（ZIMBABWE）// 南辛巴威人長久以來意識到，吃蟲子是讓這個星球更健康的關鍵，比起傳統的蛋白質來源，蟲子含有更高的營養和較少的生態影響。這個國家的雨季之後接著就是毛毛蟲（mopane）的收穫期，數以千計的蟲子會從樹木中脫落並且在豔陽下曬乾。蟲子的口味會依據烹調方式有所不同，但多半會帶有植物氣味和咀嚼的口感。

🐾 上哪吃？一般會在當地市場用紙杯盛裝做為速食小吃，也可以在 Victoria Falls' Safari Lodge 飯店享用。

205

在貝魯特尋找美味的三明治烤餅

黎巴嫩（LEBANON）// 三明治烤餅（fatteh）源自於義大利以東地中海區域，集各食物之大成轉變成更具吸引力的餐點。祕訣在於材質——硬、脆口的中東烤餅配上清爽的優格醬汁（混合芝麻醬、檸檬、大蒜和孜然）和煮熟鷹嘴豆。可以在貝魯特（Beirut）咖啡館找到搭配調味好的羊肉、雞肉、茄子烤餅，並在餅上撒些新鮮香菜和微烤過的松子。

🐾 上哪吃？到貝魯特 Al Soussi 餐廳尋找香脆可口的美味料理。地址：Chehade St, Zeideiniyye, Aicha Bakkar, Beirut。

203

206 207 208

在豔陽下咬一口西西里的精華：瑞可塔起司捲

義大利（ITALY） // 位於巴勒摩（Palermo）後方的山丘，皮亞納德利亞爾巴內西（Piana degli Albanesi）小鎮每年都會舉辦瑞可塔起司捲（cannoli）節大肆慶祝。原意是「小管子」，這道西西里（Sicili）香甜清脆的點心最初要回溯到阿拉伯糕餅達人將甘蔗和羊奶瑞可塔起司（sheep's ricotta）結合在一起。「必須是 sheep's ricotta。」Piana degi Albanesi 小鎮上 Di Noto 蛋糕店的師傅大衛·迪諾托（Davide Di Noto）堅定地說著。「Piana 的 ricotta 起司有著更濃郁的氣味，由於當地海拔高度，羊群能在寬廣的草原放牧，牧草也更加充足。」

🐘 **上哪吃？** Di Noto 蛋糕店，地址：Via Martiri Portella della Ginestra, 79, Piana degli Albanese, Sicily。

在蒙特維多追尋蜜桃鮮奶油蛋糕的源頭

烏拉圭（URUGUAY） // 這種美味蛋糕在烏拉圭全國各地都能找到，有許多口味的變化，但是最原始的祕方留在蒙特維多（Montevideo），所以何必還要費力跑去其他地方呢？在這裡你會發現一間家族經營的蛋糕零售店，蜜桃鮮奶油蛋糕（postre chaja）是創始人奧蘭多·卡斯迪藍諾（Orlando Castellano）在百年前發明的。和帕芙洛娃（pavlova）蛋糕不同，postre chaja 的特徵是層層相疊的蛋白霜、鮮奶油和海綿蛋糕，再配上新鮮水蜜桃。蛋糕名的由來起源於一隻鳥，皮膚下方有一對氣囊能夠幫助自己浮在水面上。

🐘 **上哪吃？** Postre Chaja Confiteria las Familias，地址：26 de Marzo 3516, Montevideo。

在冬日德黑蘭尋找時蘿蠶豆焗蛋

伊朗（IRAN） // 時蘿蠶豆焗蛋（baghali ghatogh）是你在旅途中夢寐以求的一道料理。在家庭宴會中，用平實陌生的碗放在你面前最不起眼的角落，卻會一直跟著你直到返家喚起對它的所有美好回憶。幸好，這道料理的做法是個公開的祕密，在德黑蘭（Tehran）的一間愜意餐館品嚐過之後，或許在冬天積雪覆蓋的厄爾布爾士（Alborz）山區附近，你會想要用薑黃、藏紅花和大蒜烘調出的焗蛋加上時蘿味的蠶豆，來重現這道夢幻料理。

🐘 **上哪吃？** Khanjoon 餐廳將會完美地重啟這道古老寶藏：Aftab St, Tehran。

209

在阿富汗家庭
大快朵頤美味抓飯

阿富汗（AFGHANSTAN）// 北阿富汗的家庭最引以為傲的就是烹煮一道美味抓飯（qabili palau），你能在此安全地享用這道幾十年來媳婦試圖超越婆婆手藝而流傳下來、幾近完美的國際佳餚，祕訣就在於熬煮的米飯。飯粒長時間吸取焦糖洋蔥和高湯的香味，羊肉是最佳配料但雞肉也同樣受歡迎，還必須和葡萄乾、胡蘿蔔，通常還加上柑橘皮和開心果一起烹煮。當萬事俱備，這道色香味俱全的抓飯就即將在世紀以來的家庭宴會中光榮登場，穿過手指間的美味也絕不會造成婆媳之間的芥蒂。

上哪吃？成為阿富汗家庭聚會上的賓客，感受這份傳統、道地的美味佳餚。

© Birgit Ryningen / VWPics / Alamy Stock Photo

210

葡萄牙南部海岸的
海洋風味

葡萄牙（PORTUGAL）// 位於葡萄牙南部的阿爾加維（Algarve）是個陽光明媚的渡假勝地。一路沿著令人驚豔的海岸線來到美麗的海灘，當地活動的歌聲貫穿整個夏季。位於西邊的拉古什（Lagos）是主要景點，步行在 16 世紀如畫般的峭壁古城和熱鬧繁榮的魚港，進行一趟愉悅的探索，這是品嚐當地特產的最佳方式。海鮮煲（cataplana de marisco）盛裝在當地特有的銅鍋（cataplana）內，裡頭有蛤蜊、明蝦、魷魚、龍蝦以及當日各式各樣的新鮮海產，佐以白酒、番茄和香草，輕微翻炒入味，就成了地中海最美味的一道海鮮料理。

上哪吃？在海邊任選一間咖啡館，更好的在拉古什碼頭熱鬧魚市裡的二樓餐廳。

© Shutterstock / hlphoto

© Stephane Groleau / Alamy Stock Photo

211

在魁北克森林景觀中
沉醉於楓糖採收季

加拿大（CANADA） // 全球超過 75% 的純正楓糖漿（maple syrup）都來自魁北克（Québec），當楓糖季來臨時，可以找機會去拜訪一間「楓糖小屋（sugar shack）」體驗如何從楓樹擷取樹汁製作成糖漿的過程。當楓樹汁液經過加熱濃縮成楓糖漿，是最佳的拜訪時機。在 2、3、4 月份從蒙特婁（Montréal）出發，車程 45 分鐘即可抵達 Sucrerie de la Montagne 餐廳。在這個時節造訪會給予特殊款待，例如乘坐馬拉雪橇參觀楓樹林。當汁液從楓樹中滲出，在被拿去木製蒸餾器進行濃縮成糖漿之前，你將會發現自然界最棒

的甜食之一就在眼前。回到農家之後，用楓糖鬆餅做為甜點的傳統加拿大盛宴就此展開。接下來還有現場音樂和舞蹈表演，直到晚上你回去小屋休息。到了早上你會搭船經過商店，別錯過購買一瓶真正的楓糖漿，市面上有許多仿冒品，但是來自原產地的楓糖漿絕對有它的價值。

👉 **上哪吃？** Immersive Sucrerie de la Montagne，地址：300 Chemin St-Georges, Rigaud, Québec。

© StockFood / Hussey, Clinton

213

東京超市裡尋找炸雞

日本（JAPAN）// 東京可謂美食之都，因此去談論便利店裡的炸雞似乎有點怪，但偶爾從令人讚歎的壽司和世界知名拉麵中跳脫一下也不錯，嘗試一下也無妨。而且在日本的便利商店（konbini）尋寶是件極為有趣的事：無處不在的便利商店，就像是日本消費文化的縮影。如果你在便利商店找不到想要的東西，很可能是你根本就不需要它。東京所有不同類型的便利商店中，Lawson 連鎖店賣得最好、收益最高的就是美味炸雞。店內共有三種選擇：帶骨炸雞（honetsuki）、無骨炸雞（honenashi）和炸雞塊（karaage），全都棒極了！肉質軟嫩、外皮香脆。除此之外，你現在唯一剩下能做的就是拿起一罐咖啡，停下來大塊朵頤。

👉 **上哪吃？** 在全日本 14,000 間的 Lawson 分店都可嚐鮮。

212

走入電影場景：Whistle Stop Cafe 的油炸綠番茄

美國（USA）// 儘管油炸綠番茄（fried green tomatoes）的發源地是在美國東北部，如今卻被認為是一道經典南方菜餚。部份原因當然是由於同名電影的大受歡迎，將片中位於喬治亞州茱麗葉區迷人的 Whistle Stop Cafe 食物重現。雖然這道菜用的是未熟的紅番茄或是祖傳綠番茄，關鍵點在於當你切開的時候是結實堅硬的，要不然在油炸時就會稀爛一片。裹上雞蛋麵糊和玉米粉之後，將番茄用牛油煎熟，做出這道爽脆可口的點心。如果你是在飽餐一頓之後才享用，可以把番茄放在三明治和沙拉上頭，或是當做開胃小菜。調味醬汁可以從純番茄醬到混合了 Cajun 辣醬的美乃滋。

👉 **上哪吃？** 與電影場景同名的咖啡館：Whistle Stop Café，地址：443 McCrackin St, in Juliette, Georgia。

213

© Shutterstock / ELBANCO04

© Lonely Planet / Andrew Montgomery

一道樸實的烹飪課：
馬約卡島烤羊肩

西班牙（SPAIN）// 位於馬約卡（Mallorca）的巴利亞利群島（Balearic Island），有一條向著美食極品——慢烤小羊肩——的朝聖之路。供應這道餐點的是位於羊腸小徑盡頭的 Es Verger 餐廳，穀倉式大門的後方正孕釀一道大師級的樸實料理。每個早晨，土窯內的柴火就開始進行三個半小時的烤羊料理，以便達到軟嫩的標準。羊肉配上馬鈴薯塊、胡蘿蔔和洋蔥，並且淋上啤酒以維持柔嫩。當烤羊肩肉（paletilla de cordero）出爐，溢流的肉汁和滋滋作響的美味，立刻切片端送到你的面前。肉質堪稱極品，伴隨鄉間風味，以及爽脆的鹹香外皮。

🔊 **上哪吃？** 來一場會讓人胃口大開的 90 分鐘健行，從 Alaró 前往 Es Verger 餐廳，地址：Camino del Castillo de Alaró, Mallorca。

福特·
佛萊

曾獲詹姆斯·比爾德獎（James Beard）提名的福特·佛萊（Ford Fry），是以亞特蘭大為起點、擴及美國南部 12 間餐廳的當家主廚，包括 JCT Kitchen 和 The Optimist。

© Emily Schultz

巴黎衣蝶麵包店的可頌
我是美味可頌（croissants）的鐵粉，所以花了 50 美金搭計乘車來到衣蝶麵包店（Du Pain Et Des Idées）。入口即化的奶油簡直太美妙了，我喜歡它的鬆脆口感。

02

紐約 Minetta Tavern 餐館的炸薯條
他們家的烹炸方式——川燙再爐火油炸——會讓薯條變黃金。

洛杉磯 Republic 餐廳的諾曼第海鹽麵包
位於查理·卓別林故居的這間餐廳，他們在起司片上塗奶油再加點 Maldon 海鹽。當我吃下第一口就停不下來了。

04

洛杉磯 Maliscos Jalisco 餐廳的
鮮蝦起司塔可捲
這道塔可捲是用墨西哥玉米片配上剁碎的鮮蝦，經過高溫油炸做出爽脆口感，最後加上生菜和酪梨。我曾經試圖重現這道料理。

西雅圖 Walrus And The Carpenter 餐廳的
聖塔巴巴拉斑點蝦
只要是斑點蝦的產季，這間餐廳就會有這道菜。我喜歡其生鮮度，使用特級冷壓橄欖油和鹽巴烹調。

215 216 217

天堂般的美味：蔚藍海岸的檸檬塔

法國（France） // 與義大利相鄰，法國蔚藍海岸的最終站芒通（Menton）是一處美麗的臨海淨土，畫作般的屋舍坐落在海邊，美麗的田園和絕佳的氣候孕育出了最美味的檸檬，被拿來製作成芒通檸檬塔（Mentonnaise tarte au citron），甜味的薄派皮上覆蓋著添加檸檬汁的黃檸檬凝乳餡，可謂世界第一的檸檬塔。

上哪吃？ 在春季拜訪芒通檸檬節（Menton's Fête du Citron），有遊行、煙火和更多的檸檬塔等你來品嚐。

燉菜：在蓋亞那品嚐加勒比海美味

蓋亞那（GUYANA） // 抵達南美洲的蓋亞那，必定流連忘返於加勒比海的美景、卡利普索民謠（Calypso）、殖民地風格建築和板球運動等等，還有當地美食。除了樹薯、地瓜、芭蕉、秋葵和椰子汁混煮而成的燉菜（metemgee），還能吃到更多加勒比海料理嗎？或許不行，但是配上炸魚和煎餃，就能享用一頓蓋亞那佳餚，儘管其中包含多元文化，但你只需知道這是人間美味。

上哪吃？ 蓋亞那全境都能吃到。

吃著奶酪派享受一片雅典式美味生活

希臘（GREECE） // 來到擁有百年歷史並且客源永不間斷的 Ariston 烘焙屋，你就知道你會不虛此行。店內的玻璃櫃中陳列著眼花撩亂的各式糕點，別被它們分了心，你可是專程為了奶酪派（kourou）而來的。半圓形狀的奶酪派擁有小巧鬆脆的餅皮，內餡裹著優格、奶油以及滿滿的菲達（feta）起司。拿起一個在憲法廣場（Syntagma square）附近坐下來，邊吃邊享受悠閒時光。

上哪吃？ Ariston 烘焙屋，地址：Voulis 10, Syntagma, Athens。

© StockFood / Scott, Glenn

218

219

讓英式早餐
開始美好的一天

英國（UK）// 用一整盤油炸食物，以及初見面就堅持喊你：「親愛的！」的服務生來開啟美好的一天，是件身心舒暢的事。此外，對於宿醉者而言也同樣重要。鋪有桌布的小餐桌和簡易菜單的當地英式咖啡館，就是一幅前大英帝國的剪影。代表著前全球化、前數位化、前多色健康食物標籤下的形象。典型的全套英式早餐（full english breakfast）是油炸培根煎蛋、油炸蕃茄、油炸蘑菇、奶油土司（應該也是油炸，看出什麼端倪了嗎），焗豆和香腸，搭配棕色醬汁和英式奶茶。一般餐廳會提供更高檔的服務，但如果你更看重用餐經驗，趕緊拿起油膩膩的刀叉吧！

🐟 **上哪吃？** 倫敦家庭式咖啡館 Electric Café，地址：258 Norwood Rd。或者試試位於倫敦南部的 Terry's 咖啡館（下圖）。

218

新英格蘭正宗料理？
一定是
波士頓蛤蜊巧達濃湯

美國（USA）// 蛤蜊巧達濃湯（clam chowder）就如同冬雪和去掉 R 的口音（的確，當地人管這道湯叫 chowda），都是新英格蘭當地的經典風情。早年從英國來的拓荒者用豐盛食材所做的濃稠燉菜，包含馬鈴薯、芹菜、洋蔥、奶油和滿滿去殼的蛤蜊。成品為一道黏稠的奶油濃湯，通常還會撒上一把鹹餅乾碎屑讓它變得更加濃稠。這道菜不單只是日常主食，也同時是一項文化代表。新英格蘭人對於這道湯品的食譜名稱沒有叫做「新英格蘭巧達湯」感到十分不服氣。

🐟 **上哪吃？** 儘管在波士頓到處都能吃到美味的巧達濃湯，這家 Union Oyster House, 41 Union St 所供應的正宗新英格蘭經典佳餚，值得一試。

219

© Daniel Di Paolo

220

多就是多：
在熱鬧的烏拉圭酒吧
大口吃牛排三明治

烏拉圭（URUGUAY）// 牛排三明治是烏拉圭針對人類基本需求，將二片麵包之間塞進所有美味的偉大貢獻。好傢伙，確實棒極了！特別像是在有現場音樂和熱鬧氣氛的當地酒吧 El Tinkal 所吃到的。但這道料理起初卻是由一場誤會引起。一名阿根廷人點了羊排（chivito），烏拉圭人不明白字面意思，就自行創造出這道讓人無法抗拒的美食，於是牛排三明治（chivito）誤打誤撞地就此誕生。由一片薄牛排，加上培根、火腿、雞蛋、橄欖、番茄、洋蔥、莫札瑞拉起司、生菜和美乃滋組合而成，某些地方還會加上烤熟的青椒、甜菜和醃黃瓜。

🔖 **上哪吃？** El Tinkal，地址：Dr Emilio Frugoni 853, Montevideo。

221

駐足湖畔之家
配一杯啤酒和
一盤海螯蝦

英國（UK）// 阿勒浦（Ullapool）小漁村環抱美麗的布隆灣（Lochbroom），並且帶領遊客領略夏日群島（Summer Isles）和外赫布里底群島（Outer Hebrides）的仙境。雖然是個迷你城鎮，卻吸引成群觀光客到此欣賞絕世美景。在湖畔之家點上一杯啤酒和一整盤海螯蝦（langoustine），佐以蒜味奶油或檸檬片調味。夏日時分，坐在發出聲響的戶外餐桌欣賞湖面風景，自在暢飲船上現撈的海螯蝦（你甚至能見到返回岸邊的漁船）和啤酒。稍不注意，就會發現自己比預期中在此待上更長時間。

🔖 **上哪吃？** The Arch Inn Restaurant，地址：10-11 W Shore St, Ullapool。

221

221

© Lonely Planet / Matt Munro

(222)

222

讓起司烤餅
帶你領略
喬治亞美食

喬治亞共合國（GEORGIA）// 在看完提比里斯自由廣場（Tbilisi's Freedom Square）內的重量級文化表演後，漫步在蜿蜒曲折的街道，走進舊城區的木質陽台，一頭鑽進 Samikitno-Machakhela 餐廳，選擇有數種不同口味的起司烤餅（khachapuri）。傳統的喬治亞烤餅裡頭，填滿入口即化的起司和熟度恰到好處的雞蛋，配上菠菜、起司、碎羊肉……，接著 megrelian 就出爐了——好個被起司淹沒的黃金烤餅。

🍴 上哪吃？ 在舊城區露天平台上的 Samikitno-Machakhela， 地址：Freedom Sq, 5/7 Pushkin St, Tbilisi。

223

在古早味的
加爾各答商店
吃甜奶酪

印度（INDIA）// 孟加拉人熱愛甜奶酪（sandesh），歡喜城（City of Joy's）的街道和市場隨處可見的甜品店，證實了此言不虛。創始於 1885 年的 Balaram Mullick & Radharaman，是當地品嚐這份古老孟加拉甜點最古老也最美味的商店之一。用 chenna（乳清的一種）製作而成，利用加糖的酸奶混合成各種不同的口味，再形塑成圓形或方形的小點心。

🍴 上 哪 吃？ Balaram Mullick & Radharaman Mullick，地址：2 Paddapukur Rd, Jadubabur Bazar, Bhowanipore, Kolkata。

224

科布沙拉
如何變成好萊塢的
傳奇料理

美國（USA）// 1930 年代好萊塢充斥著追星夢以及古典高級餐館浪潮，大廚們都想一夜成名，鮑伯．柯布（Bob Cobb）也是其一，在某個飢腸轆轆的夜晚偷襲冰箱時，想出了科布沙拉（Cobb salad）的鬼點子。儘管乍看之下雜亂無章，味道卻好得很，感謝藍紋起司、培根、爽脆的混合生菜、美味碎雞肉、香甜蕃茄、大量的水煮蛋和酪梨，以及少量大蒜與韭菜調味，形成絕妙組合。

🍴 上哪吃？ 前往 Swingers 餐廳享用一頓好萊塢經典晚餐，地址：8020 Beverly Blvd，Los Angeles，CA。

225

在布拉提斯拉瓦
品嚐啤酒和
羊奶起司麵疙瘩

斯洛伐克共合國（SLOVAKIA）// 位於布拉提斯拉瓦（Bratislava）古堡附近的一條狹窄鵝卵石街道，氣氛幽暗的小餐館 Modra Hviezda 能讓你在此大啖美食。舒服地坐下來，點上一份野豬排和斯洛伐克國菜——羊奶起司麵疙瘩（bryndzové halušky）。氣味濃烈的羊奶起司覆蓋在堆滿盤子的馬鈴薯麵團上，再擺數片油煎培根，搭著附近古堡釀酒廠裡的 Zámocké 黑啤酒更是絕配！

🍴 上哪吃？ Modra Hviezda 餐廳會讓你覺得自己活像狩獵返家餓壞的獵人，地址：Beblavého 292/14, 811 01 Bratislava。

226

哥倫比亞農夫口味的 傳統什錦飯

哥倫比亞（COLOMBIA） // 麥德林（Medellin）和泛安蒂奧基亞地區（Antioquia）的 Paisa 人，喜歡將什錦飯（bandeja paisa）視為他們最有名的傳統料理，同時也是最美味的佳餚。這道菜反映出雄偉山巒的居住地形，和農夫們辛勤工作的回饋。就整盤食材的質與量而言，二者皆貨真價實、一應俱全。覺得對你來說小事一樁？讓我們來瞧瞧看：一整盤碎牛肉、炸豬排（chicharrón）、肉腸（chorizo）、血腸（morcilla）、煎蛋、炸香蕉和豬肉一起烹煮的紅豆、玉米餅（arepa）、酪梨和米飯，所以……祝你胃口「大」開。

☞ **上哪吃？** 任何一間位於麥德林的餐廳，都有供應這道哥倫比亞傳統美食。

227

模仿學生來碗健腦食物： 日本炸豬排蓋飯

日本（JAPAN） // 在印有炸豬排蓋飯圖樣的自助點餐機上按下按鍵，拿好你的票根站在台階上，跟著大多是學生的隊伍一起候位，等待享用這道心愛且帶有一半吉祥意味的舒心餐。吉祥？炸豬排（katsu）這個字在日文中有另外一個意思（頭一個意思是「裹粉油炸」）——勝利，因此有壓力、緊張的學生，希望考試順利的話就會狂點這道幸運餐。它的便利性是另一個賣點。二樣主成份，裹粉的炸豬排和白米飯，通常還會搭配雞蛋以及味噌湯，或是在豬排上頭淋上用醬油、清酒和青蔥調味而成的醬汁。

☞ **上哪吃？** Tocho 餐廳，可以享受 32 樓的絕佳視野以及頂級豬排丼，當然還有其他在地佳餚。地址：2-8-1 Nishishinjuku, Shinjuku-ku, Tokyo。

蓋兒· 西蒙思

蓋兒·西蒙思（Gail Simmons）在美國電視真人秀競技節目《Top Chef》擔任第 15 季的評審。她也在最近推出第一本烹飪書：*Bringing It Home*。

西班牙阿特克松多的燒烤魚子醬
Asador Etxebarri 餐廳的主廚是世界頂級大廚之一，有著大師級燒烤技藝，而且沒有他不能烤的東西。烤魚子醬確實是有點詭異，但對這位主廚來說，就像在變魔術一樣。

新加坡的福建麵
通常有 2 種不同種類的麵條（寬厚的烏龍麵和窄長的義式細麵），海鮮湯底、叉燒肉片、蝦子和章魚，最後加上稱為 kalamansi 的亞洲柑橘類水果。

日本的年輪蛋糕
一種在圓筒烤爐上不斷旋轉烘烤而成的蛋糕，每旋轉一圈就倒上奶油麵糊，切開時能夠看見美麗的年輪紋路。起源於德國，但我只在日本見過。

牙買加的辣醬烤龍蝦
Jerk 燒烤醬通常是用在雞肉，但是在我們去的這家燒烤攤，老闆將海裡抓來的刺龍蝦放上烤架燒烤。

加州棕櫚泉的棕櫚沙漠椰棗冰沙
歷經數代，這兒種植椰棗的農夫，發明了這種用香草冰淇淋和牛奶攪拌椰棗做出的冰沙。

228

在河內最棒的餐廳
看蔥爆鮮魚片婆娑起舞

越南（VIETNAM）// 針對這道有名的時蘿薑黃炸魚片（cha ca），河內（Hanoi）美食餐廳的粉絲之間有場激烈的爭論，但是位於河內古街區的 Cha Ca La Vong 餐廳，卻是這道菜的創始店和首選地。餐廳內狹窄的樓梯引領你進入裝潢平實的用餐區，塑膠卡片上簡介了店內唯一的一道料理。大方供應的義式細麵，以薑黃醃製好的成堆魚片，時蘿、薄荷、香菜、青蔥，魚片上灑些剁碎的花生和新鮮辣椒，再將所有食材以 nuac cham 醬汁（混合魚露、萊姆汁和砂糖）調味。自助式的用餐方式增添了這道菜的自身魅力，保證在你的飲食回憶錄中佔有一席之地。

🔖 **上哪吃？** 門庭若市的 Cha Ca La Vong 值得你花時間等待。地址：14 Cha Cá, Hàng Đào, Hoàn Kiem, Hanoi。

228

229

在倫敦莫爾特比街市集
探索拱門下新食界

英國（UK）// 在倫敦很少有地方是屬於地小人稠的美食祕密基地，莫爾特比街市集（Maltby St Market）位於倫敦南部的列車軌道下方。到了週末，紅磚拱門下的店舖從木匠工作室和藝品雜貨店，轉變成家常小吃攤和餐廳，全部聚集在一條狹長的露天通道。不論你的肚子是怎麼警告你的，從坐在 St John 餐廳或 Walrus and Carpenter 生蠔吧內分享美食，到被鬆餅、布朗尼、烤起司三明治，或被 Grant Hawthorne 的 African Vocano 餐廳招牌菜——peri-peri 辣醬牛肉堡搶劫錢包，這裡總有你可以吃的東西。長達數公里的貝爾蒙德西啤酒大道（Bermondsey beer mile），拱門底下有多間精釀酒廠，在 Little Bird 琴酒釀酒廠點杯琴湯尼（G&T），開啟你的週末午後旅程。

🔖 **上哪吃？** 從 Bermondsey tube 車站或是倫敦橋短暫步行，即可抵達 Maltby St Market。

229

230

為了一道微辣燉菜
選擇一間菲律賓公寓大啖醬燒豬肉

菲律賓（PHILIPPINES）// 一道濃稠、顏色深暗的燉菜，只用少許辣椒調味，應該不會是你期待中的菲律賓美食，東南亞食物向來以多樣化食材的咖哩醬和大量辣味菜聞名。關於醬燒豬肉（adobo）這個字有個提示，是從西班牙文「adobar」延伸而來，意思是醃漬。或許是受到這個單字的影響而啟發了這道菜的靈感，又或者是當他們看見這道菜的料理過程，才挪用了這個單字。不管怎麼說，已經成了家喻戶曉的料理名稱，每個家庭都懂得如何燒這道菜。傳統上要選取豬腹（五花肉）和肩胛（梅花肉）部位，

以醋、醬油、蒜、薑、月桂葉和黑胡椒醃製，然後再用小火悶燒。這道菜得和鬆軟的米飯搭著一塊吃，最棒的地點就是在家裡，因為這是每個菲律賓人最自豪的家常菜。要想吃到最棒的醬燒豬肉，你得找機會到菲律賓友人家中作客。如果這個計畫行不通，馬尼拉任何一間餐廳都有供應還不錯的口味。

上哪吃？ Aristocrat Restaurant，地址：432 San Andreas St, Malate, Manila。

231

人潮聚集的盛宴：
衣索匹亞香料雞配酸餅

衣索匹亞（ETHIOPIA）// 在衣索匹亞吃飯是件公共行為，因此請捨棄任何私人空間的想法。當你吃飯時看看四周，會發現人們會互相餵食，這是一項當地稱為 gursha 的習俗，是一種愛與友誼的象徵。如果這種吃飯方式還無法讓你感受到溫暖和舒心，別急，等你試了就知道。

當地最知名的國菜就是被稱作 injera 的海綿狀酸餅。比起其他的發酵餅，更像是多孔的煎餅，不論你點任何菜，都會跟著一起端上來，尤其搭配衣索匹亞香料雞（doro wat）或醬燒辣雞一起食用，更是美味。國際推崇的衣索匹亞香料雞，是用一種 berbere 辣醬——混合辣椒、蒜、薑、羅勒、黑豆蔻（korarima）、芸香、印度藏茴香、黑種草和葫蘆巴——與雞肉、水煮蛋、洋蔥攪拌燜煮的重口味料理。用右手撕開一小片酸餅蘸取一些香料雞醬汁，然後放進你（或是坐在身旁的人）嘴裡，這可是加速友誼的第一步。

🐾 **上哪吃？** Kategma 是吃衣索匹亞香料雞的地方：首都阿迪斯阿貝巴（Addis Ababa）共有三間餐廳，其中一間位於 Cameroon St。

231

231

© Lonely Planet / Philip Lee Harvey

© dbimages / Alamy Stock Photo

232

在高空航行中顛覆你的「美」食印象

全球（GLOBAL）// 我們都知道抱怨飛機餐是例行公事，但是最近，長途航線的航空公司展開了激烈的競爭，藉由聘請知名主廚設計全新菜單、採買新鮮食材、構思搭乘旅客的當地料理來吸引飛行常客。澳洲航空與知名主廚尼爾·佩里（Neil Perry）合作推出了例如加了蠔油的中式風格蟹肉蛋捲，以及 XO 蝦醬麵和蝦醬白菜。所以，別再發牢騷了！

上哪吃？ 飛行高度和艙壓會影響你的味蕾，但是經過科學化設計的飛機餐可以彌補這個困擾。

233

麵包奶酪：北極圈的飯後甜點

芬 蘭（FINLAND）// 拉 普 蘭（Lapland）荒野光是位於遙遠的亞北極區還不夠奇特，一年中某些月份還會出現永夜現象。某個人在你面前端出一盤像是三角形吐司的食物，上頭還流著波浪起伏的汁液，然後對著你說「nauttia jälkiruokasta」，在芬蘭語中是「好好享用你的甜點」。甜點指的就是麵包奶酪（leipäjuusto），一種帶有溫和吐司香味的烤乳酪，傳統吃法是搭配雲莓果醬。

上 哪 吃？ Santa's Salmon Place 餐廳的拉普蘭式麵包奶酪。地址：Santa Claus Village, Tähtikuja 96930, Rovaniemi。

234

嘈雜夜市裡的美味棺材板

台灣（TAIWAN）// 台北士林夜市是一個你希望能嘗遍所有路邊攤的展示區。在做出任何倉促的決定之前，要先適應食物的色香味、擁擠的人潮和所有攤販的叫賣聲，而且你也不可能全部吃完。展開進攻之際，有樣小吃是絕不能錯過的：一片油炸的厚吐司，從中間剖開塞滿奶油雞肉、海鮮、動物內臟或磨菇，上方再覆蓋另一片油炸厚吐司。

上哪吃？ 到士林夜市的地下室美食區尋找棺材板攤位。地址：台北市士林區基河路 101 號。

233

© Hellapoliisi Oy/Hellapoliisi.fi

237

© Getty Images / Seagull_l

237

© Lonely Planet / Philip Lee Harvey

235　236　237

夏日風情畫&
青醬蔬菜濃湯
等於完美

法國（FRANCE）// 坐面對薰衣草花田的戶外，感受陣陣涼風襲來，再啜飲一杯清爽的玫瑰花茶，當你發覺自己正在法國南部普羅旺斯（Provence）的蔚藍天空下，喝著一碗新鮮的蔬菜濃湯，真的會誤以為自己又突然掉進老梗的幻想中。最佳品湯季節是在盛夏，此為蔬菜最豐收的時期，青醬蔬菜濃湯（soupe au pistou）的主要成份是大蒜和羅勒，將其搗碎成青醬一般，以增添蔬菜的活力風味。多完美的一幅景致！

🍴 **上哪吃？** 法國東南部靠近普羅旺斯的瓦爾雷亞鎮 Near the town of Valréas in Provence。

維德角豐盛的
雜燴火鍋

維德角共合國（CAPE VERDE）// 直到1970年代前，位於非洲西海岸的維德角群島都還是葡萄牙的殖民地，當地的住民維德角人皆為混血後裔，這似乎也呼應了雜燴火鍋（cachupa）的菜名。他們這道國菜也同樣是吸引人的組合——hominy（浸泡在菜姆水中的玉米粒）、西班牙臘腸、豬肉、青豆和其他許多神祕食材加在一起燜煮，直到軟熟入味。據傳，群島上的每個島嶼都有自己的獨門配方，但不論你去至哪一處，招待的都是極品。

🍴 **上哪吃？** 雜燴火鍋是道充滿愛的料理，因此自家出品才能顯現出價值。

為何
哈莉娜蔬菜湯
是空腹者的恩賜

摩洛哥（MOROCCO）// 你能想像在禁食一天後，嚐到哈莉娜蔬菜湯（harira）這道傳統齋戒月食物，滋味有多麼的美妙嗎？將扁豆、鷹嘴豆、義式細麵、番茄、洋蔥、香菜、辣椒和肉塊（通常是羊肉）結合，呈現出這道豐盛又香濃的湯品。齋月期間通常會供應 chebakia（蜂蜜和芝麻做成的點心），而哈莉娜蔬菜湯在馬格里布（Maghreb）全區都十分受歡迎。可能因為是摩洛哥人心中的最愛（也是國際性湯品），因此非齋戒月期間也能品嚐得到。

🍴 **上哪吃？** 摩洛哥境內大城小鎮的咖啡館，都能點到一碗熱騰騰的哈莉娜蔬菜湯。

238

238

238

238

在蔚藍海岸品嚐 心滿意足的尼斯沙拉

法國（FRANCE）// 正如許多菜餚都在擷取世界廚藝的想像力，一道料理的原始食材也可以做出改變，法國蔚藍海岸尼斯市（Nice）的尼斯沙拉（salad niçoise），正是箇中代表。這些年來，它使用的食材已經包含馬鈴薯、四季豆，甚至還有米飯和雞肉，如今就連法國的烹飪專家，也不會再堅持使用原始食材。理由或許是因為這道季節性沙拉，最初是為了那些清晨捕魚返家餓肚子的漁民所供應。然而，最主要被接受的原因是：這道讓人心滿意足的料理包含雞蛋、鮪魚、鯷魚、番茄、生菜、橄欖和洋蔥。當你在尼斯天使灣（Baie des Anges）的露天餐廳用餐，享受地中海吹來的和風時，還會注意到餐盤上少了馬鈴薯嗎？我們可不這麼認為。

🍴 **上哪吃？** 充滿地中海風情的露天餐廳 Brasserie La Rotonde，位於 Negresco 飯店內，地址：37 Promenade des Anglais, Nice。

239

239

239

法國阿爾卑斯的
高山美食：
焗烤起司馬鈴薯

法國（FRANCE）// 讓厚實和具滿足感的焗烤起司馬鈴薯（tartiflette），成為薩瓦省（Savoie）出發的阿爾卑斯山一日健行完美結局。這道料理始於一個簡單的馬鈴薯焗烤，添加當地半軟、洗皮過、由生牛奶製成的陳年洞穴瑞布羅申起司（Reblochon）之後，將其美味提升到了一個新的高度。這種起司也會長時間儲存在農家的地窖中，堅果風味和馬鈴薯、洋蔥、臘肉塊形成絕配，能做出非吃不可的料理。幾乎在所有的山頂餐廳和薩瓦區阿爾卑斯山的滑雪場，都有供應這道美食，通常會搭配生菜沙拉、冷肉拼盤和醃黃瓜。法國人會告訴你和起司馬鈴薯焗烤最搭的，其實是一杯爽脆的薩瓦乾白酒。我們哪裡有資格和他們爭辯？

🡆 **上哪吃？** Lo Sonails 餐廳，地址：Rue d'en Bas, Albiez-Montrond。

240

來點牛奶焦糖醬：
烏拉圭贏得世界盃的
得分關鍵

烏拉圭（URAGUAY）// 2014 年，烏拉圭足球隊隊員在世界盃比賽開始之前，遭到巴西海關沒收他們所攜帶的大批牛奶焦糖醬（dulce de leche）。根據海關人員聲稱，焦糖醬被沒收是因為裡面的牛奶成份，但是隊員們認為他們被剝奪了爭得冠軍的祕密武器。最終在分組淘汰的階段，烏拉圭隊輸掉了和哥倫比亞隊的比賽。遭到出局。不論你是否相信牛奶焦糖醬的神奇力量，它是烏拉圭人的國民食品，不管在超市、咖啡館、街頭小吃攤和高級餐廳都隨處可見，最棒的吃法就是塗抹在吐司或是鬆餅上。

🡆 **上哪吃？** 隨時、隨地、隨心所欲的吃吧！

241

參加鄉間小鎮園遊會
品嚐澳洲最棒的軍團餅乾

澳洲（AUSTRALIA）// 澳洲鄉間小鎮的週末早上，陽光普照大地，空氣中繚繞著喜鵲的歌聲。主要街道上擺滿攤販，全家人一個接一個地排著隊。鄉間集市和市場通常會主持發表一樣當地特產，像是維多利亞區（Victoria）區拉瑟格倫（Rutherglen）的橡木桶酒莊。然而這裡有一個堅持不變的特產：由當地鄉村婦女協會擺設的攤位，賣的是蛋糕、果醬和 Anzac 軍團餅乾。這種硬質餅乾經常讓人聯想起 4 月的 Anzac 軍團日——第一次世界大戰時期，澳洲和紐西蘭聯合軍團登岸進攻的紀念日——當時婦女們會製作盒裝餅乾送去給前線的士兵。軍團餅乾製作十分簡單：燕麥、麵粉、糖、椰子、牛油和糖漿，但任何一場鄉間園遊會，如果沒有嚐一口軍團餅乾，就稱不上完美。

🐾 **上哪吃？** 維多利亞區的曼斯菲爾德（Mansfield）鄉村婦女協會，每個月擺攤的糕點攤位。

© Shutterstock / AS Food Studio

241

242

© StockFood / Dobránska, Renata

242

在小酒館找個位子
深切感受匈牙利人
對甘藍菜肉捲的愛

匈牙利（HUNGARY）// 匈牙利人十分自豪他們的甘藍菜肉捲（töltött káposzta），有句俗諺說：「肉和甘藍菜是匈牙利的象徵。」這二樣自謙的要素經歷了世代傳承，對它們的愛卻只有與日俱增，幾乎每一位家庭主婦都有這道菜的自家配方，同時也出現在全國餐館的菜單上。這道料理的共通點就是碎絞肉（豬肉和牛肉最受歡迎）、酸菜、甘藍菜和紅椒粉，有些肉捲會加入米飯、洋蔥、雞蛋、醃製蔬菜甚至是燻肉丁，大多數是用番茄醬調味、上頭添加酸奶油。不論是何種形式變化，都會是匈牙利人幾世紀以來美味、令人心滿意足和振奮的佳餚。

🐾 **上哪吃？** 到我們喜歡在傳統小酒館 Csarnok Vendéglő 大啖甘藍菜肉捲，地址：Hold utca 11,Budapest。

243 244 245

感謝俄羅斯紅星讓人身心溫暖的羅宋湯

俄 羅 斯（RUSSIA）// 儘管羅宋湯（borscht）被視為一道俄羅斯料理，源頭卻能回溯到東歐附近，和斯拉夫語一樣擁有許多種類。普遍特徵就是寶石紅色澤，來自這道湯的主要材料——甜菜。這道豐盛湯品適合在寒冬品嚐，讓它的濃郁和熱情（有人說除非能讓湯匙直立在碗內，否則都算不夠濃稠）幫助你抵擋室外的嚴寒冬雪。

🐟 **上哪吃？** 美食網站 Travelling foodies 推薦在莫斯科具歷史性的 Metropol 飯店享用，地址：Teatral'nyy Proyezd, 2。

要製作肉丸的話就交給印尼吧

印尼（INDONESIA）// 你會發現整個東南亞的人都在吃肉丸湯，牛肉丸（bakso）是印尼最受歡迎的街頭小吃之一。在餐廳、街頭小吃攤和路邊攤車都有得買，保證讓你上癮。標準做法是在肉汁湯麵上擺滿結實卻又鬆軟的牛肉丸，隨著各地區的不同做法，有炸丸子、魚丸、蛋丸、超大丸子和立方型肉丸，簡直就是人口一丸。

🐟 **上哪吃？** Bakso Titoti 餐館是雅加達肉丸愛好者的首選，地址：Jln Honggowongso 42, Solo 57141。

與蒸餃一同展開中亞美食探險之旅

吉爾吉斯共和國（KYRGYZSTAN）// 沒人知道蒸餃（manti）真正的起源地，只知道中亞地區的騎士／女騎士當成長途旅程的食糧，就是這種包著絞肉的圓型麵糰，而史詩事跡讓這道料理廣為流傳。中國、俄羅斯甚至土耳其都可見到類似的餃子，但在中亞地區 manti 則是主食。為了吸取內餡裡的肉汁，吃的時候必須有技巧地一口吃掉。

🐟 **上哪吃？** 在首都比什凱克（Bishkek）的 Chaikhana Navat 餐廳享受味道最棒、份量最大的蒸餃，地址：114/1 Kievskaya, Kyrgyzstan。

© Lonely Planet / Matt Munro

© Lonely Planet / Philip Lee Harvey

© Lonely Planet / Mark Read

247

© Getty Images / Alan Keohane

246

247

在雅典吃肉醬茄子千層派
如同家中的一份子

希臘（GREECE）// 希臘肉醬茄子千層派（moussaka）是一道
傳統的舒心料理，也會是你在某人家中吃過最棒的食物之
一，通常以祖傳食譜料理而成，所以如果夠幸運受邀至希
臘友人家作客，請務必品嚐一次。然而在雅典（Athens）也
有許多居家風味的希臘肉醬茄子千層派餐廳可供選擇，其
中最具正統風味有二家：God's Restaurant 鄰近衛城博物館
（Acropolis Museum），它的 moussaka 是搭配馬鈴薯和小黃瓜
片；另一家則是位於衛城北方的 Aleka's Taverna，可以坐在
室外欣賞熙來攘往的人群。不論選擇哪一間，都能吃到用
清爽的奶油白醬、數片炭烤茄子和大量番茄為基底的羊絞
肉醬做成的希臘肉醬茄子千層派。

☞ 上哪吃？ God's Restaurant，地址：Makryianni 23；Aleka's
Taverna，地址：Thrasivoulou 2; both in Greece's major metropolis,
Athens。

在馬拉喀什市場
來塊鴿肉酥皮餡餅

摩洛哥（MOROCCO）// 將鹹和甜二種味道完美結合的驚
喜，正是摩洛哥這道鴿肉酥皮餡餅（pigeon pastille）讓人無法
抗拒的原因，也成為主餐前小巧又愉悅的開胃前菜，或是
在造訪馬拉喀什德吉瑪廣場（Djemaa El Fna）時的理想午後點
心。傳統上，鴿肉酥皮餡餅是道節慶點心，通常出現在婚
禮或是生日宴會這一類的特殊場合，然而如今在全國各地
的烘培店都隨處可見，幾乎所有餐廳的菜單上都有這道傳
統佳餚。將碎鴿肉、雞蛋、烘烤過的杏仁、肉桂和糖仔細
混合攪拌，然後將飽滿的餡料裹進如紙般薄的 warqa 餅皮
內，最後再灑上糖霜。

☞ 上哪吃？ 請來 pepe nero 餐廳的花園品嚐這道美味，地
址：17 derb Cherkaoui, Douar Graoua, Marrakech。

248

248

「吸」取西班牙歷史「精華」

西班牙（SPAIN）// 有句西班牙諺語說：「西班牙冷湯（gazpacho）永遠都不夠。」意思就是好東西永遠都不嫌多。午後在安達盧西亞（Andalucian）海濱的小吃吧（chiringuito），或是在傳統的市區餐廳來碗夏日蔬菜冷湯，是一件多麼美妙的事。混合了羅馬人、摩爾人（Moorish）、鄂圖曼人（Ottoman）的作法，此種形式的冷湯在西班牙已經流傳超過千年。

🕊 **上哪吃？** 參加安達盧西亞區 Alfarnatejo 村 8 月舉辦的冷湯節（Gazpacho Festival）。

249

在猶加敦盡情享受燒烤

墨西哥（MEXICO）// 墨西哥的猶加敦（Yucatán）半島向來習慣進口西班牙的烤乳豬（lechón al horno），而這道菜是當地多元美食的基準。不論你是沉浸在華拉杜列（Valladolid）的殖民地建築，或是有著柔和粉彩的梅里達（Mérida），都能吃到當地夾在墨西哥三明治（torta）或是法式麵包裡面的煙燻豬肉，再配上米飯和青豆。當然！少不了 taco 玉米餅，這可是最美味的選擇。

🕊 **上哪吃？** 前往位於梅里達的 Mercado Municipal Lucas de Gálvez，享用烤乳豬三明治（torta de lechón）。

250

辛巴威超級美食沙丁魚

辛巴威（ZIMBABWE）// 體型嬌小的新鮮沙丁魚可以直接烹煮或是曬乾，在風乾的過程中會提升沙丁魚乾（kapenta）的蛋白質和卡路里，同時也能夠直接存放不需冷藏。做為辛巴威的主要漁產品，傳統吃法是將沙丁魚下鍋和辣椒、洋蔥一起油煎翻炒，然後用手舀起一球玉米粥（sadza）配著吃。在這裡，沙丁魚乾是最營養的重口味零食。

🕊 **上哪吃？** The luxurious Meikles Hotel，地點：on the corner 3rd St/Jason Moyo Ave, Harare。

251

251

251

將貓耳麵放入你的普利亞風景畫

義大利（ITALY）// 位於義大利半島的靴跟位置，陽光普照的普利亞區（Puglia）是一座面向亞德里亞海、放眼皆為雪白屋舍的美麗城鎮，有著數百年歷史的農田和令人讚嘆的地中海海岸線景觀。在此地用餐是一種難得的體驗，當中最特別的料理要屬普利亞最具代表性的義大利麵──orecchiette，又稱「貓耳麵」。儘管只是用 3 種便宜的材料做成（小麥麵粉、水和鹽；雞蛋在以前是奢侈品，大部份的人都用不起），跟其他義大利麵不同的地方在於口感較為厚實，並和新鮮的 cime di rapa（類似蕪菁的綠甘藍花菜）以及大量的橄欖油一起搭配，再撒上羊奶起司粉（Pecorino Romano），就成了一道當地最棒的時令美食。再加上中世紀奧斯圖尼鎮（Ostuni）山頂小餐館的地中海風情，在橄欖樹蔭下手持一杯 Primivtivo 葡萄酒，便擁有了最獨特的義式佳餚回憶。

🍴 **上哪吃？** 普利亞區奧斯圖尼鎮上的古典小酒館 At the classic Taverna della Gelosia，地址：26 Vicolo Tommaso Andriola, Ostuni, Puglia。

252

貝魯特最佳夜生活拍檔：炭烤雞肉串

黎巴嫩（LEBANON）// 某些餐廳會供應 shish tawook 炭烤雞肉串（又稱 shish taouk），搭配的不是麵包，而是米飯和醃漬蔬菜，但是價位有些昂貴。要體驗這個國家美味小吃的最好方式，就是在夏日夜晚到貝魯特的街道上大塊朵頤一番，不論是待在酒吧、或是從海邊派對回程的路上，烤肉串都是抵擋宿醉和醞釀下一攤派對體力的最佳武器。儘管黎巴嫩的餐廳已被認為具有創新性與高品味，但 shish tawook 這種雜亂無章的蒜味炭烤雞肉串，卻能燃起美食饕客到速食粉絲的一致熱情。雖然調味和香料上的使用上變化不大，但總的用來講，烤肉串是用檸檬汁、大蒜、優格、番茄膏、胡椒和用鹽醃好的雞塊烤製而成，再加上大量的蒜味醬和新鮮番茄、酸黃瓜以及薯條，全部包入皮塔餅內。不過如果你打算交些新朋友，還是建議先把大蒜拿掉吧！

☞ **上哪吃？** Tabliyit Massaad 餐廳，在貝魯特共有 7 家分店，其中一家在 Gouraud St, Gemmayze, Beirut。

252

252

© Shutterstock / ValerioMei

© Art of Food / Alamy Stock Photo

© Getty Images / ramzihachicho

253

在孟買品嚐柔嫩入口的羊肉香料飯

印度（INDIA）// 幾世紀前若要做出上等的羊肉料理（raan），就得想辦法讓堅硬的肉質部位變得更美味且口感柔軟滑嫩。為了達到這個目標，游牧民族的廚師首先將肉浸泡醃製，接著再加入層層米飯和綜合香料馬薩拉（masala）之前將肉煎熟。整道菜需要長時間烹煮，以完成鮮嫩多汁、讓人垂涎三尺的美味。當代的大廚嘗試選用羊腿肉來確保柔嫩度，而最常見的香料飯（biryani）做法則依舊維持原樣，其美味祕訣通常是每個家裡的不傳之祕。最好有心理準備，你永遠不會知道醃肉醬汁該放入哪種香料，或是在烘烤羊肉時得塗抹多少酥油，只需要著專心享受這入口片刻的溫柔。

🍴 上哪吃？創始於 1970 年、位於 Mohammad Ali Rd 的 Shalimar，在孟買已經成為極品羊肉香料飯的代名詞。

254

完美永恆的巧克力點心就在肖貝爾咖啡館

瑞士（SWITZERLAND）// 走進蘇黎世（Zurich）舊城區的肖貝爾咖啡館（Café Schober）就像是踏進一座維多利亞別墅，甚至感覺像是在 7 月裡的耶誕節──一閃一閃的彩燈、紅色天鵝絨靠墊和金色的冠頂飾條。在此點上一片奧地利蘋果派（apfelstrudel），或是叫做咕咕霍夫（gugelhupf）的厚實酵母蛋糕，二者都是這裡的招牌點心，但是千萬別錯過熱巧克力。正如你所料想的，瑞士人一年平均消費 25 磅重的巧克力，你可以在此吃到全中歐數一數二的巧克力，滑膩且入口即化的巧克力片配上不加糖的鮮奶油。肖貝爾咖啡館 19 世紀末起便座落於此，世世代代的蘇黎世人都會記住這兒有最棒的童年點心。你也一樣會記住的。

🍴 上哪吃？在冬日造訪此地會有現場演奏和耶誕裝飾，但是會需要排隊候位。地址：Napfgasse 4, Zurich。

255

啜飲
加泰隆尼亞
燉魚湯

西班牙（SPAIN）// 位於地中海岸的加泰隆尼亞有許多魚類料理，數百年來傳統廚藝——燉魚湯（suquet de peix）——成就一道完美佳餚，由蔬菜、各種魚類和海鮮所組成。畫龍點睛的則是碎醬（picada）——加泰隆尼亞獨有的綜合醬汁，由堅果和麵包（傳統上用乾硬麵包）組成，再以橄欖油煎炒之後搗碎成醬汁，在出菜前添加。

🔊 **上哪吃？** 巴塞隆納的 La Taverneta 餐廳是享用這道加泰隆尼亞經典料理的最佳地點，位於 Francesc Pujols 3。

256

美國東岸大啖
啤酒和
清蒸螃蟹

美國（USA）// 馬里蘭州大量的美味青蟹（blue crabs）在 4 月到 11 月會移往乞沙比克灣（Chesapeake Bay），常以清蒸方式烹調，再以紅椒粉調味。雖然挑出蟹肉是件苦差事，倒上一瓶 Natty Boh 冰啤酒（出自 National Bohemian Beer，瓶身有巴爾的摩釀造標誌）邊和朋友聊天，也別有一番趣味。千萬別忽略「蟹黃」，據說這是最美味的部位。

🔊 **上哪吃？** Annapolis 外圍的 Cantler's Riverside Inn 是馬里蘭州最棒的吃蟹地點之一，地址：458 Forest Beach Rd。

257

與肚子裡的
古巴燉牛肉
一起漫步哈瓦那

古巴（CUBA）// 如果有一項舒心食物讓古巴人一心嚮往，那一定是燉碎牛肉（ropa vieja，有時候會用羊肉）。這道菜重點在於薄切牛肉片、番茄、切絲青椒和焦糖洋蔥，通常會搭配黑豆、黃米飯、芭蕉，甚至炸木薯片。穿過哈瓦那舊城街道，享用完這道古巴人熱情款待的料理，偶爾停下腳步來上一、二杯清爽的 mojito 雞尾酒。

🔊 **上哪吃？** 請到 Havana's Dona Eutemia 享用，你還會順便知道為何料理要取名為「舊衣服」（ropa vieja）。地址：Callejón del Chorro No 60c。

256

在牙買加吃
傳統咖哩山羊肉

牙買加（JAMAICA）// 如果你在牙買加停留期間，始終混不到一張家庭派對的邀請函，那麼只能在靠近牙買加南部海岸瑰寶沙灘（Treasure Beach）海灣的路邊攤，點上一碗咖哩山羊肉（curried goat）。享受火辣、大口吃肉、一罐冰啤酒再加上欣賞熙來攘往的人群，是渡過一個下午的絕佳方式。咖哩山羊肉在此地是為特殊場合準備的料理，從生日會到婚禮、團聚到純享樂派對都會用這道菜來慶祝。做法是使用大量的蘇格蘭帽椒，慢火燉肉直到肉質柔軟香味四溢。山羊肉比羊肉的脂肪要少，腥羶味與烘烤過的咖哩香料完美結合，再搭配烤好的麵包果一起享用。

📣 **上哪吃？** 試試 Billy's Bay 的 Strikie-T's 小屋，主廚 Chris Bennett 會端出季節性的當地料理，例如獨門配方的咖哩山羊肉，稱得上是瑰寶沙攤上最棒的美食景色之一。

© Daniel Di Paolo

258

259

馬其頓披薩：
一塊好吃到
每年都會慶祝的派

馬其頓共合國（MACEDONIA）// 每年什蒂普城（Štip）都會舉辦最愛的馬其頓披薩節（pastrmajlija）。任何一種能開啟歡樂派對的食物，絕對好吃無誤，就如同這道烘烤的西式派餅。pastrmajlija 的名稱源自於 pastrma 一詞，意思是鹹臘肉（一般指羊肉，但有時也會使用豬肉），作法是在派皮上鋪滿鹹肉丁、加上幾顆蛋放進爐內烘烤，最後搭配香辣的泡椒。許多餐廳，特別是在首都斯科普里（Skopje），已經在披薩配料上做出大膽的改變，但是正宗的馬其頓披薩還是最棒的：物美價廉、闔家共享。

📣 **上哪吃？** 每年 9 月在什蒂普舉辦的披薩節，或是 Pastrmajlija & Grill House 餐廳，地址：Jane Sandanski, 1000,Skopje。

© Shutterstock / outkast85

© Getty Images / bonchan

260

用百里香芝麻薄餅
開啟貝魯特
傳統早餐之旅

黎巴嫩（LEBANON）// 沒有任何事比提醒你早餐時間走在貝魯特的街道上、手握一塊剛烤好的百里香芝麻薄餅（manoushe）來得更為重要，用烤好的香脆薄餅讓牛至的濃郁香氣以及百里香、馬郁草和鹽膚木喚醒你的活力，也是這個城市最具代表性的早餐。當地人聚集在他們最喜歡的烘焙屋——fern——閒聊明星八卦或是談論時事，趁著上班之前邊吃邊聊。城裡的 fern 隨處可見，有許多間是由同家族世代經營，都有各自閉門不外傳的獨門配方。千萬別拖太晚才去吃 manoushe 薄餅，大多數店家在午餐後就關火休息了。

🔊 **上哪吃？** 漫步在貝魯特的街道，然後聞香找到屬於你的 fern 店家。

260

© Getty Images / Eliane29

261

261

在餐盤上扒一口
用新加坡香蘭葉盛裝的
椰漿飯

新加坡（SINGAPORE）// 獅城（Lion City）向來以高效率自豪，跳上大眾捷運系統就可以快速抵達島內所有區域。地鐵也能帶你去各種地方，例如到濱海灣金沙酒店（Marina Bay Sands）的無邊際泳池玩水、草木蒼翠的新加坡植物園、殖民區的國家美術館，或是去小印度區、中國城和阿拉伯街。此外，當你遊覽完感到飢腸轆轆時，地鐵會帶你去某個地方吃一盤 nasi lemak——在全新加坡都受到歡迎的馬來西亞椰漿飯。如果你還要趕搭其他地鐵，可以選擇用香蘭葉包裹住米飯的外帶餐，既有效率又展現多元文化風味，正如同新加坡本身。

🔊 **上哪吃？** 你可以在 Changi Village 周邊的小攤位上找到美味的椰漿飯，除了 Changi Village Rd，還有很多地方也吃得到。

262

絕美海景與街頭小吃：利佛諾的鷹嘴豆薄餅

義大利（ITALY） // 位於利佛諾區（Livorno）熱鬧繁華的托斯卡尼港（Tuscan port），在混合式的建築風格和連接貨倉與港口的運河網下，展現多樣化的古城風情。走過運河邊的 Terrazza Mascagni 觀景台，記得停下腳步體驗最受歡迎街頭小吃——鷹嘴豆薄餅（torta di ceci），由大型圓爐高溫煎烤而成，傳統上會把酥脆的薄餅切成數塊，配上麵包一起享用。

👉 **上哪吃？**沿著利佛諾區運河邊觀景台的街頭攤販，就可以找到。

263

飽覽卡帕多奇亞陶罐燒肉的色香味

土耳其（TURKEY） // 土耳其中部卡帕多奇亞（Cappadocia）的 testi kebap（陶罐料理），擁有讓你一看到就觸動味蕾的自信。在密閉的陶土罐內烹煮熱騰騰的燉肉，有些做法燉肉上頭還有爆漿的麵糰，但是所有陶罐最後都會被撬開、露出內部美味的料理，感覺就像是撞見當地最出名的精靈煙囪（fairy chimmeys）料理版，讓人有突如其來的驚喜。

👉 **上哪吃？**使用自製醬汁的 Sofra restaurant 是最棒的正宗陶罐料理店，地址：Atatürk Cd, Avanos/Nev ehir。

264

用翻炒打拋肉餵飽泰國人

泰國（THAILAND） // 為何打拋肉（pad ka pao）在曼谷和其他地區都是最受歡迎街頭料理？想像一下：小販被籠罩在香味四溢的煙霧中，將碎雞肉或碎豬肉和辣椒、青豆一起丟進熱鍋裡翻炒，再加入一大把聖羅勒（holy basil，東南亞很普遍的香草）讓肉質散發香氣，簡單菜色瞬間昇華成美味料理。配上蛋炒飯一起吃，簡直就是所向披靡！

👉 **上哪吃？**在泰國任何地方都可發現打拋肉，是隨處可見的街頭料理！

© Shutterstock / franz12

266

265

開懷大吃
水煮小螯蝦

美 國（USA）// 在 路 易 斯 安 那 州
（Louisiana）的凱真區（Cajun），水煮小
螯蝦（crawfish boil）是件大事。朋友、鄰
居，上至祖母下至堂兄弟的外孫女，
全都會聚集在自家後院喝著啤酒、吃
著一大鍋水煮小螯蝦。這些看上去和
小龍蝦相似的淡水甲殼動物，大量棲
息在路易斯安那州的泥地河口，當地
居民經過水煮和調味後，就用報紙鋪
蓋在野餐桌上。傳統上會搭配玉米、
馬鈴薯和（更多的）啤酒一起吃。

◀━ **上哪吃？** 小螯蝦產季從冬天到來
年春天，所以此時前往河口區交些凱
真族朋友準沒錯。

266

動手做道
油炸蠶豆泥餅

埃 及（EGYPT）// 每個人都知道炸豆泥
餅（falafel）是用鷹嘴豆做的，但在埃及
可不是！當地人稱為 ta'amiya 的炸豆泥
餅是用蠶豆（一種扁平綠色寬豆，世上
最古老的農作物之一）所做成的。正因
為如此，埃及的炸豆泥餅要比油炸鷹嘴
豆泥餅來得更為清爽、鬆軟，外部豆莢
分布著芝麻斑點，內側則是帶有藥草性
質的豆仁。埃及人宣稱是他們發明了
falafel，不過當你吃到如此美味的豆餅
時，誰是創始人已經不重要了。

◀━ **上哪吃？** Mohammed Ahmed 餐廳
有加入各式配料的熱騰騰豆泥餅，地
址：17 Sharia Shakor Pasha, Alexandria。

267

香酥豬皮：古巴
回鍋肉的美味

古 巴（CUBA）// 走在哈瓦那的街道
上，古巴人的炸豬皮（chicharrones）就
像洋芋片一樣流行。在世界其他地區
較為人所知的名稱是香酥豬皮，基本
材料是豬皮、油脂和一些豬腹的肉，
再用豬油高溫油炸。是的，就是用豬
油炸豬皮——你有什麼意見嗎？酥
脆、蓬鬆的炸豬皮，以及變得更香更
有嚼勁的肉質，再撒上一些胡椒鹽就
能嚐到世上最棒的零嘴。

◀━ **上哪吃？** 在古巴市區的零食店和
街頭攤位都可以買到香酥豬皮。

268

268

不管在餐廳還是路邊攤
馬來西亞的牛肉仁當都能辣翻舌尖

馬來西亞（MALAYSIA）// 牛肉仁當（beef rendang）毫無疑問地是咖哩菜系之王，也是一道需要數小時準備才能帶出柔嫩肉質和椰奶風味的料理，源自於印尼，但如今在馬來西亞和新加坡廣為流行。馬來西亞最特別的吃法是在路邊攤，用像竹筒般的食器放在小型炭爐上燒烤，這種中空竹筒內部盛裝的是用椰奶烹煮的糯米飯（lemang）。當你點這道菜，老闆會將竹筒飯放置在餐盤或是香蕉葉上，並且舀一大匙仁當放在旁邊，二者色香味的結合非常出色。如果之後想要體驗更深一層的仁當美味，在全馬來西亞的餐廳、小吃店和路邊攤都有供應──幾乎人人都愛這道香辣刺激的咖哩，以及入口即化的牛肉（除了不吃牛的印度人之外），聽起來就是無論選擇在哪裡吃，都是一道人間美味。

🍴 **上哪吃？** 路邊臨時擺設的 BBQ 攤位，通常會在馬來西亞市區大馬路的停靠站。

269

品嚐維也納炸牛排，體驗真正的奧地利

奧地利（AUSTRIA） // 維也納炸牛排（Wiener schnitzel）是享譽全球、遍地綻放、並且在全世界的奧地利或德國式主題餐廳菜單上都會出現的一道菜。但是當你有機會體驗當地正宗做法，又何須屈於二手詮釋。在維也納（Vienna），集眾家所長的 Am Nordpol 3 餐廳堅持傳統做法——超過半數的菜品都使用裹粉小牛排、以蔬菜油低溫油炸，配上檸檬片和綜合生菜沙拉。不帶任何花俏的招數，純粹正統老派炸牛排。如果你喜歡更高檔的餐廳，Skopik & Lohn 會帶給你一場美食饗宴，店內的純白色桌巾，搭配一旁蒔蘿優格醬汁的小黃瓜沙拉或是經典薯泥沙拉。在其它地方，事實上在維也納的任何一間餐廳，都會聲稱自己有最棒的維也納炸牛排，餐後還會送上杜松子酒——維也納人認為能夠去油助消化，同時喝起來也十分香醇。

🍴 **上哪吃？** Am Nordpol 3，地址：Nordwestbahnstrasse 17, 1020 Wien；Skopik & Lohn，地址：Leopoldsgasse 17, 1020 Wien。兩家都在維也納。

© Shutterstock / Jorg Hackemann

© StockFood / Schardt, Wolfgang

270

深入人心的麵衣：
日本完美天婦羅

日本（JAPAN）// 日本與天婦羅的邂逅始於 16 世紀，當時位於東京總部的葡萄牙商人被看見在大齋禁肉期間吃著油炸青豆，稱之為 tempora。從此，日本人開始忙著將這種簡單料理完美進化，從一開始的海鮮和香菇天婦羅，演變成幾乎所有食物都拿去裹粉油炸。製作完美天婦羅的祕訣在於薄如蟬翼的麵衣，能讓咬下的每一口都香鬆酥脆。觀看日本師傅製作天婦羅，就像見證一場廚藝秀。

上哪吃？到京都的 kawatatsu 天婦羅料理店，每張桌子前面都有一位師傅為你服務。地址：65 Kuzekawaharacho, Minami-Ku, Kyoto。

271 272 273

前往拉巴斯攀上
藜麥燉鍋的高峰

玻利維亞（BOLIVIA）// 你期待世界最高的首都拉巴斯（La Paz）為你準備一場精緻餐飲，由世界知名的 Noma 餐廳大廚 Claus Meyer 所主持的 Gustu 餐廳，絕對不會讓你失望。該點些什麼菜呢？試試一道讓人驚豔的古老玻利維亞主食——藜麥燉鍋（quinoa stew），當中涵蓋了各式蔬菜、蠶豆，當然還有藜麥，再用月桂、香菜、鹽和胡椒調味。主廚 Meyer 自創了一道五星級的美味燉鍋，洋溢著紅茶菌、豆菜和味噌風味。

上哪吃？在 Gustu 吃藜麥會讓你有種耳目一新的感覺。地址：Ave Costanera 10, La Paz。

聖地牙哥蛋糕祭
壇的朝聖之旅

西班牙（SPAIN）// 聖地亞哥德孔波斯特拉（Santiago de Compostela）是最有名的朝聖者之路（Camino de Santiago pilgrimage）終點站，但是在加利西亞城（Galician）還有另一樣值得信奉的事物。以杏仁為基底的聖地牙哥蛋糕（tarta de Santiago）已經流傳了幾世紀，但是直到 100 年前，一家當地的蛋糕店才在上面加入最著名的特色：聖雅各十字花紋象徵——據傳使徒聖雅各依舊長眠於此地的大教堂——上面灑滿白色糖粉。

上哪吃？Mercedes Mora 蛋糕店是蛋糕的心靈歸宿。地址：Rúa do Vilar 46, Santiago de Compostela。

烤肉塔可餅：
黎巴嫩改良的
墨西哥經典

墨西哥（MEXICO）//「牧羊人風格」的烤肉塔可餅（tacos al pastor），是移民者成就國際美食的最佳例證。將 19 世紀由黎巴嫩移民引進墨西哥的羊肉和牛肉沙威瑪（shawarma），改良成如今在垂直旋轉爐上燒烤的豬肉，烤肉串上方通常會放些鳳梨片。把豬肉裹在玉米塔可餅裡，上頭撒些香菜、洋蔥、現榨檸檬汁和幾片烘過的鳳梨。在墨西哥中部幾乎找不到難吃的烤肉塔可餅。

上哪吃？墨西哥城的 El Huequito at Ayuntamiento 21，從 1959 年就開始製作烤肉塔可餅。

272

272

272

欣賞
蘭州拉麵師傅的絕活

中國（CHINA）// 位於中國西北方的蘭州，是手工拉麵匠人的發源地，在此地用餐可以聽到甩打麵糰的聲音，觀看拉麵師傅在廚房長凳上將麵糰推、拉、揉、捏，是種特別的體驗。文字實在很難表達出拉麵師傅在表演這項絕活時的靈巧和認真——他們將麵糰經過無數次的搓揉，來決定麵條的長寬度，這是在當地用餐前眾所期待，帶有一絲表演意味的絕技。最佳吃法是做成牛肉麵，也就是一般所謂的蘭州拉麵，是一道色香味俱全的經典四川料理。

上哪吃？ 受歡迎的牛肉麵館就正如字面所言——大受歡迎——請做好候位的心理準備。前往馬子祿牛肉麵吧！地址：蘭州市大眾巷 86 號。

泰莎·奇羅思

泰莎·奇羅思（Tessa Kiros）是一名成為前十大暢銷旅遊創意烹飪書的倫敦作者，作品包括 *Provence to Pondicherry* 和 *Falling Cloudberries*。

01

亞速爾群島聖·米格爾的雜燴燉煮
這道雜燴燉煮（Cozido）是典型的葡萄牙菜，口味有些重——包括豬耳朵、血腸、豬肚，再用西班牙辣味香腸做為調味——我曾經吃過以火山溫度所烹煮的。不論嚐起來味道如何，都是一道充滿魔力的料理。

02

希臘的西瓜和菲達起司
對我來說是場美妙的夏日記憶。不論是在雅典的屋內陽台或是海灘上品嚐這道美食，都是鹹與甜的絕妙組合。

03

拉普蘭的野生鮭魚
純淨和低溫造就了這道料理，逆流而上的鮭魚有自己的專屬風味。

04

留尼旺島的香草
在靠近馬達加斯加的這座法國殖民小島，種植著非常美麗的香草——就是這種香草味一直停留在我的心中。

05

葡萄牙阿爾加維的沙丁魚
我們很偶然地在這裡遇到沙丁魚節——美味的祕訣在於岩鹽。直接烤了吃，再配上一片美味麵包和香醇的葡萄酒。

275

白玫瑰之家就在會安
僅此一家絕無分號

越南（VIETNAM）// 美味的米紙餃子——白玫瑰（bánh bao vac）——是越南中部城鎮會安（Hoi An）的特產，說法來源有二：其一，據傳這種餃子是用鎮上中央水井的水做成的；其二，這道菜的食譜是由當地一戶人家所收藏。餃子內餡有豬絞肉或蝦仁，米紙餃皮的周邊面積相對來說比較大，看上去就如同白色玫瑰花瓣（也是菜名的由來），搭配油蔥酥和用魚露辣椒調製成的蘸醬。

☞ **上哪吃？** 同名的真正白玫瑰餐廳 White Rose Restaurant，位於會安鎮的觀光區，地址：533 Hai Ba Trung, Cam Pho, Hoi An。

276

小橘子炸飯糰：西西里
閃耀的街頭小吃明星

義大利（ITALY）// 創始於 1834 年，巴勒莫（Palermo）的 Antica Focacceria San Francesco 餐廳是西西里傳統小吃的地標，其中包括這些塞滿餡料的飯糰，裹上麵包屑、放進油鍋炸成閃耀的金黃色，因此取名為「小橘子」（Arancini）。據傳炸飯糰是 10 世紀時傳至當時還是阿拉伯人統治的西西里島，並為飯糰添加閃耀色彩的番紅花。居民會在每年 12 月 13 日（一年中白天最短的日子）聖露西亞節（Santa Lucia）吃炸飯糰，因為 17 世紀時聖露西亞的燭光和雙眼拯救了西西里島免於飢荒迫害。但是你會發現，這個小橘子炸飯糰在任何日子都讓人難以抗拒。

☞ **上哪吃？** 主廚 Guiseppe di Mauro 會在 Antica Focacceria San Francesco 製作小橘子炸飯糰，地址：Via Alessandro Paternostro, 58, Palermo。

277

印度全民休閒運動：
啜飲香料奶茶

印度（**INDIA**）// 在愛茶成癮的印度，幾乎每走一步都能遇見路邊茶攤（chai wallah）的小販向每個過路人叫賣，甚至連最忙碌的勞工都有時間停下腳步，來杯即時印度奶茶（chai）——用煮過的茶葉加上大量的牛奶和糖。憑藉老練的手法，將奶茶從高處往下倒進棉紗濾茶器，再用小玻璃杯或是金屬杯盛裝。各地區和各茶販的配方都不盡相同——新鮮生薑是最普遍的材料，其他還有肉桂、丁香和荳蔻等，某些茶販亦供應茶點——諸如吐司、雞蛋、印度三明治（vada pav）和各式各樣的油炸點心。許多茶販已經在相同的地點擺攤數十年，見證印度各城市的成長與起落。

👈 **上哪吃？** 不論駐足在哪個茶販面前，都可以點杯茶來喝——火車站、水果攤或健行步道的路邊——如此才能決定哪一家是你心目中最棒的。

278

漫步貝倫的大型市場
目標瞄準阿薩伊碗

巴西（**BRAZIL**）// 貝倫（Belém）9 英畝大的 Ver-O-Peso 市場有著國家遺產的地位，不僅僅是因為佔地廣闊，或是擁有 2000 多個五花八門攤位的地點（毗臨亞馬遜河岸的 Guajará 灣口）和建築，而是因為市場的每一處都能吸引你的目光，同時也有美食在等著你。醒目地環繞於公共市場內部的魚攤以及活跳跳的漁產品，手工自製醬料、生鮮食品和熟食區的後方，是整片的巴西莓果區（açaí berries）——所謂最潮、充滿抗氧化能量的超級食物，也是阿薩伊碗（açaí na tigela，又稱 açaí bowls）的主要食材。如果從未吃過，那你可以品嘗一碗淋上瓜拿納（guaraná）糖漿的巴西莓果、granola 穀麥和香蕉組合的早餐，維持你探索這座 9 英畝大市場的活力。

👈 **上哪吃？** 除了貝倫，在巴西東北岸鄰近海灘的果汁吧，也可以問問有沒有「ah-sigh-ee」碗（發音為「阿薩伊」）。

279

品嚐鮮為人知的泰國菜：
清邁金麵

泰國（THAILAND）// 受到鄰國緬甸的影響，整個泰北地區的人都在吃金麵（khao soi），但卻始終沒能登上海外餐廳的菜單，所以就有了另一次前往泰國渡假的藉口，來滿足你的好奇心或是癮頭，端看之前吃過這道湯麵與否。在清邁（Chiang Mai），金麵選擇非常廣泛，從簡單搬張塑膠椅坐在街邊，到露天咖啡館打包的速食餐點，甚至是在高檔餐廳——只需付點讓你舒適的冷氣費，不用擔心為美食付出高價。不論選擇哪種吃法，往人多的地方準沒錯。金麵會帶有煙燻的椰子風味，配上荳蔻、生薑、肉桂和薑黃等香料，用雞蛋麵和滑嫩多汁的雞肉片搭配萊姆、辣椒和酸菜一起吃。

🍴 上哪吃？ 找間鄰近清邁夜市的露天小吃店，或是到 Khao Soi SamerJai 餐廳，地址：Fa Ham, Mueng Chiang Mai District, Chiang Mai 50000。

279

279

279

280

在奈洛比鄉間與長頸朋友共進早餐

肯亞（KENYA）// 這座極不尋常的莊園旅店員工，會在早餐時分留給你深刻的印象，不是因為你的煎蛋冷掉了，而是因為有些非常特殊的早餐訪客會暫時離開牠的林子，出現在此吃上一口，相信我，你絕不會想錯過牠們。

　　一旦坐在窗邊桌前，沒多久《怪醫杜立德（Dr Dolittle）》般的超現實電影場景就會開始在面前上演。從樹林中緩緩走出一群當地的羅斯柴爾德（Rothschild）長頸鹿，從容地往座落在奈洛比（Nairobi）郊區的旅店移動。這些不可思議、

有如夢幻般的大型生物悠閒地邁著步子來到你的餐桌窗前，伸長脖子從你的餐盤上以舌頭捲起一口美食下肚，接下來用那對柔和的眼神盯著這些奇特的人類生物，然後再次走回樹林中。

──────

🐾 **上哪吃？** 前往長頸鹿莊園 Giraffe Manor 展開你的冒險之旅，地址：Gogo Falls Rd, Nairobi。

281

享受美味的章魚燒
和東京的前衛文化

日本（JAPAN）// 透過放大鏡來檢視東京所有可愛（kawaii）
事物的集中地、引領最酷炫潮流的原宿區，伴隨著展現人
性化的前衛文化，你會在此發現生動的街頭藝術、角色扮
演商店、古董衣專賣店、高檔精品店以及潮人咖啡館和酒
吧。想要一次消化這些文化的最好方式，就是在街頭小吃
攤買一小盒章魚燒（takoyaki），找個位子坐下來欣賞表演。
這些軟嫩、高爾夫球大小的球體裡填滿了章魚丁，頂端淋
上美乃滋、刨好的柴魚片以及類似伍斯特醬（Worcestershire）
的酸辣醬汁，用牙籤插著吃。嚐起來有些奇特，但絕對會
上癮，就如同原宿給人的感覺。

👉 **上哪吃？** 到東京的 Gindaco Takoyaki 商店，位於
Toshikazu Bldg, Jingumae, Shibuya；或是尋找有章魚燒標誌
的推車攤販。

281

282

282

阿拉斯加帝王蟹
搭配起司通心粉？
還真有道理

美國（USA）// 把地球最珍貴食材之一阿拉斯加帝王蟹（king
crab）放進起司通心粉（mac & cheese）一起吃？這件事情雖不
能說完全恰當，但或許就是這種極度的異想天開，才造就
這道極度美味的料理。當然，這得歸功於螃蟹。軟嫩、多
汁、甜美透白、讓人讚不絕口的阿拉斯加帝王蟹腳肉，竟
意外和通心粉裡濃烈的葛瑞爾（Gruyère）與帕馬森起司如此
合拍。如果你打算放縱自己開懷大吃，最佳地點就是在靠
近帝王蟹故鄉白令海（Bering Sea）的安克拉治區（Anchorage）
海鮮餐廳。

👉 **上哪吃？** Orso 餐廳，地址：737 W 5th Ave, Anchorage,
Alaska。

283 284 285

前往托巴哥海濱
品嚐絕妙組合的
咖哩蟹餃

千里達 & 托巴哥（TRINIDAD & TOBAGO）// 托巴哥的烹飪傳統融合了世界各地的特色，著名國菜螃蟹餃子（crab and dumplings），就是這種傳統的具體展現——將添加了加勒比海風味的咖哩，與來自印度、非洲、歐洲、亞洲以及南美洲的香料結合。一大早，廚師會在海灘小屋煮好一大鍋，賣完的時候就會關門歇息，想吃就得趁早！

🍴 上哪吃？ 在 Pigeon Point Heritage Park 自然保護區頂端的海灘有美食和現場演奏。地點：Pigeon Point beach, Crown Point。

在達爾文的
捕蟹之旅
吃自己抓的螃蟹

澳洲（AUSTRALIA）// 達爾文區（Darwin）以擁有體型碩大的美味泥蟹（mud crab）和豐富養殖資源著稱。因為這一帶開始大量禁止商業捕蟹行為，當地的小規模經營漁夫於是獲得小量捕撈的許可，其中一些人便帶領遊客來場釣蟹之旅：一種充滿樂趣的體驗。將自己網獲的螃蟹進行快煮的過程才是最棒的，泥蟹一般出現在旱季（5月至10月）。

🍴 上哪吃？ 在達爾文港舉辦的捕蟹之旅抓上一隻，然後快煮 12 分鐘。

咖哩角：
南亞酥餅的差別

孟加拉（BANGLADESH）// 對於大多數人來說，搞不清楚 shingara 和 samosa 咖哩角的不同都可以被原諒，但是對孟加拉人來說，這二種包餡酥餅的差別非常明顯：孟加拉咖哩角（shingara）有著更飽滿厚實的外皮，內餡不包肉，而使用馬鈴薯、豌豆、花椰菜或是花生，且外型更類似金字塔。雖然二者都用香料粉調味並且搭配蘸醬，但只有 shingara 可以單獨被當成一道輕食餐。

🍴 上哪吃？ 在街邊攤位和非正式餐廳，都可以隨處買到孟加拉咖哩角。

286

海島天堂大溪地的生魚沙拉

大溪地（TAHITI）// 生魚沙拉（poisson cru）是一道簡單的料理傑作，選用新鮮的生鮪魚塊，以萊姆汁快速醃漬出香味撲鼻、入口即化的完美生魚肉，之後淋上天然椰奶，再與小黃瓜、胡蘿蔔絲或洋蔥絲和番茄一同攪拌，最後灑上適量的鹽巴和胡椒便大功告成。在美麗海景和趾間細沙的陪襯下，配上一碗白飯，就能成為一道讓人回味無窮的午餐或晚餐。

👉 **上哪吃？**這道傳統料理隨處可見，但可以試試大溪地當地國際化餐廳裡的創意變化。

287

在拉賈斯坦小心翼翼地吃著王室紅咖哩

印度（INDIA）// 讓我們先講清楚，紅肉咖哩（laal maas）可不適合膽小鬼！由拉賈斯坦（Rajasthan）王室御廚所發明的這道菜，傳統上利用高溫和香料去除野生鹿肉所散發出的腥味。時至今日，用同樣的手法將綜合香料和非常多的嗆紅辣椒、大蒜、丁香來遮蓋滑嫩羊腿肉的氣味，結果就是經由慢火烹煮的嗆辣咖哩讓你好吃到喜極而泣，或許，也夾雜著一絲痛苦。

👉 **上哪吃？**齋浦爾（Jaipur）的 1135 AD 餐廳，在富麗堂皇的環境中供應拉賈斯坦菜餚。地址：Nr Sheela Mata Temple, Amer Palace, Amer。

288

前往米蘭燉飯的發源地

義大利（ITALY）// 衷心感謝賜予我們最著名義大利燉飯（risotto）的這塊地方，稻米在中世紀傳入義大利之後，就在距離美食之都米蘭（Milan）不遠處的波河河谷（Po Valley）找到最佳的生長環境。經過數百年的實驗結果，米蘭人終於在 19 世紀完美地展現出創新的藝術，將他們最愛的 carnaroli 米用牛油下鍋拌炒，接著倒入含有番紅花的濃郁高湯，成了一道受到各地鍾愛的金黃色佳餚。

👉 **上哪吃？**想要低調地體驗真正自家風味的米蘭燉飯，可以前往 Trattoria da Abele，地點：Via Temperanza, Milan。

289

緬因州龍蝦堡：無可挑剔的街頭美食代表

美國（USA）// 新英格蘭的街頭小吃十分迷人。撇開高溫油炸、油膩起司和加工肉品不談，在緬因州（Maine）是用新鮮龍蝦搭配熱狗堡。在拍打著高低起伏狂野浪花的岩石海岸邊，你可以發現海鮮店、快餐車、露天餐廳甚至超市，都買到這種奢華又簡單的小吃。熱狗堡的作法從來不會有太大變化，因為所有人都清楚他們吃的是個不需過多裝飾、只使用單一主原料的食品。標準的龍蝦堡（lobster roll）是將綜合龍蝦肉、蝦尾、蝦螯和蝦腿，高高堆在烤過的美式熱狗堡上，淋上奶油並用鹽和胡椒調味，你可以選擇將美乃滋擠在熱狗堡上或是旁邊。美味是一定的，而且我們敢打賭你一定會再回來吃第二份。

上哪吃？在緬因州美麗的威斯卡西特區（Wiscasset）長期擺設的 Red's Eats 小吃攤。

© Joe Schmelzer / Alamy Stock Photo

290

© Lonely Planet / James Bedford

290

沒有派對比得上北歐小龍蝦派對

芬蘭、瑞典 & 挪威（FINLAND、SWEDEN & NORWAY）// 小龍蝦派對（kraftskiva）是一場絕對不能錯過的北歐聚會。或許因為是一年當中少數陽光燦爛的日子，又或者是這些小龍蝦（rapu）火紅的顏色象徵著炎夏，以至於讓北歐人變得有些瘋狂。不論是什麼原因，一年一度的小龍蝦派對就是熱鬧的邊喝邊唱、精心打扮，並且一起大啖小龍蝦。每個人圍坐在餐桌前，戴上傻瓜帽，咕嚕咕嚕地大口吃著，用 snaps 蒸餾酒和啤酒相互舉杯慶祝。如果你對剝小龍蝦殼感到苦手，就看看你旁邊的人：其實不需要什麼真功夫，就只需要跟著用力掰開再大口咬下就行了。如果都行不通，那就舉起你的酒杯吧。

上哪吃？在暖和的 8 月夜晚，與一群好友帶上一大碗小龍蝦和足夠的酒開懷暢飲。

291

挖一匙
富爾梅達梅斯
堪稱法老級享受

埃及（EGYPT）// 富爾梅達梅斯（Ful medames），也就是燉煮香料蠶豆，歷史很可能跟金字塔一樣悠久，而埃及人對於這道國菜的自豪，就如同他們輝煌的古老遺跡一般。從平民家庭的早餐桌到開羅和亞歷山大港的高級餐廳，你可以在任何地方找到當地人稱之為 fūl 的食物。雖然這道菜有各種版本，但通常會用到孜然、大蒜、檸檬汁、香菜和橄欖油，舀一匙燉煮香料蠶豆在冒著熱氣的石盤烤餅上，或許再加個水煮蛋、一些番茄和小黃瓜沙拉。熱騰騰又帶著鹹香味，讓你神清氣爽地開啟新的一天，這也是從法老時期至今長盛不衰的原因，據傳甚至曾在出土棺木中發現 fūl 存在的證據。

🍴 上哪吃？ 在埃及速食連鎖店 El Tabei El Domiaty 享用富爾梅達梅斯，全國各地皆有分店。

292

加入英國大廚尤坦姆・奧
圖蘭吉的美食粉絲俱樂部

英國（UK）// 透過他的餐廳、烹飪書和電視節目，以色列裔英國主廚尤坦姆・奧圖蘭吉（Yotam Ottolenghi）發起了一項運動，核心價值是透過食物創造快樂。在肯頓（Camden）成立的「實驗廚房」，奧圖蘭吉和他的團隊從世界各國的料理中擷取靈感，並且透過網路取得英國和歐洲的手工食材、研發出許多原創菜餚。如今在奧圖蘭吉的網路商店販售許多這類商品，給那些被他全球化觀點原創食譜所吸引的一群狂熱粉絲。如果你住在倫敦，現在有四間 Ottolenghi 餐廳可以選擇，此外還可以訂購高級料理外送到你家門口，那足以讓所有人感到開心。

🍴 上哪吃？ 到倫敦的 Ottolenghi Islington，這裡是同時提供美食和共享餐桌的餐廳，地址：287 Upper St。

293

越式燉牛肉：帶有法式概念的亞洲燉菜

越南（VIETNAM）// 法國對於越南菜的影響最明顯的在於牛肉料理，像是最有名的牛肉河粉（pho），越式燉牛肉（bò kho）則較鮮為人知。除了主原料牛肉，還搭配了用東南亞香料魚露和香茅調味的胡蘿蔔和馬鈴薯，透過各式香料的調味，bò kho 成功地融合東西方的美食精髓，事實上也經常拿來配飯吃。

🖝 **上哪吃？** 試試 Lien Hoa 的越式燉牛肉，這道熱騰騰舒心美食會讓你有回家的感覺。地址：15-17-19 Duong 3/2, in Dalat。

294

自己動手煮一碗最棒的讚岐烏龍麵

日本（JAPAN）// 幾世紀以來，香川縣（Kagawa）人民不問世事地吃著讚岐烏龍麵（sanuki udon），直到 80 年代媒體大肆宣揚當地的頂級麵條。入口香滑又帶有嚼勁的讚岐烏龍麵，受到全日本的讚揚，香川縣當地有數百家烏龍麵店。自助式的店家十分有趣，因為你可以親手煮麵，然後自行選擇配菜和醬汁。

🖝 **上哪吃？** 在 Hariya 麵館經常高朋滿座，所以必須盡快點餐，但是絕對值回票價。地址：587-174 Gotocho, Takamatsu, Kagawa Prefecture。

295

用香芋焗烤雞來慶祝蘇利南生日派對

蘇利南共合國（SURINAME）// 在蘇利南有句俗諺：「沒有香芋焗烤雞（pom）就沒有生日。」由此可知蘇利南人有多看重這道用柑橘和本土芋頭（pomtajer）燉烤雞肉的烤盤料理。關於這道菜的由來，有個說法是當時殖民的荷蘭人和猶太人軍營，相互爭奪發明這道菜的所有權。不論是誰發明的，下次到蘇利南時，記得去參加一場生日派對。

🖝 **上哪吃？** 在當地的生日聚會（你永遠都可以謊稱自己的生日）。

© Lonely Planet / Myles New

296

© Lonely Planet / Matt Munro

296

296

在具代表性的全日早餐餐廳
做真正的美國夢

美國（USA）// 每個人對於傳統美式餐廳的樣子都有個既定印象，即使他們連一家也沒進去過。對照好萊塢的電視劇和電影場景，我們都能勾勒出原型並且想像自己身處其中的畫面：在一天當中的任何時刻鑽進塑膠皮沙發座椅，嚼著口香糖的女服務生晃到桌前拿起耳後的鉛筆，寫下我們從單頁護貝菜單上選好的餐點——那是美國人心中對於「完美」所勾繪出的一種輕鬆、廉價又簡單的體驗。美式餐館的菜單是經典療癒食物的精選輯：漢堡、薯條、鹹派

和馬鈴薯泥、培根蛋、格子鬆餅和美式鬆餅、鹹醃牛肉馬鈴薯餅、美式烘肉捲、檸檬蛋白派和奶昔⋯⋯不勝枚舉。但是首要的是咖啡——可以續杯的咖啡，會直接從咖啡壺中倒給你。點杯咖啡再慢慢決定今早要吃哪個版本的美式療癒餐點吧！

🛫 上哪吃？全美各地，從小鄉鎮到大都市都有。在洛杉磯，我們喜歡去 Pann's diner，地址：6710 La Tijera Blvd。

班·
舒理

班·舒理（Ben Shewry）是墨爾本 Attica 餐廳的主廚，也是 Netflix 紀錄片《Chef's table》的六位名廚之一。

01

墨西哥 Quintonil 的莫蕾混醬

這裡真的是一個充滿熱情的小地方，而主廚喬治（Jorge）調製的莫蕾混醬（mole）讓人超級滿意，而且有些讓人出乎意料。

02

墨爾本 Lune 的冰淇淋三明治

他們在製作甜點時，工作態度簡直和印度僧侶一模一樣。Lune 的冰淇淋三明治是用一個千層螺旋可頌麵糰，中間內層搭配一球冰淇淋。

03

法國勃艮地的博迪耶手工奶油

博迪耶（Bordier）手工奶油是由一個名字叫做尚·伊夫·博迪耶（Jean Yves Bordier）的男子發

明的，比我吃過的任何一種起司都來得更好。

04

索諾瑪 El Molino Central 的波西米亞啤酒佐炸魚塔可餅

經營這間墨西哥餐廳的女主人長得有點像戴安娜·甘迺迪（Diana Kennedy），這間路邊小餐館可以吃到既在地又新鮮的食材。

05

墨爾本 Tipo 00 的紅鯔魚義式寬麵

這間相當於有新「義大利麵達人」之稱的餐廳，在當地對於創新菜品方面小有成就。這道料理十分美味，使用自製的新鮮義大利麵再加上一些番紅花。

297

在匈牙利牛肉湯的故鄉
品嚐冬日暖情

匈牙利（HUNGARY）// 匈牙利牛肉湯（goulash）源自匈牙利牧牛人在營地簡單烹煮的肉湯，料理名稱來自這個詞——herdsmen's meat（牧牛人的肉）。沉醉在溫暖和濃郁風味，為凜冽刺骨的中歐嚴冬提供一絲前所未有的愉悅感。這道慢火燉煮的牛肉湯中加入大量的 paprika 紅椒（一種產自匈牙利南部平原的辣椒），呈現出特有的赤褐色，並添加馬鈴薯和其他根莖類蔬果，讓湯頭變得更加濃稠，通常會搭配匈牙利迷你麵疙瘩（csipetke）一起食用。從中世紀小酒館到花俏的新式烹飪餐廳，你幾乎可以在任何地方吃到 goulash。

🐄 **上哪吃？** Hortobágyi Csárda 是一間美麗的 18 世紀路邊小酒館，位於 Hortobágy National Park，這裡供應的 Goulash 是裝在小水壺裡。

297

298

在東京
咬一口美味御飯糰

日文（**JAPAN**）// 御飯糰（onigiri）是日本人的國民食物，在任何一間便利商店都能找到。東京的飯糰是三角形，但日本其他地區有可能是球形或橢圓形。要想體驗最棒的御飯糰就得去專賣店，比如1954年賣出第一顆飯糰的淺草宿六（Yadoroku），是東京最古老的飯糰店。美味的關鍵全在於米飯：淺草宿六的當家主廚三浦洋介（Yosuke Miura）選用芳香飄溢的新潟越光米。他說：「如果收成時的品質有所變化，我會使用其他品種的米，以確保能捏製出恰好的紮實感和風味。」飯糰餡料包括各式漬物、小魚乾和味噌嫩薑，看上去平凡無奇的東西，並不代表就無法做到極致完美。

—— 上哪吃？三浦洋介的淺草宿六飯糰專賣店，位於3-9-10 Asakusa, Taito-ku in northeast Tokyo。

299

沉醉在與馬來西亞雲吞麵
獨處的時光

馬來西亞（**MALAYSIA**）// 在馬來西亞以外的地區，你可能更常聽見的菜名是雲吞麵，但在檳城（Penang）最主要的街頭小吃首府——喬治市（George Town），街上看到的都是wantan mee。基本上這是一碗用黑色神祕醬汁攪拌的滑順雞蛋麵，上頭放著雲吞、叉燒肉（char siu）和幾片青菜。當然，通常是以醬汁吃到嘴裡的味道來決定哪家攤位更勝一籌：不用說，每家都有自己的獨門配方，你得全部嚐過才能找到最美味的那一家。通常會搭配香菇蠔油，或者是雞肉或豬肉熬煮的肉湯，但也有乾撈雲吞麵。

—— 上哪吃？日落時分，衝進檳城的牛干冬街（Chulia St），準備排隊等著吃喬治市最受歡迎的雲吞麵。

300–
399

300

到冰島吃熱狗：在這兒可是健康食品啊！

冰島（ICELAND）// 冰島有些獨一無二的料理，像是水煮角嘴海雀或發酵鯊魚肉，但各地小販賣的還是常見小吃：熱狗（pylsa）或香腸（pulsa），香腸肉主要來自島上自由放養的綿羊。另外也有豬肉跟牛肉口味，同樣也是飼養在這個世界上汙染最少的土地上。腸衣也是天然產品，據稱保證在咬下去的瞬間聽到清脆的「啪」一聲。

🍷 **上哪吃？** 連美國總統柯林頓都曾到訪雷克雅維克的 Bæjarins Beztu Pylsur，點了只放芥末醬的熱狗，後來就被命名為柯林頓（the Clinton）。

301

在古典京都點盤可愛的和菓子喝個下午茶

日本（JAPAN）// 和菓子（wagashi）是經常用來配茶的精緻日式甜點，重視味道更重視美觀。春天要試試櫻餅（sakuramochi）：糯米麻糬包紅豆沙，外層裹著櫻葉裝飾。11 月是日本傳統「亥月」，嚐嚐小豬形狀的 inokomochi 和水果或動物形狀的 manjū。當地流行買栗子羊羹（yokan）送給上司，口感像較硬的果凍，可切片食用。

🍷 **上哪吃？** 京都 Kagizen Yoshifuza 從江戶時期就開始製作和菓子，地址：264 Gionmachi Kitagawa。

302

大啖來自陽朔灕江的啤酒魚

中國（CHINA）// 灕江蜿蜒流過陽朔地區，創造出石灰岩絕美景致，同時也蘊育了美味的淡水鯉魚。陽朔啤酒魚只選用最大尾的鯉魚，所以份量都很大，先用苦茶油炸過，再用來自桂林的啤酒，加入辣椒與新鮮蔬菜一起燉煮，在香辣湯汁燉煮收汁的過程中，魚肉會碎成一小塊一小塊，但咬下去又會有先前油炸過的酥脆口感。

🍷 **上哪吃？** 在戶外的明亮燈光下，一邊享用陽朔梅姐金獎啤酒魚一邊看人來人往。地址：陽朔陽光 100 西街 E-101。

301

© Getty Images / Cheryl Chan

303

選好你的可可日好好享受基多的巧克力節

厄瓜多（ECUADOR）// 厄瓜多可能是最早開始採收可可豆的地方，也比其他國家生產更多高品質巧克力。每年 5 月撥空來參加巧克力節（salón de chocolate）吧！了解巧克力是如何從可可豆變成巧克力棒，並且認識相關人士——從農夫到賣家到專家，還有一樣熱愛巧克力的人。但是更讓人按捺不住的原因是：可以品嚐許多美味巧克力。

🍷 **上哪吃？** 如果沒機會在 5 月份造訪基多（Quito），建議到市中心的 Calle de la Ronda 試試 Chez Tiff。

300

304

304

參加毛利風味餐，享受燒不盡的熱情

紐西蘭（NEW ZEALAND）// 紐西蘭的毛利人（Maori）傳統上會在地上挖個大洞，以地下烤爐的方式來烹煮食物，名為 hangi。毛利人會把肉類跟根莖類蔬菜用亞麻葉包起來，放在燒得很燙的石頭上，再用濕布蓋起來，埋入地下約 4 小時，燜的時間會隨肉的種類而有所不同。雖然現在還是可以看到傳統的地下燜煮方式，但只有在很特別的場合才有。體驗毛利風味餐（hangi）最棒的地點，就是 Tamaki 毛利村。在這個重建再生的聚落中，你可以享受沈浸在毛利文化的體驗，學習古老的毛利儀式與傳統美術與工藝，也

可以體驗毛利戰士的生活，以及學跳 Haka 舞。晚上的重頭戲就是 hangi 風味餐——接待的家庭會先解釋整個烹煮的流程，並且把燜熟的肉跟蔬菜從地底下拉出來，大家坐在火堆旁一起享用大餐。這個獨特的經驗可以讓你了解毛利人引以為傲、並且讓人感到活力滿滿的毛利文化，一定會讓你滿載而歸。

🐾 **上哪吃？** 想親身體驗 Tamaki Maori Village 的毛利文化，請洽 1220 Hinemaru St, Rotorua City, Rotorua。

（305）

305

在恩戈羅恩戈羅火山口
品味雞尾酒與當地美食

坦尚尼亞（TANZANIA）// 坦尚尼亞的恩戈羅恩戈羅火山口（Ngorongoro Crater）是全球面積最大最完整的火山口。數百萬年前，這座火山的山頂塌陷，形成面積廣達 260 平方公里，深 610 公尺的火山口。現在火山口大部分都是開放的草原，吸引獅子、斑馬、牛羚、土狼與難得一見的黑犀牛。一年到頭都有遊客來欣賞野生動物，但是來到 Ngorongoro Crater Lodge 用餐，再多遊客也不會擋到你的視線，因為旅店位於火山口西南邊的高處，提供的餐點使用當地食材，多由當地社區供應——例如綿羊肉跟山羊肉——而且從日落雞尾酒開始，每道菜都讓人垂涎三尺。旅店本身富麗堂皇，不過還是比不上窗外讓人目瞪口呆的自然美景。

 上哪吃？ Ngorongoro Crater Lodge，位於 Ngorongoro Crater。

306

嚐嚐香港
經典脆皮燒鴨

香港（HONG KONG）// 這道菜有幾個名字：有人稱為燒鵝，也有人叫廣式燒鴨，而且跟北京烤鴨不太一樣。香港的燒鴨很有可能源自已經有 700 年歷史的北京烤鴨。燒鴨／鵝跟烤鴨都強調皮脆，但香港版的燒鴨／鵝口味會比較重。香港的燒鵝上桌時，片好的鵝肉會帶皮、而且軟嫩的肉會先經過調味。如果想品米其林星級的燒鵝，就不能錯過位於灣仔的甘牌燒鵝。不過如果想更接近當地人，而且不用花大錢就吃到燒鵝的香酥風味，可以選擇去一樂燒鵝，那裡的燒鵝還會附上清湯跟細麵。

 上哪吃？甘牌燒鵝，地址：灣仔軒尼詩道 226 號。一樂燒鵝，地址：中環士丹利街 34-38 號金禾大廈內。

306

© NG K.W / Alamy Stock Photo

308

用加州風味的
墨西哥捲餅跨越國界

美國（USA）// 加州這個金州（Golden State）一直以來都喜好墨西哥料理（過去加州大部分屬於墨西哥），而在美國這個什麼東西都尺寸超大的國家，加州會變化出有地方特色的墨西哥捲餅（burritos），一點都不奇怪！這些所謂的「超級任務」（Mission-style）捲餅，內餡多到必須要拿兩大片墨西哥薄餅，才能把所有的肉或豆、起司、西班牙米、蔬菜跟莎莎醬全部包起來。如果你不介意吃相有點難看，那就點個濕捲餅來吃吧！濕捲餅會浸在紅色的辣椒醬汁中，上頭還有融化的乳酪。儘管現在墨西哥捲餅對美國人來說跟蘋果派一樣平常，香辣的墨西哥風味還是會讓人想到這道料理的發源地。要吃墨西哥捲餅最棒的地點，就是乾脆俐落的墨西哥快餐店。走進店裡，你會覺得自己彷彿已經跨越國界。

🗨 上哪吃？舊金山城外的 El Farolito 餐廳外頭通常都會大排長龍，當地人保證這家的「超級任務」捲餅美味至極。

308

© Shutterstock / Giulia M

307

學學游牧民族與士兵
在伊斯蘭瑪巴德烤串肉

巴基斯坦（PAKISTAN）// 烤肉串是天多利料理（Tandoori）的主菜，這道料理可能源自於中亞遊牧民族，後來在土耳其征服中亞地區時，士兵們也學到這個技巧。過去，土耳其士兵都是用自己的刀來串肉，再放在營火上烤，因此料理的名字來於自土耳其語「shish」，意思是「劍」或「串肉針」，而「kebab」則是土耳其語的「肉」。傳統的烤肉串（seekh kebab）會使用羊絞肉，事先以新鮮研磨的薑、蒜、香菜與小茴香等香料醃過，再把醃好的肉包覆在金屬烤肉串周圍，變成類似香腸的形狀。如今，士兵們過去使用的營火已由筒狀泥爐炭火取代了。在巴基斯坦各地都有自己的特色醃料，也會用各種肉類來製作烤肉串，不過豬肉除外。

🗨 上哪吃？盯著伊斯蘭瑪巴德（Islamabad）Monal 餐廳露台上閃爍的燈光，想像這是遊牧民族第一次烤肉串時所生的營火。地址：Pirsohawa Road, Islamabad。

309

© ABaarssen Fokke / Alamy Stock Photo

309

© Oleh Kosyy / 500px

309

野外聞香尋莓

荷蘭（NETHERLANDS）// 麝香草莓（musk strawberries）的香氣香傳百米，只要走過就幾乎不可能錯過！這種草莓比一般草莓嬌小，卻是同類中的美味之最。麝香草莓容易跟受歡迎的高山草莓（alpine strawberries）混淆，入口後美味迸發，有人形容那種滋味混雜著草莓、覆盆子和鳳梨的味道。麝香草莓因非常嬌貴而無法大量生產，只能在野外覓得。

🐀 上哪吃？到荷蘭 Utrechtse Heuvelrug National Park 爬山健行時留意灌木叢，接著讓嗅覺來為你帶路。

310

到德里品嚐經典菜色：
奶油咖哩雞

印度（INDIA）// 走進世界上任何一家印度餐廳，都可以想見菜單上會有一道奶油咖哩雞（murgh makhan）。但是，如果可以到舊德里的 Moti Mahal 餐館吃，那是最好的了──這是家傳六代的傳奇餐館，充滿古早味風情。軟嫩的雞肉先用優格醃製，再浸泡在奶香柔順的番茄湯汁裡燉煮，這是印度人氣最高的咖哩料理。奶油咖哩雞的起源神祕不可考，但多數人認為始於 1950 年代，是由德里某家餐廳老闆根據家鄉旁遮普邦（Punjab）的食譜研發而來。奶油咖哩雞搭著印度香米（basmati rice）和以傳統坦都爐烘烤的饢餅（naan）吃，用點薄荷沾醬中和咖哩的溫和，溫潤滑順，又夾帶著烘烤過的辛香料味，此乃療癒系食物也！

🐀 上哪吃？最美味的奶油咖哩雞就在印度舊德里 Moti Mahal 餐館。地址：3704 Netaji Subhash Marg, Old Delhi。

311

用熟肉抹醬
散播美味
散播愛

法國（FRANCE）// 切片法棍，抹上厚厚一層肉和油脂，還有什麼更具法國風情？你可能會想到「肝醬」（pâté），但我們現在要談「熟肉抹醬」（rillettes）。傳統做法是以豬肉本身的油脂慢慢燉煮至肉質軟嫩、入口即化，再攪拌弄碎。法國中部酒館，熟肉抹醬通常放在小碗中作為前菜，有時會用芥末和法式醃瓜（cornichon）加以提味。除了豬肉口味之外，現在還有鴨肉、兔肉，甚至海鮮等另類選擇。

☞ **上哪吃？** 在法國中部的土爾市（Tours）可品嘗到多種熟肉抹醬。

312

到納奈莫市
朝聖加拿大甜點：
納奈莫條

加拿大（CANADA）// 雖然納奈莫條（Nanaimo bar）在加拿大各地受到歡迎，也到處都吃得到，但還是應該走訪這個加國經典甜點的發源地——溫哥華島上的納奈莫市（Nanaimo）——吃起來比較對味。無論你是從溫哥華的煤港（Coal Harbor）搭水上飛機橫越喬治亞海峽（Strait of Georgia），或者是搭郵輪旅行，大快朵頤這個三層甜點，是延續旅行興奮心情的好方法。

☞ **上哪吃？** 到 Bocca Café 點一杯卡布奇諾，再來一塊納奈莫。三種口感一次享受：最上層的巧克力、中層卡士達內餡，以及充滿堅果風味的碎餅乾基底。

313

擁抱加勒比海
就從阿開木果
佐鹹魚早餐開始！

牙買加（JAMAICA）// 詩情畫意的瑰寶海灘（Treasure Beach）是出現在夢中的美好景致，到各處海灘流連、日光浴、游泳、浮潛之前，先走一趟 Jake's 小館，品嘗以阿開木果佐鹹魚（ackee and saltfish）的早餐吧！阿開木果是一種非洲水果，最著名的料理方式是搭配水煮鹹魚當作早餐，佐以燉辣椒、番茄、洋蔥、火辣蘇格蘭帽椒。美好陽光假期，就從這一道讓人清醒的早餐開始。

☞ **上哪吃？** Jakes Hotel 的 Jakes 小館，地址：Calabash Bay, Treasure Beach, St Elizabeth。

311

313

314

在廣大的鷺梁津水產市場
挑選各種古怪、奇妙又美味的深海生物

南韓（SOUTH KOREA）// 位於漢江旁邊、首爾最大的鷺梁津（Noryangjin）水產市場是個又濕又亂的地方，集結了好幾噸的新鮮海產、大聲喊價的魚販與目瞪口呆的遊客。整體來說，是個樂趣無窮的地方。跟東京築地（Tsukiji）水產市場不同，鷺梁津的店家很樂意販售較小量的海產給個別買家。先在各個攤位間逛逛，再決定要買什麼，這裡有很多外來物種跟不尋常的物種，例如單環刺螠（gaebul）——一種海蟲，外觀看起來很像某種男性器官。

大部分的韓國人都會來這裡買生魚片（hwe）。這裡的攤販很樂意幫助外來遊客，即使你的韓文不太流利也沒關係。看攤販以俐落專業的手法在幾秒內去鱗片、清肚腸，然後再切成薄片。如果你比較喜歡先煮過再吃，可以直接把海產帶到現場的餐廳烹煮。海產拍賣通常在黎明前舉行，新鮮的海鮮很快就會被買走。

🐟 **上哪吃？** 鷺梁津水產市場的餐廳多位於地下室跟 2 樓，地址：Noryangjin 1, Dongjak-gu。

© Shutterstock / Nelson M S Silva

315

315

尼泊爾饃饃：
高山的多汁餃子

尼泊爾（NEPAL）// 尼泊爾饃饃（Nepalese momo）的名字聽起來雖然很像動畫角色，但這道料理可能源於西藏，後來才隨著商人帶到世界各地。不管饃饃的起源為何，年輕的尼泊爾人熱愛這些多汁的小餃子，新月狀的造型看起來很美，外皮的凹凸讓醬汁可以留在上面，讓人口水直流。內餡通常用有點油脂的肉，例如豬肉跟水牛肉，肉質則要鮮嫩多汁才能做出好饃饃。有蒸的也有煎的，都試試看吧！

👉 上哪吃？尼泊爾的 The Food Club and Sausage Park 餐廳，地址：Niva Galli, Pokhara。

316

統一南非的料理：
玉米糊加烤肉

南非（SOUTH AFRICA）// 在種族隔離制度結束後，南非成為「彩虹的國度」。玉米糊加烤肉（pap en vleis）以料理的方式呈現這樣的情緒，象徵南非黑人的飲食傳統與南非白人的主食合而為一。玉米糊（pap）是一種用玉米煮成的粥，對南非的窮人來說，玉米是很重要的食物，烤肉（南非白人稱之為 vleis）則是用牛肉跟豬肉製成的香辣香腸（南非人稱之為 boerewors）；二者合在一起，和諧無比。

👉 上哪吃？開普敦市中心古古勒蘇（Gugulethu）的 Mzoli 餐廳，有提供很多美味的傳統料理。

317

派對美食
喬勒夫飯展示會

奈及利亞（NIGERIA）// 傳說中，這道料理源自沃洛夫（Wolof）民族。過去沃洛夫人曾經統治現今的塞內加爾跟甘比亞，而在之後的數個世紀，喬勒夫飯（jollof rice）已經成為奈及利亞人的驕傲之源（source）與驕傲之醬（sauce）。派對時會烹煮這道蕃茄味十足的米飯料理，而且種類多到你來不及拿湯匙挖，每一種喬勒夫飯都不太相同，裡面總會有幾個祕密食材……但基本原則是，要用經過完整調味的蕃茄醬或蕃茄湯來烹煮米飯。

👉 上哪吃？任何特別的場合都可以吃得到。

318 319 320

吸一口
利馬街頭餐車
甜蜜蜜的甘蔗

祕魯（PERU）// 在利馬，要在下午時分購買最棒的點心，請尋找販售長長甘蔗（caña de azúcar）的餐車。小販會在現場處理新鮮甘蔗，用削皮刀把甘蔗皮削掉，再把裡面的甘蔗切成一段一段。買來之後，咀嚼那充滿纖維的甘蔗，再吸出甘甜、帶點青草味的甘蔗汁。你也可以輕鬆一點，直接買甘蔗汁──大部分的小販都有色彩鮮艷的手工榨汁機，但是吃起來當然就沒那麼有趣。

📣 **上哪吃？** 在祕魯各個城市都可以找到販售甘蔗的小販。

把煩惱
抛到九霄雲外的
提拉米蘇

義大利（ITALY）// 在被城牆圍繞的特雷維索（Treviso）小城，運河風光足以與威尼斯媲美。當地一家餐廳業者發明了這道深受全球歡迎的甜品，據說是因為妻子想吃清爽、香甜又讓人耳目一新的甜點，才創造出提拉米蘇（Tiramisù）。1960 年代傳下來的原始食譜使用了浸過咖啡的手指餅乾、馬斯卡彭起司、糖、可可粉跟蛋黃。另外，也有人會添加甜味瑪薩拉酒（Marsala wine）或蘭姆酒。

📣 **上哪吃？** 到市場找可愛又舒適的 Le Beccherie 餐廳，地址：Piazza Ancilotto 9, Treviso。

用瑞典圓麵包
跟好友一起
享受休憩時刻

瑞典（SWEDEN）// 這個圓麵包（semla）本來只是基督徒用來象徵懺悔日（Shrove Tuesday）的點心，如今在圓麵包愛好者的強烈要求下，耶誕節後瑞典各家烘培坊的櫥櫃都會擺滿這些用紙盒包裝好、圓滾滾的甜麵包。你都怎麼吃這些圓麵包呢？當然是趁休憩時刻享用。在很多工作場所，與同事或好友來個咖啡休憩時間（fika）是一定要的。走進任何一家烘焙坊嗜嗜圓麵包，你會感受到溫暖與關愛。

📣 **上哪吃？** 耶誕節到復活節（Easter）之間，瑞典與北歐各地的烘焙坊。

© Lonely Planet / Myles New

321

321

找一個夏日
在英格蘭鄉間享用農夫午餐

英國（UK） // 人的一生當中，時機真的很重要。在 5 月找個適合的日子，陽光普照、空氣中彌漫著野花盛開的香氣，還有小鳥在灌木叢間輕快穿梭。如果你剛好人在英格蘭漢普郡（Hampshire）的 The Harrow Inn，那真是太好運了！這間 17 世紀就設立的酒吧，門口低到大部分的人都必須要駝背才能走進去。1929 年開始由麥卡頓（McCutcheon）家族經營，提供的家庭料理都很樸實無華，而農夫午餐（ploughman's lunch）很適合在下午時分到開滿罌粟花、豌豆花與玫瑰

的花園中享用。自家烘培的麵包，搭配切達起司（cheddar cheese）、醃黃瓜與沙拉。加一品脫當地麥酒，找一張不太穩的桌子，坐下來沈浸於英國夏日的景致與氣味中。過去，農夫午餐的份量可以讓在田間工作的農夫吃得很飽；而現在，你可以吃完以後到山腳下的溪流邊散散步。

🍴 **上哪吃？** The Harrow Inn 位於漢普郡東北部的 Steep 與 Sheet 之間，靠近板球場跟網球場。

© 500px / Зоряна Иченко / zoryanchik76

322

© Lonely Planet / Mark Read

322

322

用一碗墨黑色燉飯
配克羅埃西亞海岸絕妙美景

克羅埃西亞（CROATIA）// 曾經，克羅埃西亞的達爾馬提亞海岸（Dalmatian Coast）是僅有少數人知道的祕密景點；隨著大家的口耳相傳，現在大家幾乎都知道這裡是歐洲最美的海岸。水晶般晶瑩剔透的海水，讓人驚嘆的白色懸崖，還有懸崖邊還上紅色屋頂房屋形成的村落。各個小半島之間隱藏無數個小海灣，而海邊還可以見到強壯的橄欖樹叢。這裡什麼都有，從野外派對到完全的隱密感，而且我們還沒提到食物耶！克羅埃西亞是地中海沿岸的國家，擁有豐富海產，當你一整天都在日光浴或在蔚藍海水中游泳，一杯冰涼爽口的白葡萄酒兌氣泡水（gemist），再加一盤用新鮮墨魚煮成的墨魚汁燉飯（black risotto），會讓你彷彿來到天堂。燉飯的黑來自味道濃郁又強烈的墨魚汁，通常在呈盤前才會加進去。從海中打撈上岸的烏賊又軟又新鮮，最後再灑一些帕馬森起司，增加一點份量跟口感。朋友間不會有祕密的嘛！別說我沒告訴你！

 **上哪吃？** 到 Konoba Matejuška 餐廳，地址：Ul Tomića stine 3, Split。

323

切絲燻魚配椰絲：有形的熱帶風味

馬爾地夫（MALDIVES） // 在馬爾地夫這個熱帶島國，國土面積有 90% 都是海洋。鮮魚（man）跟椰絲（huni）是馬爾地夫料理的重要食材，而且切絲燻魚配椰絲（mashuni）在馬爾地夫是很受歡迎的早餐。傳統上，這道料理會用醃好的鮪魚、椰子、洋蔥、辣椒跟檸檬，再搭配椰子烤餅。過去，鮪魚事先經過水煮、煙燻跟日曬，主要是為了保存目的；如今，醃好的鮪魚那種鮮明的味道，已經成為最重要的考量。

🐟 **上哪吃？** 在你住的飯店。幾乎各家飯店早餐都會供應切絲燻魚配椰絲。

324

能滿足味蕾的倫敦藝術餐廳

英國（UK） // 對於逛完英國泰特美術館（Tate Britain），看完各種世界級藝術作品後覺得感官刺激過度的藝術愛好者來說，雷克斯·惠斯特勒（Rex Whistler）餐廳就像是來杯好茶再好好休息一下。餐廳內滿是舖上白色桌布的桌子，周圍則掛滿兩次世界大戰期間知名藝術家雷克斯·惠斯特勒在 1927 年畫的巨幅水彩畫。餐廳提供的傳統英國菜餚包含鹿肉片和當季野味肉凍，酒單則提供最完整也最棒的酒。

🐟 **上哪吃？** 在最富英國氣息的藝術殿堂——泰特美術館內。地址：Millbank, London。

325

總統級午餐：河內烤肉米線

越南（VIETNAM） // 這道河內（Hanoi）料理在幾年前吸引了全世界的目光，因為美國總統巴拉克·歐巴馬在開會的空檔來到 Bún Cha Huong Liên 餐館。對繁忙的河內人來說，這道料理是最棒的午間快餐，烤肉米線（bún cha）是把烤好的豬肉（cha）擺放在白色米線（bun）上，搭配香料跟沾醬，攪拌一下再好好品嚐。河內城中的狹窄街道到處都是販售烤肉米線的小餐館，每家都有自己特製的烤肉與醬料。

🐟 **上哪吃？** Bún Cha Bach Mai 餐館會用竹籤串好豬肉，再以炭火燒烤。地址：Lane 213, Bach Mai St, Hai Bà Trung District, Hanoi。

325

326

在東京喝一堆清酒之後
用無可倫比的烤雞肉串填填肚子

日本（JAPAN）// 以餐飲聖地來說，聽起來也許不是很吸引人，但在東京新宿區的尿尿小巷（Piss Alley）對著烤雞肉串（yakitori）大笑，真的是非常有趣的事。在 1940 年代，回憶橫丁（Omoide Yokocho）原本是個非法的飲酒區，大家之所以會用尿尿小巷這個暱稱來稱呼此地，是因為這裡擠了很多間酒吧，每間都提供便宜的酒飲跟烤雞肉串，但卻沒有廁所，所以大家總得想辦法解決方便的問題。現在，這條巷弄看起來跟 70 幾年前幾乎一模一樣，讓人完全看不出來這裡在 1999 年的時候曾經被大火燒燬；重建的時候，很審慎地讓這條巷弄看起來跟原本的樣子一模一樣，唯一的例外是現在有廁所了。所有的酒吧看起來都跟舊時幾乎完全一樣，所以就沿著街道走，直到你找到裡面有空位的酒吧。在喝過幾杯啤酒或一兩杯清酒之後，燒烤的煙燻味會讓你知道，該來幾串烤雞肉串了。

🔦 **上哪吃？** 到東京 1 Chome–2, Shinjuku 的任何一間酒吧。另外，大黑屋（Daikokuya）餐廳提供超過 150 種不同的清酒。

327

人都來到羅馬了
當然要吃點炸飯糰

義大利（ITALY）// 炸飯糰（suppli）跟義大利其他地方常見的炸番紅花燉飯球（arancini）很像，但羅馬炸飯糰是自己的版本——圓圓的飯糰，帶點嚼勁跟乳酪香。這道街頭小吃使用蕃茄醬汁煮好的燉飯，再以肉或莫札瑞拉起司當內餡，最後用蛋黃浸一下，裹上麵包粉再油炸。把炸飯糰切開的時候，乳酪會從中間流出來，所以才叫做「suppli」——來自法文的「驚喜」。

☞ **上哪吃？** 想吃傳統炸飯糰請到 La Gatta Mangiona。地址：Via Federico Ozanam 30-32, Rome。

329

328

在華麗咖啡館
滿足當貴族的幻想

匈牙利（HUNGARY）// 在蓋勒特浴場（Gellért Baths）泡整個早上之後，就該到布達佩斯華麗的咖啡館，點一片多層蛋糕（dobos torte）慢慢品嚐。蛋糕上帶有光澤的焦糖與底下一層層薄海綿蛋糕夾巧克力奶油，讓人立刻聯想19世紀奧匈帝國的強盛富饒。這道由糕點師傅約瑟夫・多伯斯發明的點心，在1885年引進布達佩斯，呈給國王法蘭茲・約瑟夫結果大受歡迎，自此成為高級點心的要角。

☞ **上哪吃？** 富麗堂皇的 Café Gerbeaud，過去一直為布達佩斯的精英供應多層蛋糕。地址：Vörösmarty tér 7-8。

329

在莫蕾混醬的國度
品嚐絕妙好醬

墨西哥（MEXICO）// 莫蕾混醬（mole）跟瓦哈卡（Oaxaca）的關係如此密切，小鎮還有「七種莫蕾醬的國度」之名。最廣為人知的包括巧克力、辣椒、水果、黑胡椒與肉桂跟黑莫蕾（mole negro）的搭配。莫蕾混醬最特別的是深紅色澤，主要材料是瓦哈卡黑可可，所以醬汁有苦甜的味道。可以搭配很多菜餚，從 tamales 玉米粽、安吉拉捲（enchiladas）到炸香蕉都可以。每種都試試，才能找到你的最愛。

☞ **上哪吃？** Oaxaca's Mercado 20 de Noviembre 有很多販售莫蕾醬的攤販，請試試 Comedor María Teresa。

330

在蒙馬特餐館中
敲敲法式焦糖布丁

法國（FRANCE）// 在電影《艾蜜莉的異想世界》中，主角曾提過人生最棒的小確幸之一，就是用茶匙敲碎法式焦糖布丁（crème brûlée）的脆焦糖層。若能在電影拍攝地——蒙馬特——這麼做，肯定讓你更加愉悅，而且敲完還可以立刻把底下口感滑潤的布丁挖起來吃。傳統上會以小烤盅上菜的法式焦糖布丁，是各家小餐館都會供應的經典甜點，也是吃完韭蔥塔或肋眼牛排配薯條之後的最佳點心。

☞ **上哪吃？** 浪漫的 Le Coupe-Chou 餐廳以其使用柑曼怡白蘭地橙酒製作的香草焦糖布丁聞名，地址：11 rue de Lanneau in the Latin Quarter。

331

點一份葡萄牙
超大三明治撐飽肚子

葡萄牙（PORTUGAL）// 如果你在葡萄牙北部狂野的海浪中消耗了好幾千大卡，想要補充一下能量，那濕搭搭三明治（franceshina）絕對是首選。讓我們先來解釋一下波多（Porto）這個超大三明治的基本元素，看看你是否相信自己讀的內容。在兩片麵包中擺放了火腿、醃豬肉香腸、煮好的香腸、牛排跟烤牛肉，三明治最上面擺一顆煎蛋，再把乳酪覆在最上面燒烤一下，最後淋上用蕃茄跟啤酒製成的醬汁。哦！如果你還沒有心臟病發，我們剛剛忘記說：三明治通常還會搭配薯條。很好笑的是，這超大三明治的名字卻是代表「法國小女孩」（Little Frenchie），而且如果你仔細觀察一下，可能會發現這道三明治有點像法國的庫克太太三明治（Croque Madame）。

🫳 **上哪吃？** 到 Café Santiago 擁抱這頭大怪獸吧。地址：R. de Passos Manuel 226, Porto。

332

用白香腸跟蝴蝶餅
為慕尼黑啤酒節預做準備

德國（GERMANY）// 兩條水煮過後胖胖的小牛肉香腸、跟你頭一樣大的蝴蝶餅麵包（pretzel）搭配甜芥末醬，再喝一大杯冰涼的啤酒。光是想像這個畫面，胃應該就已經開始咕嚕咕嚕叫了吧？這還只是早餐哦。歡迎來到巴伐利亞（Bavaria）！白香腸（weisswurst）是用小牛肉跟豬油製成的白色香腸，以檸檬皮、香芹、白豆蔻調味，因為未經醃製也沒有煙燻，所以傳統上只能在中午教堂鐘聲響起前食用，才能確保新鮮。搭配的蝴蝶餅麵包，從中古世紀以來就採用相同的製作方式，以可食用的鹼溶液來混合麵糰，所以黃金色的外皮才能那麼Q彈有嚼勁。不過，巴伐利亞人不會每天都吃這樣的早餐，通常是 10 月啤酒節之前才會吃得這麼豐盛。

🫳 **上哪吃？** 慕尼黑的 Gaststätte Grossmarkthalle 餐廳，從 7:00 就開始供應超級美味的白香腸，可以再搭一杯可口的白啤酒。地址：Kochelseestr 13。

韋利·
達弗雷斯

韋利·達弗雷斯（Wylie Dufresne）是曼哈頓 Du's Donuts 的主廚兼老闆，也是分子美學運動的先驅。

01

羅德島普洛威頓斯 Niceslice 的披薩
我最愛的組合是 Parallel Universe：瑞可塔起司、青蔥、黑胡椒、培根、莫札瑞拉起司、橄欖油與切達起司。

02

哥本哈根 Hija De Sanchez 的
魚皮墨西哥塔可餅
牛舌（lengua）塔可餅是很顯而易見的選擇，但如果當天有魚皮墨西哥塔可餅，專家都會改變主意。

03

西班牙巴斯克自治區 Asador Portuetxe 的
小烏賊佐焦糖洋蔥
在一間比我們國家歷史還要悠久的餐廳用餐，真是絕妙無比的體驗。

04

新澤西斯托克頓 Curiosity Doughnuts 的
超級蛋糕甜甜圈
超級蛋糕甜甜圈（super cake doughnut），是讓你一定要去造訪的理由；而卡士達甜甜圈，是讓你想要留下來的理由。

05

加州希爾茲堡 Single Thread 的固定菜單
經營餐廳的夫婦融合了加州與日本的特色，所以 Healdsburg 餐廳的季節與日本同步。

333

在螃蟹部
大啖斯里蘭卡料理

斯里蘭卡（SRILANKA）// 讓斯里蘭卡美食更上一層樓的人是名廚達山・慕尼達薩（Dharshan Munidasa）以甲殼類動物為主的高級餐廳螃蟹部（Ministry of Crab）。這家餐廳開設在已有400年歷史的荷蘭殖民時期建築中，過去是醫院。Ministry of Crab 可說是向所有螃蟹致敬的餐廳，菜單上提供受到國際文化啟發的菜餚，例如大蒜辣椒蟹就受到義大利與日本料理影響，另外也有很多當地傳奇料理，像咖哩蟹就是用斯里蘭卡的香料慢慢煸炒的名菜。然而，正因為吃螃蟹很麻煩，所以要享用甘甜蟹肉最好的方式，就是吃辣螃蟹搭配熱呼呼的奶油醬。幸好這家餐廳完全不介意你舔手指。

👉 **上哪吃？** Ministry of Crab，地址：Old Dutch Hospital, Colombo。

333

334

到阿得雷德的
中央市場大吃一頓

澳大利亞（AUSTRALIA）// 那年是 1869 年。黎明前 3 小時，有一群在市場賣花的園丁在高齊街（Gouger Street）擺設臨時攤位，準備讓阿得雷德市（Adelaide）的都市鄉巴佬為這些農產品目瞪口呆。黑暗中，幾百位熱切的顧客來到市集，才到 6:00 左右，每一攤都賣光了，這便是阿得雷德中央市場的美好開端。如今市場已遷移到別緻的紅磚建築中，裡面有超過 70 家永久攤商，也是南半球最大的室內市場。這裡提供的產品可以滿足口味很刁的顧客，包括當地特產、懷舊水果攤與蔬菜攤。走在人群熙來攘往的貨架之間，你很快就能明白，當這些商家說目標是成為世界領先的食品與農產品市場時，他們是認真的。

👉 **上哪吃？** 直接走到第 69 攤 Jamu 買一杯「比健康時尚人士更健康」的蔬果汁，讓你有充沛的體力可以逛過整個市場。地址：Gouger St, Adelaide。

334

335 336 337

道地德／墨美食燉辣肉醬

美國（USA）// 儘管這道異國風情的菜名暗示著西班牙或墨西哥血統，燉辣肉醬（chili con carne）對德州人而言就如同冠軍腰帶一般重要。與其說是19世紀中期在德州聖安東尼奧地區（San Antonio）被發明，不如說是盜用。如今這道菜成為德州公路旅行的最佳餐點，從公路餐館、燒烤小酒館到鄉鎮市集，每品嚐一次就更能體會其多元身份認同。戴上你的牛仔帽，開始展開燉辣肉醬之旅吧！

🥄 **上哪吃？**在休斯頓歷史最悠久的一間德／墨餐廳Molina's Cantina，點上一碗燉辣肉醬配餅乾，不到10元美金。

享用孟加拉的起司甜奶球

印度（INDIA）// 正如一般甜食製造商所承諾，這道甜品真的是入口即化。起司甜奶球（rasgulla）是由粗麥麵糰混合印式茅屋起司（chhena），搓揉成小圓球再放進糖水裡烹煮，當奶球充份吸取糖漿的甜味，吃起來有如中式甜湯圓的美味。可口的起司甜奶球讓西孟加拉邦（West Bengal）和隔壁的奧里薩邦（Odisha）政府針對誰才是它的發明區，爭論了數十年。

🥄 **上哪吃？**要想達到極致美味口感，建議一次舀一大瓢。孟加拉全境的路邊攤和甜品店都可吃到。

在餐盤上探索普羅旺斯

法國（FRANCE）// 一道如明亮油彩畫的雜燴拼盤，結合番茄、多種香草及鮮綠色橄欖油，歌頌著美麗夏日。除了番茄，典型的普羅旺斯燉菜（ratatouille）還包括茄子、夏南瓜、大蒜、胡椒、羅勒、百里香，而上述這些全都在普羅旺斯鄉間大量栽種。撇開一般的雜燴拼盤，有些地方會將這道菜層層鋪疊成有如藝術品。無論如何，配上幾片剛出爐的熱騰騰麵包，就是一道美味的露天午餐。

🥄 **上哪吃？**在迷人的家庭式餐館La Rossettisserie，普羅旺斯燉菜可以是任何一道主餐的最佳配菜。地址：8 rue Mascoïnat。

335

© Lonely Planet / Myles New

337

© Getty Images / Olives for Dinner

© Thomas Schauer

338

© Thomas Schauer

338

© Brent Herrig

338

338

加入紐約市
可頌甜甜圈教派

美國（USA）// 紐約市 Dominique Ansel 烘培店外每天 8：00 前就開始大排長龍，人們大部份都只為了一件事——可頌甜甜圈（Cronut）而來。由天才糕餅師傅 Dominique 發明，將脆皮可頌和甜甜圈結合而成的糕點傑作，值得大排長龍嗎？答案當然是肯定的，不僅出自於志同道合的排隊決心，也由於它的香甜氣息、鮮奶油內餡和高溫油炸的魅力。其實可以在每星期一 11：00 預定，但這樣還有什麼樂趣可言？

👉 上哪吃？前往 Dominique Ansel Bakery，地址：189 Spring St, New York City。

339

享用科威特
家常混搭料理

科威特（KUWAIT）// 科威特美食是一種融合阿拉伯、印度、地中海和伊朗菜色的混搭料理。將各個國家的料理精華與科威特人的好客之道互相結合，就有了足以媲美世界頂尖國家的廚藝文化。科威特美食中最引以自豪和充滿歡樂的料理，就是香料辣味雞飯（當地稱為 chicken machboos 或 machboos ala Dajaj），每個科威特人都能用多到像你手臂那麼長的香料來烹煮這道美食，而你可以在全國各地的家庭慶典和餐廳發現這道菜。

👉 上哪吃？如果沒有機會在科威特人的家中品嚐，可以去 Freej Suwaileh Salmiya 餐廳，地址：Kuwait City。

340

走進蘇黎士的
巧克力夢工廠

瑞士（SWITZERLAND）// 雖然可可樹來自於新世界，舊世界的瑞士古城卻成為今日我們最愛的巧克力重鎮，不只將可可豆轉變成香滑可口的巧克力棒，並且發明能夠均勻控制可可豆油脂的巧克力精煉機器。在這座巨大的史賓利巧克力夢工廠（Confiserie Sprüngli）探索歷史和一系列產品，而一整區的手工巧克力是每個巧克力迷的夢想點心。你會在此遇到許多同好——瑞士人可是世上吃掉最多巧克力的民族。

👉 上哪吃？Confiserie Sprüngli，地址：Bahnhofstrasse 21, Zürich。

341

341

341

品嚐智利海鮮煲
投入太平洋砂鍋的懷抱

智利（CHILE）// 擁有超過 4000 公里長的南美太平洋海岸線，智利這個形狀狹長的國家有著許多美麗海岸，也因此有著豐饒海產。這麼說來，以大量海鮮匯集出這個國家最棒的一道舒心料理——喀蘇拉（cazuela，用鮮魚或肉類搭配蔬菜烹煮的燉菜）——也就顯得合情合理。

Cazuela de mariscos 事實上翻譯過來就是「海鮮煲」，而且通常烹煮這道料理需要小火慢燉。重要的是將白鮭和明蝦、淡菜和海蝦（通常帶殼）這些貝類與洋蔥、番茄和其他蔬果及香草，用小火一起咕嚕嚕地長時間燜煮，直到香

味四溢。這是全家人會在週末坐下來慢慢品嚐的一道菜。傳統上的吃法是先喝一口湯汁，再接著吃柔滑的鮮嫩魚片和蔬菜。

🐟 **上哪吃？** 在智利的艾森（Aisén）和麥哲倫（Magallanes）地區，海洋是當地人的重要生計，這道海鮮煲便是當地的固定菜單。

342

朋友相約一起
加入南非國家烤肉日

南非（SOUTH AFRICA）// 南非 BBQ 燒烤（braai）不僅僅是南非式的烤肉，更融入到當地文化，展現出居民的生活方式。南非人是如此嚴肅的看待 braai，因此他們推動將國家烤肉日與每年 9 月 24 日的國家遺產日（National Heritage Day）併在同一天慶祝。提出的理由是：遺產日是在慶祝南非文化和傳統的多元性，因此還會有比親朋好友聚集在一起進行露天美食燒烤更好的慶祝方式嗎？在開普敦（Cape Town）可能沒辦法每個週末都來場南非烤肉，但是在國家的遺產日／烤肉日來到此地吃一場南非烤肉、感受歡樂的氣氛則是非常值得的。開普敦的美麗風景是其中一個理由，但是南非人對於高品質烤肉食材的堅持和極富創意的烹調方式也是原因之一，絕不會只讓你吃到烤肉架上的香腸而已。你可以品嚐到自製的波爾香腸（boerewors）、駝鳥肉排、啤酒醃製的臀肉牛排等等。要體驗真正的南非美食，南非烤肉是無可匹敵的。

🍾 **上哪吃？**和朋友一起在開普敦的 Wynberg Park 來場南非烤肉，位置：Wynberg, Cape Town。

343　344　345

朋友
這可是墨爾本的
酪梨吐司啊！

澳洲（AUSTRALIA）// 風行全球的酪梨吐司（avocado on toast）你可能已經吃過了，但如果想品嚐最棒的滋味，請前往發源地：澳洲。特別是墨爾本里奇蒙鎮（Richmond）的 Top Paddock 咖啡館，這裡的會搭配豌豆、紅蔥、薄荷、羊奶起司、辣椒鹽和水波蛋。或者是在 The Kettle Black 咖啡館吃著用半顆當季酪梨加上一片吐司和當地海鹽的極簡主義版。

上哪吃？Top Paddock，地址：658 Church St；The Kettle Black，地址：50 Albert Rd。這二家咖啡廳都在墨爾本。

在西安咬上一口
兩千年歷史的
漢堡

中國（CHINA）// 有時候會稱它為中國漢堡，但事實上，這種三明治要比漢堡早了約 2000 年左右出現。起源於陝西省的肉夾饃，是由加入香料燉煮過的碎肉塞進類似口袋餅的白吉饃所組成，上頭再灑些香菜，非常美味多汁，最好是貼著餅皮吃才不會讓肉汁沾到衣服上。在非穆斯林地區通常選用豬肉，但是肉夾饃迷卻堅信是用西安牛肉或羊肉做的。

上哪吃？到了晚上，西安的回民區到處都是人擠人的攤販小吃，請在這裡搜尋肉夾饃和其他當地美食。

炸魚塔可餅：
下加州衝浪者的
最愛

墨西哥（MEXICO）// 很很容易明瞭為何下加州（Baja California）的衝浪者熱愛這道炸魚塔可餅（fish taco）：將鮮魚切成細條，高溫油炸後放在二片烤好的墨西哥玉米餅上，咬下酥脆炸魚的瞬間，生菜帶給你爽口的清新，混合美奶滋、酸奶和墨西哥辣椒的醬汁則藏著嗆辣後勁，現榨新鮮萊姆則是畫龍點睛。沿著超過 1200 公里長的下加州半島，你很難錯過這道美食！

上哪吃？下加州的 Ensenada 和 San Felipe 都宣稱是發源地，遍布這二座大城的快餐車都吃得到。

345

艾琳娜・
阿札克

　　艾琳娜・阿札克（Elena Arzak）是西班牙聖塞巴斯提安的米其林餐廳 Arzak 首席主廚。2012 年英國的《Restaurant》雜誌將她評為世界最佳女主廚。

01

西班牙吉塔里亞的香烤比目魚

Elkano 餐廳的主廚 Aitor Arregi 將整條魚放上烤架，再用鹽巴和特殊油醋醬與天然吉利丁混合製作的醬汁來調味。

02

地中海的米飯

我是個超級米飯迷，從義大利燉飯到西班牙料理中的各式乾飯和湯飯。這是一道看似簡單卻需要高超技巧的料理。

03

巴斯克自治區伊迪亞薩瓦爾的生羊奶起司

我最愛的起司。每一塊都有些微的差異，要視綿羊的品種和放牧的區域而定。

04

西班牙的伊比利火腿

沒有任何一種東西具有伊比利火腿（Iberian ham）的風味，由只吃西班牙西部冬青櫟森林裡的橡實作為飼料、在當地開放性飼養的黑毛豬所風乾醃製而成。

05

巴塞隆那的壽司和生魚片

這一種看似簡單卻蘊藏奧妙的美味料理，在巴塞隆那有許多很棒的餐廳都能吃到。

346

帶著你的鐵胃
在野味節品嚐光怪陸離
的野生美食

紐西蘭（NEW ZEALAND） // 帶著一種海納百川的開放心態和胃口，去參加位於紐西蘭南島西海岸一年一度的野味品嚐大會。每年 3 月，帶著大量新奇詭異氣味和口感的各種野味，充斥在過往的淘金鎮霍基蒂卡（Hokitika）；這裡曾經是伊蓮諾．卡頓（Eleanor Catton）的布克獎（Booker Prize）得獎小說《The Luminaries》的故事場景。除了現場音樂演奏和「野性時裝秀大賽」，連續三天有超過 50 個市場攤位在此營業，提供各種光怪陸離的野味料理，從標準的西海岸美食（白飯魚蛋餅、狩獵野味、毛利風味餐）到油炸豬耳朵、洛磯山生蠔（沒錯，就是公牛睪丸）、生天牛幼蟲（huhu grubs，一種紐西蘭甲蟲）、鴨頭，或者⋯⋯如果精氣不足就來道「補精飲品」—— 一種馬的精液。

 **上哪吃？** 野味節地點位在霍基蒂卡市中心的 Cass Squre 公園周邊，沿著 Weld St 有著各式攤位，當地有三家露營區提供住宿。

347

從最受歡迎的
卡薩多風味餐
享受風景人情天作之合

哥斯大黎加（COSTA RICA） // 卡薩多（casado）在西班牙文中的意思是結婚，這個名稱也完全符合這道營養均衡、每日餐桌必備，使用哥斯大黎加當地新鮮食材所做成的卡薩多風味餐，從景色宜人的海邊鄉間廚房，到喧鬧繁華的首都聖荷西（San José）都能吃到這道菜——或許缺了點驚喜，但是保有實在的美味，而且通常是菜單上最養生的選擇。每道風味餐包含米飯、芭蕉、沙拉和墨西哥玉米餅，但可以自行選擇主食，通常是雞、魚、牛、豬擇一。調味料來自旁邊的番茄莎莎醬，如此一來，從挑食的孩童到追求美食的大人，都能調出自己最想要的味道。

 **上哪吃？** 幾乎可以在哥斯大黎加的每個住家和餐廳都能找到卡薩多風味餐，但每個地方的烹調方式都會有些不同。

348

在肥鴨餐廳
享用招牌蝸牛粥

英國（UK） // 連續被票選為世界最棒餐廳之一的肥鴨餐廳（Fat Duck），坐落在瀕近泰晤士河、擁有童話故事般場景的布雷（Bray）小鎮，邀請用餐者經歷一場栩栩如生的懷舊與幻想之旅。請想像一下：湯同時是熱的也是冷的，生魚片配上變戲法般的海浪泡沫，所有的海鮮躺在一張鋪滿木薯粉沙的床。正如你的味覺被每道菜的視覺效果給迷惑，你的感官遨遊在 Heston Blumenthal 充滿創意的獨特美食小宇宙裡。由於每天中餐加晚餐只招待 42 位客人，也只有在一年之中的某個特定時段開放訂位，你的訂位通知通常需要等待 4 個月，正好讓你有足夠時間存下 300 英磅的餐費，不包括飲料在內。

 **上哪吃？** 品嚐美食魔術，體驗一場真正的奇幻美食大冒險。地址：High St, Bray, UK。

349

帶著洛林鄉村鹹派
前往巴黎公園野餐

法國（FRANCE） // 洛林鄉村鹹派（quiche lorraine）這道法式經典料理的最佳享用方式，是到法國鄉間河岸或是巴黎園內野餐。坐下來仔細品嚐每一口的絕妙滋味，因為這是一道讓人愛不釋手的美食，雞蛋和培根的經典組合還會不好吃嗎？純粹「派」主義者會告訴你，真正的洛林鹹派不會有起司，而是使用全脂鮮奶和少量的肉豆蔻，派皮要薄脆且不能有洋蔥或韭菜，不然就會完全變成另外一種法式鹹派。我們聽說買含有葛瑞爾起司（Gruyère）和艾曼塔起司（Emmental）的洛林鹹派是 OK 的（許多的法國糕餅店和咖啡館都供應這類鹹派），但是囫圇吞棗就萬萬不可。

 **上哪吃？** 在公園或是法國鄉間，如果非得選擇室內環境就去 The Smiths Bakery，地址：12 rue de Buci, Paris。

346

349

348

350

在喬盧拉嚼著百吃不厭的油炸玉米餅

墨西哥（MEXICO）// 普埃布拉油炸玉米餅（Pueblan chalupa）的故鄉喬盧拉（Cholula），Santa Monica 教堂前的小販正飛快地炸著讓人愛不釋口的點心。這道墨西哥中南部特產，是將玉米薄餅填入莎莎醬、起司和切碎的生菜，再放進高溫油炸，看起來像一坨溼軟的糞便，但是別被外表騙了，油炸玉米餅是一道香辣美味的驚人之作，吃一個是絕對不夠的！幸運的是，2 元美金就能買到 5 個。

👉 **上哪吃？** 普埃布拉區（Puebla）的路邊攤。

351

工作時來份平價的夏威夷盤式午餐

美國（USA）// 盤式午餐（plate lunch）的名字來自於 1930 年代快餐車供應給莊園工人的餐盒，經過一個世紀，盤式午餐依舊忠於原味也始終物美價廉。最受歡迎的是當地特產，像是烬窯豬肉（kalua pork）、米飯漢堡（loco moco，淋上肉汁的漢堡肉餅和荷包蛋）以及夏威夷壽司捲（spam musubi，用海苔包裹午餐肉和米飯）。檀香山的威基基（Waikiki）海灘區，是尋找快餐車小販的最佳地點。

👉 **上哪吃？** 找個毫不起眼的路邊攤。地址：Waikiki district of Honolulu, Hawaii。

352

咖椰吐司：返璞歸真的馬來西亞式早餐

馬來西亞（MALAYSIA）// 這份早餐就像是那些使用豐盛食材和各種錯綜複雜調味、深具馬來西亞式特色美食的陪襯品。咖椰吐司（kaya toast）基本上就是果醬吐司：二片烤好的白吐司塗上咖椰醬。咖椰醬是用椰奶、糖和雞蛋製成，十分香甜美味。放入一塊超冰涼的牛油，慢慢的從吐司內融化開來，再配上滑嫩的水煮蛋和一杯加糖的黑咖啡。

👉 **上哪吃？** 吉隆坡各地的早餐咖啡店都能吃到。

353

在塞爾維亞的烤肉節遇見肉品大師

塞爾維亞（SERBIA）// 一連舉行 7 天烤肉節（Grill Festival）的 Leskovac，是座擁有正宗塞爾維亞肉品和燒烤配方的小鎮，國菜也是出於此地。普列卡維察（pljeskavica）是一種不帶漢堡包的牛絞肉漢堡（其他地方也有豬、牛混合），搭配起司、沙拉和皮塔餅，牛絞肉中帶有的洋蔥味和辣味，來自於焦糖洋蔥和煙燻香料。在烤肉節當地烤肉狂熱愛好者的騷動中向燒烤大師致敬，是一門顯而易見的學問。

👉 **上哪吃？** 8 月底至 9 月初在 Leskovac 舉行的烤肉節，或全國各地的外帶點餐機。

© John Elk III / Alamy Stock Photo

354

大口吃布丁：
巴西式
飯後甜點

巴西（BRAZIL）// 布丁（pudim）是一道
典型巴西式甜點，特別是與當地人在餐
廳、蛋糕店、咖啡館或者最好是在某個
人家中吃飯時，作為餐點的一部份。用
雞蛋、煉乳、牛奶、糖和水攪拌在一
起，搭配焦糖糖漿製作成香滑的布丁。
這道使用簡單食材做成的甜點，已成為
最受歡迎的家庭料理，但如果你對此一
竅不通，也可以在全巴西的餐館內吃
到。試試在你吃完巴西黑豆燉肉（meaty
feijoada）之後來上一客布丁。

☛ 上哪吃？全國各地的傳統巴西式
餐館。

© Bob Henry / Alamy Stock Photo

356

355

雞蛋薄餅：
斯里蘭卡的
活力煎餅

斯里蘭卡（SRI LANKA）// 看著路邊小
販製作這些碗狀的發酵煎餅，幾乎和
吃它們一樣有趣。小販大量且快速地
翻壓這些雞蛋薄餅（egg hopper），感
覺一個根本不夠吃。從細絲花邊到略
帶嚼勁的中心，雞蛋薄餅讓許多餐桌
上的早餐增色不少，但是斯里蘭卡的
hopper 上多加的那枚煎蛋，通常是只
有晚上才供應。這道美味料理還有香
辣椰子參巴辣椒醬（samba）和在蛋上
面放起司的吃法。

☛ 上哪吃？路邊攤棚內用小煎鍋新
鮮出爐。

356

在雲吞麵中尋找
廣東人的
心靈慰藉

香港（HONG KONG）// 在香港，一碗
雲吞湯麵是給宿醉者、心碎人或純粹
當作夜宵的最佳良伴。Q 彈、富含雞
蛋味的麵條沉浸在芳香的鮮魚高湯
裡，上頭飄浮著飽滿厚實的蝦仁雲
吞。每個人對於最佳湯麵的選擇各有
所好，從雲吞的大小、純蝦仁內餡或
是摻雜一些豬肉等等。最好的方式就
是大口吃完你的湯麵，然後起身離開
雲吞麵攤的塑膠椅，別再糾纏不休。

☛ 上哪吃？全香港的麥奀雲吞麵世
家各分店。

357

在新社區品嚐
古早味的
哈瓦那三明治

美國（USA）// 最早是由佛羅里達州
的古巴移民，以芥末醬、火腿、酸黃
瓜、瑞士起司和最關鍵的煙燻豬肉重
新構思的起司火腿三明治。如今哈瓦
那三明治早已風行各州，但是最好吃
仍在佛羅里達，尤其是 1880 年代由古
巴雪茄商在坦帕灣（Tampa Bay）宜博市
（Ybor City）所建造的社區——在此地
大啖古巴三明治（Cuban sandwich），讓
人感覺彷彿重回親切的哈瓦那天堂。

☛ 上哪吃？到 Ybor City，或是
Orlando 的 Zaza New Cuban Diner 餐
廳，都在佛羅里達州。。

358

北印度的繽紛節慶食物： 玫瑰梅果甜點

印度（INDIA） // 在北印度的街頭上，令人難以抵擋誘惑、像糖漿般口感的玫瑰梅果甜點（gulab jamun）是一道絕佳的甜點。在印度的節慶中，像是開齋節（Eid）、灑紅節（Holi）、印度燈節（Diwali）和九夜節（Navratri），這道甜點隨處可見。也許是像甜甜圈般閃閃發亮的紅色及艷橘色外觀，吸取玫瑰色糖漿後的這些小球，使得這道甜點看上去相當喜氣。傳統上，它們是由一種半固態的乳製品（khoya）所製成。製作過程相當耗時、準備作業也相當複雜——這意味著如果在街頭看到，要把握機會多吃幾口，因為很難在家一模一樣地重現這道精緻點心的味道和口感。

🍴 **上哪吃？** 北印度任何一家甜點店，都有提供這道美味的點心。

359

倫敦聖約翰餐廳的 烘烤動物脊髓

英國（UK） // 烤過的動物髓骨、鄉村發酵麵包和荷蘭芹沙拉，在這棟簡樸的建築物中，端出的食材相當引人矚目。主廚 Fergus Henderson 是「從鼻子吃到尾巴，堅持不浪費任何部位」飲食概念的創辦人，1994 年在年久失修、曾是世界最大豬肉工廠的 Smithfield 燻製廠開設 St John 餐廳，這道烘烤動物脊髓（bone marrow on toast）就一直在菜單上。只用街頭肉販提供的小牛犢脊髓，發酵麵包來自隔壁烘焙坊，再用荷蘭芹、洋蔥和刺山柑花蕾（caper）沙拉提升美味。也有供應小茴香佐羊舌、酥脆豬頰拌蒲公英和烤鴨心等菜餚，如同主廚所說：「吃到除了骨頭一滴不剩，才是對動物的尊重。」

🍴 **上哪吃？** 雖然週間常常可以不預約就溜進去 St John 餐廳吃午餐，但如果想到位於法靈頓區的正統餐館，最好還是事先預約。地址： 26 St John St, London。

360

小口品嚐玻利維亞的 蒸氣湯汁餡餅

玻利維亞（BOLIVIA） // 如果有一種點心在整個拉丁美洲都受到喜愛，那當然非餡餅（empanada）莫屬了。這種烘烤過、內層包著調過味的美味肉餡及蔬菜的小小麵團，在拉丁美洲處處可見，人們很難抵擋其誘惑。被稱為 salteña 的玻利維亞版本，因為麵團裡的肉餡是以吉利丁（gelatin，動物膠）包裹，又是另外一種與阿根廷餡截然不同的飲食體驗。冷卻的吉利丁在玻利維亞餡餅中仍然維持原狀，但是一旦點心進入烘烤程序，吉利丁便會在肉餡周圍融化成湯汁。如果你正準備咬下一口呈現半固體狀的肉餡，請務必小心，因為可以讓你免於受到 3 度燙傷的危險或是省下一筆衣物清洗費用。建議先從餡餅上方咬一小口，讓蒸汽先冒出，然後再將湯汁吸吮出來。如果已經沒有燙口的危險，便可以好整以暇地好好享用這道點心。

🍴 **上哪吃？** 整個玻利維亞的街道上都可以買到這道點心。如果你要品嚐，請務必小心！

361

頂級芒果聖地：邁阿密

美國（USA）// 大約西元 300 年前，緬甸僧侶便開始向全世界輸出他們的芒果。自此之後，許多不同的芒果種類便推陳出新，但全世界最棒的芒果品種卻在 1902 年的邁阿密（Miami）才出現。一位退休的美國軍官種下這個以他為名的芒果品種，但是才不過一年他就去世了，由遺孀佛羅倫斯·海頓（Florence Haden）接手後續植栽的照護。不論果肉、香氣和外皮，海頓芒果（Haden mangoes）都是芒果種類中最出類拔萃的。

🥢 上哪吃？邁阿密每個夏日都有芒果季。當你啜飲芒果瑪格麗塔雞尾酒（mango margarita）時，別忘了也要品嘗一塊海頓芒果的果肉。

362

帕帕糖果店的甜點

日本（JAPAN）// 著名美國兒童繪本作家蘇斯博士曾經描述過在帕帕糖果店（Papabubble store）親眼見到的糖果製程。枕頭般大小、彩色的糖果厚片被捲成彩帶狀，再圈成棒棒糖或是剪成潤喉糖。總部位於巴塞隆納的帕帕糖果店自詡為「糖果實驗室」，店裡有簡約風格的開放廚房，顧客從罐子和試管狀容器中購買各種糖果，例如奇異果、百香果及抹茶口味。也可訂製個人化的糖果，員工會將你的名字縮寫或是肖像嵌進糖果。

🥢 上哪吃？東京火車站的 Daimaru 百貨，這家分店走的是未來感玻璃箱風格。地址：B1F 1-9-1, Marunouchi, Chiyoda-ku, Tokyo。

363

南非德班城的咖哩麵包

南非（SOUTH AFRICA）// 這道外型奇特的料理，據說是來自南非德班城（Durban）的印度移工；為了將午餐食用的咖哩攜至工作場地，他們想出了這道料理。一些廚藝較好的廚師則會將咖哩放在末端挖空的長條白麵包裡，而這種實驗性質的料理後來也蔚為風潮。吃咖哩麵包（bunny chow）是不用任何餐具的，所以抓一塊麵包，然後盡情地在外頭弄髒你的雙手，也許邊吃咖哩麵包的同時，你還可以同時眺望德班城的美麗海灘。

🥢 上哪吃？推薦 CaneCutters 餐廳，地址：53-55 Helen Joseph Rd, Bulwer, Berea, Durban。

364

北領地的
澳洲肺魚晚膳之戰

澳大利亞（AUSTRALIA） // 在澳大利亞最北端的海洋和河流中，有一種身長約 1.5 公尺的魚，因為極難捕捉以及其甜美的味道而受到尊崇。在阿納姆地區（Arnhem Land）的 Barramundi Lodge，你可以花一整天的時間捕捉這種魚類，然後再將捕捉到的魚貨交給旅館廚師來料理。澳洲肺魚（barramundi）當地人又暱稱為「barra」，是許多人心目中的魚中之王，也是整個北領地餐廳菜單上的主菜。因為這道魚料理很受歡迎，大部分端上盤的肺魚其實都是亞洲進口的海鱸，所以當你在酒吧及高檔餐廳用餐時，記得要再次確認盤中美麗雪白的魚肉原產地。

🐟 **上哪吃？** 位在阿納姆地區海濱甲板上的 Barramundi Lodge，地址。Maningrida, Northern Territory。

364

365

切勿質疑
午夜費城三明治
吃就對了！

美國（USA） //1930 年美國一名熱狗攤販為了煮幾片牛肉，發明了費城起司牛肉三明治（Philly cheesesteak）。這道經典料理名氣響亮，相較起源故事顯得無足輕重。從計程車招呼站到費城（Philadelphia）的教堂，甚至是整個賓州（Pennsylvania），處處都掀起「最佳起司牛肉」的辯論。儘管製作這道料理的手藝大同小異，食材都是薄片菲力牛肉，上頭堆滿自行選擇的融化起司或煎洋蔥之類的配料，但細細品嘗還是分辨得出優劣。但是當你半夜站在冷冽的街頭，手裡握著三明治，身邊圍繞幾名當地基本教義派時，最好還是不要對品質提出質疑，因為他們可能會為這點小事揮拳相向。

🐟 **上哪吃？** 想嚐嚐當地人吃的起司牛肉，試試 Geno's 餐廳，再到附近的競爭對手 Pat's King of Steaks 吃吃看（據說由發明這道料理的攤販家族經營）。

365

#

摩洛哥露天市場及海邊的沙丁魚婚宴

摩洛哥（MOROCCO）//「東西多到不知該如何選擇。」這句話恰好形容了摩洛哥的料理：肉類、海鮮、蔬菜、豆類、堅果，這裡應有盡有。如果我說在摩洛哥街頭買到的食物可以媲美高檔餐廳所供應的料理，你也不要覺得驚訝。沙丁魚片鑲佐料（stuffed sardine）便是其中一個例子，或是套用摩洛哥當地的浪漫稱號——沙丁魚婚宴（sardines mariées）。會有如此稱呼，是因為沙丁魚片裡填充了餡料並互疊在一起。想要一嚐這道料理的美味，最好的地點是在能供應新鮮魚貨的摩洛哥海濱城市，但是其實整個摩洛哥處處可見這道料理的蹤跡。沙丁魚片利用一層又一層的北非辣醬（chermoula）結合在一起，在灑上麵粉放入油鍋油炸之前，這些魚片還會再裹上更多 chermoula 醬，吃的時候配上幾滴檸檬及綠辣椒當配菜。至少要買個三尾才能支撐你走完整個露天市場，或是滿足剛逛完海灘的疲憊身心——如果只買一兩尾，你是不會滿足的。

🐟 **上哪吃？** 沿著摩洛哥造價不菲的海岸線，你可以從路邊的炸鍋買到新鮮的沙丁魚片鑲佐料。

© Michael Ventura / Alamy Stock Photo

368

© Sean Pavone / Alamy Stock Photo

368

367

斐濟消暑聖品：
生魚片沙拉
配冰啤酒

斐濟（FIJI）// 這道從斐濟群島來的開胃菜，運用了像是西班牙鯖魚或是鬼頭刀（mahi mahi）等肉質豐美的魚種。為了「烹煮」這道生魚片沙拉（kokoda），魚片會先浸泡在檸檬汁裡數小時，做法很像檸檬汁醃魚生（ceviche）。之後魚片上頭會擺滿切碎的甜椒、洋蔥、芹菜、一點點辣椒以及最重要的椰奶，當然，在端上桌前還會把這道菜擺進椰子殼裡。你覺得料理手法有點庸俗？也許有那麼一點，但是這可是島嶼生活所能供應的上乘之作。這道菜餚嚐起來酥脆爽口，在炎熱潮濕的天氣裡配上一瓶冰涼的斐濟苦啤酒（Fiji Bitter），簡直絕配！

👉 上哪吃？幾乎所有斐濟餐廳今日魚貨的菜單上，都有這道生魚片沙拉。

368

切薩皮克灣的
經典
蟹肉餅

美國（USA）// 位於美國大西洋海岸中部的切薩皮克灣（Chesapeake Bay）盛產許多藍色螃蟹。因為產量之多，當地人便想出了五花八門的料理螃蟹手法，比如說蟹肉餅（crab cakes）便是一例。這道點心是由蟹肉混和美乃滋再下去油炸，你可以在高檔餐廳搭配芝麻菜沙拉一起品嚐，或是在巴爾的摩（Baltimore）的酒吧配上灑鹽餅乾（saltines）和檸檬。每家餐廳都有其專屬的螃蟹料理食譜，許多年來，大家已經為了料理螃蟹時是否使用麵包粉的問題而爭論不休，但是為了賓主盡歡，我們兩種方式都試試看吧！

👉 上哪吃？想要一嚐蟹肉餅配冰啤酒，位於 203 N Paca St, Baltimore 的 Faidley 酒吧，你絕對不能錯過。

369

用千里達的
玉米濃湯和
朋友打屁聊天

千里達 & 托巴哥（TRINIDAD & TOBAGO）// 這道料理在跑趴狂歡後很受歡迎，尤其在狂歡節前後，非常適合作為和朋友吃吃喝喝、打屁聊天時的點心。因為用料豐富實在，玉米濃湯（corn soup）也可以當作正餐。玉米穗、玉米糊和粒粒分明的玉米粒和其他美食一起烹煮，其中包括最關鍵的食材——水餃。為自己盛上一杯保麗龍裝、濃稠又冒泡的玉米濃湯，並以千里達獨有且親密的方式，和你的親朋好友閒話到天明吧！

👉 上哪吃？在千里達的慶典中，處處可見販賣玉米濃湯的小販。

全神貫注的
日本精進料理

日本（JAPAN）// 13 世紀中國佛教徒到日本傳教時，也將料理食物的精神一併帶入，這種結合禪宗精神的料理手法在日本源遠流長、影響深遠。精進料理（shojin ryori）指的是製作料理時的全心投入，並將禪宗的原則運用進去，訪客可在有開放的寺廟中品嚐到這道料理。對禪宗的精神體認是準備此料理的基本態度，也反映了禪宗強調和諧的精神——不論是口味、菜色和營養，這道美味的菜餚都力求平衡。

☞ 上哪吃？ 在東京高尾山（Mount Takao）佛寺中，可和僧侶們共進這道料理。地址：2177 Takao-machi, Hachioji City, Tokyo。

波札那戶外爐火
滋滋作響的
玉米燉牛肉

波札那共和國（BOTSWANA）// 波札那的自然資產比料理還更具知名度，但是每個人都要吃飯，而且如果可以的話，還希望能吃得好。於是當地人發現了一個達成這個願望最簡單的方式，便是將肉以慢火燉煮至骨肉分離。傳統上，人們會將滾燙的一鍋水放在爐火上，加入鹽巴使肉質軟化並煮到足夠柔韌、可以捶打製作成這道玉米燉牛肉（seswaa）的料理。端上桌時，還會配上玉米糊（pap）。這道菜在波札那的任何一個場合都可見其芳蹤。

☞ 上哪吃？ 在首都嘉柏隆里（Gaborone）手工藝品中心的庭院餐廳中，可以享用這道可口的佳餚。

峇里島的
印尼雜菜飯

印尼（INDONESIA）// 印尼雜菜飯（nasi campur）的魔力在於：你可以不用侷限只能挑選菜單上的某一種菜。這道峇厘島美食是從一杓飯開始（希望是當地稻田自產的稻米），然後可以加幾串沙嗲烤肉（sate lilit）、一些辣味印尼黃豆餅（tempeh）、炒時蔬、烤魚、一些蒸熟的蛋及辣椒醬，最後洗淨你的雙手，從蝦仁或是蝦餅開始大快朵頤這道菜餚吧！吃完可以再去盛第二碗飯，配上不同的食材。

☞ 上哪吃？ 散布在印尼峇里島不起眼的路邊攤（warungs），可以嚐到最美味的印尼雜菜飯。

370

372

373 374 375

巴西的
派對下酒菜：
鹽烤鱈魚球

巴西（BRAZIL）// 在巴西，社交是融入飲食中的，許多尋歡作樂者並不想因為一道正經八百坐著享用的菜餚而破壞派對的狂歡氣氛。做工耗時的鹽烤鱈魚球（bolinho de bacalhau），巴西人通常只會在外出用餐時才會點這道菜，在談話空檔快速地塞進一顆鱈魚球——外皮酥脆，中心是濃稠的鱈魚口感，還會配上檸檬及一瓶散裝冰啤酒（chope）。有了這道佳餚的加持，一定能度過一個賓主盡歡的夜晚。

 上哪吃？大約從 20:00 的歡樂時光開始，遍布巴西每座城市的酒吧幾乎都會提供這道料理。

赫爾辛基的
芬蘭式
餐前菜

芬蘭（FINLAND）// 位於赫爾辛基的 Ravintola Juuri 餐廳一直不斷在開發新食材，如今因為被稱為 sapakset 以及 sapas 的主菜與小碟前菜，使這家餐廳廣受歡迎。芬蘭式前菜（Finnish tapas）主意的發想，其實是為了以一種趣味和現代的方式，引發人們對許多已被遺忘的傳統食物的興趣。迎賓前菜是蘋果甜菜根沙拉、在芬蘭冰河裡發現的鱈魚（burbot）以及彩虹鱒魚佐山葵。芬蘭現代主義大師阿爾瓦·阿爾托（Alvar Aalto）一定也會大力讚揚這道料理。

上哪吃？Juuri 餐廳就坐落在赫爾辛基市中心，只有午餐及晚餐時間才營業。地址：Korkeavuorenkatu 27。

在烏茲別克
分享
一大盤抓飯

烏茲別克（UZBEKISTAN）// 在所有顆粒狀的簡易菜餚中，烏茲別克人對抓飯（plov）可說是情有獨鍾。這道料理會盛在架於火上的大鍋（kazans）之中，在烏茲別克的餐廳裡是一道常見的菜餚——結合米飯、胡蘿蔔、洋蔥及一點的肉，所有食材都已事先經過油漬。每一個地區都有料理抓飯的特別方式，所以在烏茲別克旅行，可以期待體驗到各式各樣不同口味的抓飯。通常會盛在一個大淺盤（lagan）中，賓客再用湯匙舀到自己的盤子。

上哪吃？首都塔什干（Tashkent）的 Central Asian Plov Centre 供應來自全國各地的抓飯，但只限定午餐時間。

376 377 378

下山來口威爾斯水果蛋糕吧

英國（UK）// 在英國裝潢雅緻的咖啡館裡，水果蛋糕（bara brith）是最佳下午茶點心，也正是爬完威爾斯最雄偉山脈之一——Becon Beacons——最需要的補給品。bara brith 又稱「斑點麵包」（speckled bread），但有些人覺得它是蛋糕。不論歸屬為何，這道甜點已經有幾世紀的歷史。製作時使用了麵粉、酵母菌及奶油，靜置發酵 2 小時再混合茶、調味料及水果乾，然後烘烤至最完美的濕潤程度。

🐟 **上哪吃？**整個威爾斯都可以看到它的蹤影。位於卡馬森郡 Jacksons Lane 的 Y Pantri 烘焙坊，水果蛋糕尤其鮮嫩多汁。

法屬圭亞那的鮮魚料理

法屬圭亞那（FRENCH GUIANA）// 在派對過後舒適慵懶的海島氣候裡，白日夢幻想突然被一聲「Blaff！」巨響打斷——廚師將許多待料理的魚重重擺進鍋子的聲音。鮮魚料理（blaff）是加勒比海的解憂佳餚，將新鮮鯛魚、鮪魚或是鯖魚放在以辣椒及大蒜調配的檸檬汁裡醃漬，再一起放進幫助解酒的清湯烹煮到軟嫩。這道菜在整個加勒比海地區都很受歡迎，但只有在法屬圭亞那才能嚐到最美味的。

🐟 **上哪吃？**在首都卡宴（Cayenne）及 St-Laurent-du-Maroni 當地小餐館，都能吃到最新鮮的鮮魚料理。

享受法式核桃蛋糕

法國（FRANCE）// 就像生活中大部分的事情，如果用法文發音，核桃蛋糕（gâteau aux noix）聽上去似乎更性感誘人，幸好不管用哪一種語言，美味依然不變。幾世紀以來，住在法國西南部多爾多涅省（Dordogne）的人，已將這種不起眼的核桃堅果融入日常生活中——從製作這種美味蛋糕的核桃油到核桃酒——當地人宣稱這種堅果不但有來自大地的味道，還富含健康及活力的祕方。

🐟 **上哪吃？**你可以拜訪製作核桃油的農場 Moulin à huile de noix。地址：Route de SaintCéré, Les Landes, 46600 Martel。

© Hemis / Alamy Stock Photo

© Lonely Planet / Andrew Montgomery

紐奧良的
洛克菲勒焗烤生蠔

美國（USA）// 根據個人經驗，紐奧良是個特別友善的城市，陌生人可能會在酒吧請你喝酒，只因為你讓他想起某個當地默默無名的獨立音樂人；或是當地音樂傳奇約翰博士（Dr John）會突然造訪，即興彈上幾首鋼琴曲。紐奧良是座音樂、美食、美好時光之城，同時也是大啖牡蠣的好地方，在這裡可以嚐到窮小子三明治（po' boys）裡的炸牡蠣、沾有 Tabasco 辣醬的生蠔、炭烤或是撒上伏特加酒的料理方法。品嚐牡蠣料理最佳地點應屬 19 世紀發明洛克菲勒焗烤生蠔（oysters Rockefeller）的 Antoine's 餐廳，他們將生蠔浸泡在奶油和香草醬汁中，上頭鋪滿碎麵包粉再放進烤爐裡。發明此料理的 Jules Alciatore 將這道取自墨西哥灣的牡蠣命名為「洛克菲勒」，他說：「只有這個名字才能配得上這道菜的尊貴。」

🐟 **上哪吃？** Antoine's 餐廳，地址：713 Rue St Louis St.；也可以在 Felix's Oyster Bar 試試炭烤的，地址：739 Iberville St。兩家都位於紐奧良。。

© Lyudmila Zotova / Alamy Stock Photo

© Ariadne Van Zandbergen / Alamy Stock Photo

380

用南非肉乾
為你的冒險旅程增添色彩

南非（SOUTH AFRICA）// 在現今的南非，你不太可能會餓死在路上，但是如果踏上南非花園大道（Garden Route）的旅程，或是到南非北部林波波省（Limpopo）的蜿蜒河谷（Waterburg Meander）進行壯遊，背包裡沒有存幾條南非肉乾（biltong）的話，你一定會後悔。這種肉乾有點像肉條（jerky），但味道沒有這麼甜。這種醃漬產品一開始是當地人為了延長肉類保存期限所發明的，後來，歐洲來的殖民者瘋狂地效仿這種食物保存方式。多年以來，肉乾鹽封、調味及風乾的方式都大同小異，今日所嚐到的南非肉乾是由黑胡椒、香菜、丁香、鹽巴及醋所調味製成的。因為價格便宜又易拳養，所以使用的肉類是牛肉而非野禽。據說在非洲，肉乾也會用一些稀有動物像是跳羚、牛羚或者雞和魚來製成。這種南非肉乾物美價廉，很適合手頭拮据卻飢腸轆轆的旅人。

🐟 **上哪吃？** 如果你想嚐點特別的，或是為了長途旅行而存糧，可以在南非超市買到這種肉乾。

381

381 382 383

北巴基斯坦人的杏桃熱

巴基斯坦（PAKISTAN）// 住在巴基斯坦最北方的人們，對杏桃（apricot）非常狂熱，他們的理由很充分：因為長在北巴基斯坦山區的杏桃是全世界最甜、最多汁的水果之一。一般家庭平均種有 15 棵杏桃樹，而住在這裡的人家種植杏桃的歷史沒有幾千年、也有幾百年了。你可以在每個村落的市集裡看到不同品種的杏桃。杏桃每年從 3 月開始盛產，但只有在冬季才有杏桃乾。

🍴 **上哪吃？** 罕薩山谷（Hunza Valley）曾被形容為「人間天堂」，在這裡你可以找到 A⁺ 級的杏桃。

威尼斯美食重燃你對義大利的愛

義大利（ITALY）// Osteria Enoteca Ai Artisti 餐廳位於建構義大利美食愛情故事的心臟地帶，保留了威尼斯傲人的烹飪傳統。名廚 Masahiro Homma 的菜單會隨著當地可取得的食材而改變；然而，不論是用朝鮮薊醬烤比目魚，或是用鳳尾魚和洛克福乾酪（Roquefort）餃子沾碗豆醬，他調出來的醬料都是最頂級的。這位日裔大廚也只提供未添加任何化學物質的美酒，所以，你受到照料的不僅是你的味蕾，還有健康。

🍴 **上哪吃？** 位於 Rio De La Toletta 水道的 Osteria Enoteca Ai Artisti 餐廳，體驗威尼斯的氣氛。地址：Fondamenta della Toletta 1169/A。

巴爾蒂鍋菜誕生地：伯明罕

英國（UK）// 伯明罕巴爾蒂協會（Birmingham Balti Association）對巴爾蒂鍋菜（balti）的定義是：快煮的咖哩料理，可用雞肉、魚肉和任何種類的肉或蔬菜等作為食材。雖然該協會在為這道菜名申請歐盟保護時失敗了，你在英國的西米德蘭郡（West Midlands）以外的地方卻絕對找不到這樣的咖哩料理。巴爾蒂鍋菜的作法如下：將肉慢燉到骨肉分離，然後用高溫烹煮，整鍋菜端上桌時還在戲劇性地滋滋作響。吃這道鍋菜時，都是就著煮咖哩的鍋子直接吃。

🍴 **上哪吃？** Shabar 餐廳是伯明罕最古老的咖哩料理餐廳之一，擁有傲人的光榮歷史。位於 Arden Oak Rd。

384

擁有五萬家火鍋店的重慶

中國（CHINA）// 有人說觀賞重慶市最好的地方,就是停泊於長江的船上,尤其入夜以後,當這個幾百萬人口的大城市的摩天大樓對著深藍的天際投射出一片閃爍的霓虹時。但真正的重慶體驗,卻是在這些建築物的腳下、在偏僻街道巷弄中那些人們湧進去享受火鍋(hotpot)的地方。這個空氣中飄浮著辣椒油味道的亞熱帶城市,曾經是四川省的一部份,而你只要嚐一口那令人嘴麻的火鍋湯,就不難認出重慶與其聞名的鄰居之間的連結了。

火鍋的發明原先可能是為了抵禦寒冬,但現在一年四季都是享受火鍋的日子,看來當地人們非常自傲於打敗悶濕氣候的決心。食客們圍坐一鍋翻滾著熱氣、辣椒和四川胡椒的火鍋,然後把各種食材一一放進去煮:牛肉、豬肉、魚肉、豆腐、蓮藕等都是主食,但具有美食冒險精神的人們(或讀不懂中文菜單的外國遊客),可能會吃到豬腦、豬腰、牛肚、鴨腸和其他動物的內臟。

強化滋味的最後手段,就是用香氣四溢的芝麻油、大蒜和油蔥等調成的沾醬。你可以點不太辣的湯頭,但即使不太辣,也能把你辣得夠嗆!重慶火鍋的最佳良伴是當地自產的啤酒,而除了酒精以外,由於火鍋本身共食、自助的特質,火鍋店裡總是熱鬧非凡,充滿活力和熱情。想像一下,這個城市竟然擁有5萬家的火鍋店!那可是很多很多的辣椒和胡椒、很多很多的沾醬和很多很多的忙碌與熱鬧。

🔈 **上哪吃?** Mang Hot Pot 是重慶市最好吃、最嗆辣、最熱鬧的火鍋餐廳。到某個花市中的小巷尋找這家火鍋店,本身就是一次美食的探險經驗。地址:Zhongxing Lu, 10 Wang yeshibao。

熱燙如岩漿的澳洲鹹肉派

澳洲（AUSTRALIA）// 在大快朵頤之前，先給你一個警告：這種鹹肉派（meat pie）的內餡燙得有如岩漿，因此想要享受這道澳洲招牌美食，你需要一些練習和技巧，尤其是想一邊吃一邊跟著9萬名聲嘶力竭、推來擠去（天氣熱、心情又激盪）的澳洲足球迷們一起觀賞球賽的話，請遵從以下指示：中場休息之前就去買派，這樣便可以在比賽暫停期間回到座位上，如此應該能確保你的左右鄰居不會正在揮舞雙手、瘋狂地指責著球場上的球員或裁判。請小心打開你的塑膠袋，免得3級燙傷了，然後在鹹肉派的某個角落先輕輕咬一口，讓熱氣洩出來——不管什麼情況都千萬不能從派的底部咬起——等涼一會兒之後，再小心地大口大口咬。如果肉餡不小心掉出來的話，千萬不可用手去抓，也不可以落到膝蓋上，因為它能燙穿你的牛仔褲。等燙傷的危險降低一半後，你就可以像一個正常的人類般開懷享用，並在第二場球賽開始的警鈴響起之前，吃完整個肉派。

🍴 **上哪吃？** 球場四處都有販售鹹肉派的小攤子。一旦買了派，你肯定會因為忘了買降低嘴巴溫度的啤酒而懊惱死。

赫爾辛基的招牌菜：
碎肉料理

芬蘭（FINLAND）// 在東歐，這種碎肉料理（vorschmack）有很多種不同的做法，但是芬蘭的方式聽起來可能最有趣。材料包括牛肉、鯡魚、洋蔥和鯷魚等，食用時通常佐以馬鈴薯、甜菜根、醃菜和酸奶油。想吃芬蘭最棒的碎肉料理，請在赫爾辛基（Helsinki）的 Savoy 餐廳預定頂樓位置。這道菜在 20 世紀初時，因為芬蘭的獨立領袖曼納海姆元帥（Marshal Mannerheim）要求將之放入該餐廳的菜單，因而聲名大噪。也因為他對這道美食如此喜愛，在他有生之年 Savoy 餐廳從未將這道料理自菜單上取下；時至今日，它仍被保留在這家餐廳的菜單上，如同曼納海姆在世時一樣。

🖐 **上哪吃？** 請到赫爾辛基的招牌餐廳 Ravintola Savoy（地址：Eteläesplanadi 14）。等待餐點時，你可以順便欣賞北歐設計之父 Alvar Aalto 為這家餐廳所做的室內設計。

386

© Shutterstock / Scanrail1

匈牙利的煙囪蛋糕

匈牙利（HUNGARY）// 如果有哪一種蛋糕是英國 BBC 電視台《The Great British Bake Off》節目裡那些能烤出各種瘋狂蛋糕的業餘烘焙師們從未聽過的，那一定是煙囪捲（kürtőskalács）。它的形狀就像一支煙囪，因而得名。製作時，那些業餘烘焙師們必須先把一條塗著糖的長長甜酵母麵團裹在一個煙囪形的模子上，然後一邊塗上融化的奶油，一邊在木炭上翻轉那個金黃色的管狀物。由此可見，煙囪捲的製作並不容易，而這也是為何它以前在匈牙利（還有特蘭希瓦尼亞 Transylvania，也就是據傳煙囪捲從中古世紀以來就存在的地方）通常是慶祝時才會做的糕點。如今在布達佩斯（Budapest），每一家糕餅店都有多種口味的煙囪捲供顧客選擇，但是你也可以找找街頭小攤，品嚐用木炭架烤出的道地煙囪捲。

🖐 **上哪吃？** 在耶誕市集。其他時候請到位於布達佩斯的布達（Buda）城堡外，有專賣煙囪蛋糕的小攤子。

387

© Shutterstock / Kseniia Perminova

388

獨一無二的
仰光茶葉沙拉

緬甸（MYANMAR）// 你必須在仰光（Yangon）的街道上，或面對著茵萊湖（Inle Lake）、或在緬甸這個美食大熔爐的其他任何地方，享受這道茶葉沙拉（lahpet thoke），因為在其他地方絕對找不到這樣的食材。這道國家美食的主要材料就是醃漬過的茶葉，加上豌豆、香料、蔬菜和花生等。茶葉沙拉通常在正餐快結束時配上米飯一起食用，茶葉所含的咖啡因正好可以為你提神醒腦。

🔖 **上哪吃？** 在仰光幾乎每一家餐廳都有這道茶葉沙拉，但當地茶館裡所做的茶葉沙拉，能提供更豐富的體驗。

389

維多利亞時期的
鹽水太妃糖

美國（USA）// 1880 年起，美國孩童無論什麼年紀都愛吃這種略帶嚼勁的鹽水太妃糖（salt water taffy），最早只有糖蜜和巧克力兩種口味，不久之後就出現了其他十幾種不同口味。雖然鹽和水是基本製作材料，但這種太妃糖其實不含任何鹹水，據說這名字來自 19 世紀時的一個行銷策略：一個笨拙的製糖工助理，在拌煮糖果材料時不小心用鹽水取代了自來水。

🔖 **上哪吃？** 想要嚐嚐道地的鹽水太妃糖，就要到這家讓它聲名大噪的 Fralinger's Original Salt Water Taffy 糖果老店！

390

比斯開灣的
針葉火燒淡菜

法國（FRANCE）// 沿著法國西岸，在面對著比斯開灣（Bay of Biscay）的沙灘上，你會看到如精巧的馬賽克般羅列的帶殼淡菜。針葉火燒淡菜（éclade de moules）的作法：先把這些之前浸泡在海水裡的軟體動物整齊地擺放在一塊木板上，上面再覆滿松針，然後將松針點燃。燜燒的松針會賦予那些淡菜一股嗆鼻的煙火氣，而這味道只有一大塊塗著奶油的硬皮麵包和一杯白酒才能中和它。

🔖 **上哪吃？** 沿著比斯開灣海灘區域的海鮮餐廳。

389

389

羅利·雷

羅利·雷（Rowley
Leigh）的主要工作地
點在倫敦。他是餐廳
老闆兼主廚，也是曾
獲得過大獎的美食作
家。

英國的鷸肉布丁

這是一種用牛排和鷸（Snipe）做成的板油布
丁，需要 7 個小時才能完成。對餐廳來説，這
是一道不可思議的菜餚，但它卻擁有英國烹飪
的精髓。

法國阿爾卡雄灣的牡蠣、炭烤小龍蝦及法式 Béarnaise 醬

所有重點都在於當地的精神：在釀酒廠的陽台
面對牡蠣養殖場享受這些食物，再配上從路的
盡頭 Château Carbonnieux 酒莊買來的一瓶波
爾多白酒。

白夏瓦的羊肉香飯（mutton biryani）

十九歲、大麻、超辣的辣椒和一個我們不過是
「某個國家來的」白人的體悟：這個混合所帶
來的體驗，也算是一種成年的頓悟吧。

香港湯包

不管是在「中國會」（China Club）吃到的，或
從北角某家點心小店買來的，我都超喜歡這種
沾了醋的小湯包，湯汁在嘴裡爆開的刺激感。

馬德里的藤壺

伊比利亞半島北邊特產的藤壺，營養豐富、滋
味甘甜，而且超級鮮美。

© Shutterstock/JM Travel Photography

好吃但肥死人不償命的肉汁起司薯條

加拿大（CANADA）// 如果你覺得美國在令人上癮的食物方
面處於優勢的話，那麼你一定還沒吃過魁北克的肉汁起司
薯條（poutine）。這道廣受群眾熱愛的美食起源，據說是
因為有個卡車司機想找到一種令人滿意的外帶食物。結果
呢？一盤薯條，上面放著起司塊，然後淋上滿滿的肉汁。
雖然起點很卑微，但肉汁起司薯條受歡迎的爆炸程度無法
擋；現在，蒙特婁（Montréal）的市民們會一年一度舉辦肉汁
起司薯條紀念日，以慶賀這道美食的誕生。

在大雪覆蓋的城市，人們對肉汁起司薯條的熱愛不難理
解。但是，愛上這種油膩薯條的卻不僅魁北克一省而已──
肉汁起司薯條在加拿大全國的餐廳菜單上早已紛紛出現。

如果你還沒嘗過這道美食，那麼就從蒙特婁的 La
Banquise 餐館開始吧。這家店提供了 30 種以上不同口味的
選擇。發明各種口味的專賣店也不僅 La Banquise，其他餐
廳的口味如今已進化到包括烤豬肉起司薯條、炸蝦或龍蝦
起司薯條、香菇起司薯條，甚至高檔的油封鴨及其他更豪
奢的食材組合等。想不想來一客先把起司炸過之後再放到
薯條上的 poutine 呢？說到魁北克的這道碳水化合物，人們
的創意真是源源不絕啊！

🚚 **上哪吃？** 位於魁北克蒙特婁的 La Banquise 餐館，地
址：994 Rue Rachel E, Montréal, Québec。

392

392
想怎麼吃就怎麼吃的御好燒

日本（JAPAN）// 這是一種煎餅嗎？是一種油炸麵團嗎？還是一種薄餅？答案可能以上皆非，也可能以上皆是。大阪燒又叫做御好燒（okonomiyaki），因為在日文裡，okonomi的意思是「隨你喜歡」，而 yaki 的意思是「燒烤」。所以，okonomiyaki 的完整意思就是：放上你喜歡的材料，然後燒烤。日本料理以其新鮮、口感和細膩的呈現聞名於世，因此這個看起來有些亂七八糟的御好燒，竟然會在日本人最喜愛的小吃排行榜上名列前茅，著實令人驚訝。最普通的版本來自大阪（也就是這道料理的發源地），用麵粉、雞蛋、日式高湯（dashi）、山藥（nagaimo）、高麗菜、青蔥、五花肉、海鮮和麻糬起司等混合而成的麵糊燒烤而成。燒烤時，上面撒上柴魚片，淋上甜醬、美乃滋等，最後再放上醃薑片。在日本各處你可以看到御好燒，但如果想要嚐點不同口味的，不妨試試來自廣島的版本：高麗菜、豬肉和海鮮等分層疊放，然後在上面放上烏龍麵和一顆煎雞蛋，最後再淋上御好燒醬汁。後者是這道美食的一點可口的變化。

 **上哪吃？** 在大阪，試試這一家：Okonomiyaki Kiji，地址：Kita, Oyodonaka, 1 Chome–1–90。到廣島，請到這一家：Nagata-ya，地址：Naka Ward, Otemachi, 1 Chome–7–19。

393

講究健康的
墨西哥素玉米捲餅

美國（USA）// 再沒有其他任何食物能比墨西哥玉米捲餅（taco）更能讓人聯想到美墨文化了，而且，雖然從未被視為一種健康食物，你在街頭餐車買到的玉米捲餅其實非常的健康。綜合了蔬菜和素食材料，這種謙卑的玉米捲餅有益健康的程度，不亞於手工藝品市場沙拉吧所做的沙拉，而這當然是你希望能在洛杉磯找到的食物。素玉米捲餅（vegetarian tacos）的蛋白質通常來自黑豆、斑豆（pinto beans）或甚至豆腐，而素食元素則通常是爽脆的萵苣，以及用番茄、洋蔥、辣椒和大蒜等調製而成的墨西哥莎莎醬，有時還會佐以濃郁嗆鼻的酪梨醬。將這些材料全部包起來的是一片用脆玉米做成的硬餅皮，或用麵粉做成的軟餅皮。

🐟 **上哪吃？** Danny Trejo's LA-based Trejo's Tacos 所製作的素玉米捲餅具有大膽的創意，地址：1048 South La Brea Ave。

© Getty Images / rudisill

393

394

394

挑戰味蕾膽識的
整隻天竺鼠

祕魯（PERU）// 在祕魯，吃天竺鼠（cuy、guinea pig）可是一件嚴肅的事——又稱為豚鼠的天竺鼠做為安地斯人（Andean）的食材已經有 5000 年以上的歷史了。天竺鼠被認為是健康、美味的食物。事實上，為了確保肉質軟嫩，最頂級的天竺鼠都是只用苜蓿芽餵養的。最普遍的烹調方式是：先把整隻處理好的天竺鼠用石頭壓平，然後油炸或放在烤肉架上燒烤。不管用哪種方式，天竺鼠都是一整隻的，連頭和小小的腳趾都保留，而這對於想要享受這道美食的人來說，有點挑戰（如果你很介意看進眼裡或吃到嘴裡的是什麼東西的話）。但是，味道真的很棒哦！口感介於雞肉和兔肉之間。

🐟 **上哪吃？** 克服恐怖的視覺效果後，你就會嚐到外酥內軟的滋味了。試試 Kusikuy 餐廳，地址：Calle Amargura 140, Cusco。

395

美味精緻的鐵路便當

↓

日本（JAPAN）// 對許多國家而言，火車站食物指的就是無趣的三明治。在日本呢？卻是一口份量的各種菜餚放在一個幾何格子裡的便當。這就是鐵路便當（ekiben），一種專為搭乘日本超高速鐵路新幹線的乘客所打造的餐盒。當你快速穿過這個國家的鄉村及城市時，你會驚訝於那些迷你的料理藝術品：每一種菜色都反映了日本人對手藝的熱愛，而每一個格子都有隨季節變化的食材特色。

🚄 上哪吃？上火車前，請先到車站的鐵路便當專賣店（Ekibenya Matsuri）給自己買一盒鐵路便當吧！

© Norman Eggert / Alamy Stock Photo

397

396

加泰隆尼亞的經典醬汁

西班牙（SPAIN）// 在整個加泰隆尼亞（Catalan）鄉間，當地人們都會食用一種叫做 xato 的醬汁——以番茄為基底，再加上杏仁和烤榛子。人們早餐、午餐、晚餐都會吃，將它塗在熱熱的西式三明治（bacadillo）、沙拉或當地特產的魚上面。但是，在赫羅納（Girona）的首府奧洛特（Olot），一名叫做 Fina Puigdevall 的廚師，已經為這種醬汁創造了最佳良伴：自製的蕎麥麵包，切開然後塞入新鮮的海產沙拉，菜名叫做：Xato con Panecillo de Alforfón。

👉 **上哪吃？** 吃過家庭式做法後，可奔向 Mas les Cols 餐廳品嚐頂級的饕客料理，地址：Ctra De la Canya, Olot, Girona。

© Iain Masterton / Alamy Stock Photo

397

新英格蘭冰淇淋的夏日之約

美國（USA）// 在新英格蘭，對孩童及愛好甜食的成人而言，夏天意味著一件事：季節性的冰淇淋店要開張了。從佛蒙特州（Vermont）的綠草地到緬因州（Maine）的海岸，整個新英格蘭地區遍布著家庭式經營的小農場、小攤子和乳品吧（dairy bars），而他們全都會推出用當地乳源所製成的冰淇淋。口味眾多，包括楓樹核桃、黑樹莓、印地安布丁和麥片等——沒錯，冰淇淋裡混合著細碎的麥片。

👉 **上哪吃？** Kimball Farm 從 1939 年起就開始販賣自製冰淇淋了。他們在麻州（Massachusetts）和新罕布夏州（New Hampshire）有 4 家冰淇淋店。

398

帝王級的薯條三明治

比利時（BELGIUM）// 比利時所有的薯條店（Friteries）都已經將該國對貓王三明治（Elvis sandwich）的回應視為己有了——請注意，衝鋒槍三明治（mitraillette）絕對不適合第一次約會或任何需要一點禮儀的場合。兩樣東西絕不可少：切開的法國長麵包（baguette），和堆得如小山般的薯條。然後，就隨你高興了：可以選擇加上炸肉，再淋上很多醬料。如果感到愧疚的話，當然可以再加上一些象徵性的蔬菜。套一句貓王艾維斯會說的話：非常謝謝你。

👉 **上哪吃？** 在深夜時分到 Fritland 薯條店大啖衝鋒槍，地址：Rue Henri Maus 49, Brussels。

連素食者都無法抵擋的香港燒味

香港（HONG KONG）// 要將香港傳統的燒味店誤認做一般的小餐館，是幾乎不可能的事。琥珀色的烤鴨、金黃色的燒雞和大塊的叉燒肉，每一樣都懸掛在櫥窗裡，滴著自己的肥油；如果看到這些都還不能給你提示即將到來的肉食饗宴，那麼穿過店門口向你飄過來的集體香氣絕對可以。雖然每個人都有自己的偏好，但是認真的香港燒味迷一定會點這三種肉都有的燒味拼盤，再配上白飯和幾片象徵性的綠色蔬菜。

港式烤鴨和北京烤鴨的做法不一樣，港式烤鴨較肥膩、皮較酥脆，而且絕對不會用餅皮包起來吃。燒雞應該爽口多汁，而帶著油花的叉燒肉則滋味肥美。

🖙 **上哪吃？** 龍記燒味餐廳是品嚐這種傳統港式盛宴的最佳去處，地址：香港中環結志街五號。

400–
500

400

在美國汽車城一嚐上等熱狗

美國（USA）// 汽車城底特律的康尼島餐廳（Coney Island）並不像紐約康尼島（Coney Island）一樣，有著海灘步道或是大西洋海景，但還是有值得造訪的理由，那就是一嚐全美國最棒的熱狗（hot dogs）。這道康尼島經典熱狗和一般只有黃芥末、番茄醬或是洋蔥及起司的熱狗不同。相反的，這道熱狗內含的辣椒碎牛肉本身，就拌有碎洋蔥和黃芥末。這道菜的發明應該歸功於從紐約康尼島來底特律定居的希臘移民。

👉 **上哪吃？** 想要一嚐這些會噴汁的熱狗，請造訪大排長龍的 Lafayette Coney Island。地址：118 W Lafayette Blvd, Detroit, Michigan。

401

來自日本沖繩的美國罐頭料理

日本（JAPAN）// 沖繩炒什錦（champuru）是一道混雜熱炒豆腐、蔬菜、蛋及肉或魚的沖繩料理。因為沖繩苦瓜（goya）和斯帕姆（Spam）午餐肉罐頭這兩道食材，使得苦瓜炒什錦（goya champuru）成為沖繩的特色菜。二戰期間，美國兵駐紮沖繩，斯帕姆午餐肉為他們的口糧配給，等到美國兵撤離時，當地人卻迷上了這個罐頭肉食品。這是一道和沖繩歷史緊密結合的料理，其他地方很難再找到同樣的複製品。

👉 **上哪吃？** 沖繩南島的 Yunangi 餐廳，可以找到這道料理，地址：3-3-3 Kumoji, Naha 900-0015, Okinawa Prefecture。

402

在澳洲布里斯班大啖小龍蝦

澳洲（AUSTRALIA）// 這些長相奇特、頭型扁平的龍蝦從靠近布里斯班（Brisbane）的莫頓灣（Moreton Bay）被捕捉上岸時，看上去並不誘人可口，但是將其對半切開，殼朝下烤個幾分鐘，再打開一瓶冰啤酒，你會發現你正在前往澳洲美食極樂園的路上。張口大吃之前，先將龍蝦（bugs）抹上一層厚厚的熱奶油，擠上半顆檸檬並挑選甘甜新鮮的尾巴部位。最好能在海灘或後院烤肉時和朋友一道分享。

👉 **上哪吃？** Ganbaro 海鮮餐廳會提供一盤 60 塊美金的燒烤小龍蝦，地址：33 Caxton St, Brisbane。

401

405

403 404 405

品嚐美味的
墨西哥粽

墨西哥（MEXICO）// 當你打開剛烹煮好的墨西哥粽（tamales）時，沒有什麼可以比得上這撲鼻而來的香味。在這道菜被正式命名前，這是一道慢工出細活的美食。在加入餡料前，外頭包裹用的玉米葉必須先浸泡一晚以軟化，隔天一早，將玉米葉以麵粉及肉餡填充，最後在蒸煮之前再用細玉米葉綁緊。打開這個粽子，裡頭常包有美味鬆軟的豬肉或雞肉。

🗨 **上哪吃？** 這是北美洲墨西哥餐廳的基本主食，在中美洲的路邊攤販也常可見其蹤影。

在馬來西亞檳城
大快朵頤印度煎餅

馬來西亞（MALAYSIA）// 用印度煎餅（roti canai）迎接你在馬來西亞的早晨吧！這是一道酥脆、用印度酥油製成，常佐以一小碗咖哩或小扁豆醬的薄煎餅。攤販會把手上的麵糊撒在滾燙的平底鍋上，形成檳城路邊商販的特產。如果你不習慣早上吃咖哩，那麼點個薄煎餅配香蕉、榴槤或灑上一點兒濃稠煉乳。在坦米爾裔馬來人（Orang Tamil di Malaysia）所經營的嘛嘛檔（mamak），找家排隊人龍最長的吧！

🗨 **上哪吃？** 想要一嚐印度煎餅美味，請前往馬來西亞檳城州首府喬治市（George Town）的小印度區吧！

上了
西安彪彪麵的當

中國（CHINA）// 比起其他麵種，西安彪彪麵條較為寬粗。為了讓麵條達到所需的長度，主廚會用驚奇的技巧來拉扯及延展麵糰，這樣的技法可以在西安兼容並蓄的穆斯林區看得到。彪彪麵的名稱是來自於做好的麵條為了用粉和料理台碰撞所出的聲音。一道標準彪彪麵通常是只有一份麵條，配上嗆辣椒或胡椒及以醬油為底的醬汁。

🗨 **上哪吃？** 陝西惠民街的咖啡館、小吃攤及商販都可以一嚐其風味。

406

來份紐約的「貧民」美食：
煙燻鮭魚貝果

美國（USA）// 該怎麼做出道地的紐約貝果？兩個原則：準備和水分。製作貝果很耗時，從揉麵團到為了讓麵團發酵所進行的長時間預烤、防潮，再到放入已調好味道的水裡烹煮，然後放入烤箱烘焙。至於水份，任何一位熱愛紐約貝果或披薩的饕客會告訴你，由於當地水質中的礦物成分，能達到紐約非政府水生態保護組織 NYC H20 認證的水才是關鍵所在。這種水質能讓貝果同時擁有酥脆的外皮及鬆軟彈牙的內層。至於該用何種煙燻鮭魚，薄薄的一片燻製淡鹽水鮭魚（Nova）就很夠味。再塗抹上奶油起司、番茄、洋蔥和酸豆。這道融合酸、甜、鹹風味的美食完美地代表了紐約大蘋果的多元文化。

想一嘗這道地風味，請前往紐約下東城區（Lower East Side）的 Russ & Daughters 餐廳。這家經典紐約熟食餐廳自 1920 年起，便開始供應煙燻鮭魚貝果（lox bagels）。千萬別被粗魯的服務嚇到、因而卻步，點一份貝果並漫步在紐約貧民區一嘗風味吧！

 **上哪吃？** 極具歷史感的 Russ & Daughters 餐廳，位於：179 E Houston, New York。

407

墨爾本多文化潮食：袋鼠尾巴湯

澳洲（AUSTRALIA）// 墨爾本中國城才剛入夜，閃爍的霓虹燈映在街道的水坑上。在市集小巷中，萬壽宮（Flower Drum）中餐廳已在此營業超過 40 年，其中一道足以代表外來飲食文化和現代澳洲結合的經典料理，便是燉小袋鼠尾巴湯（wallaby tail soup）。這道豐美湯品採用弗林德斯島（Flinders Island）的小袋鼠尾巴，佐以枸杞、薑片和野生山藥。這完全是澳洲食材和廣式烹飪技術的完美結合。

🗣 上哪吃？萬壽宮餐廳，地址：17 Market Lane, Melbourne。

408

幾內亞比索的精力腰果汁

幾內亞比索（GUINEA-BISSAU）// 腰果的奇特之處在於，它們是和一顆顆更大的果實一起生長的，有時我們又稱為腰果蘋果。這種果實可食用但是會腐壞，所以你大概聞所未聞，更遑論在超市見其蹤影。但是如果你造訪熱帶西非國家幾內亞比索，腰果實（cashew fruit）便隨處可見。當地人會喝腰果汁來提振精神，但是它同時也是會讓你口乾舌燥的乾燥劑。

🗣 上哪吃？若想一嚐味道，可以詢問當地村民，然後再喝杯啤酒配腰果來蓋過嘴裡的味道。

409

和好萊塢明星在洛杉磯共享披薩

美國（USA）// 燈光、鏡頭就位，Action！作為少數幾家在洛杉磯被評比為米其林二星的餐廳，Spago 精湛的廚藝在好萊塢名流加持下，更驗證了其受到青睞的程度。自 1982 年在日落大道（Sunset Strip）開張後，主廚沃夫岡·帕克（Wolfgang Puck）這家創意餐館，便成為洛杉磯電影名流、歌手和大人物朝聖之處。誘人但不浮誇的高檔菜單上也包含了其專屬菜餚：煙燻鮭魚披薩。

🗣 上哪吃？如果你訂得到位，Spago Beverly Hills 絕對是必訪之處。地址：176 N Canon Drive, Beverly Hills, CA。

408

410 410

410

410

探索法羅群島的
當地美食文化

法羅群島（FAROES ISLANDS）// 地處偏遠並受制於極端氣候條件，法羅群島居民在食物料理上都極富想像和創造力。在支持本地製造及尋覓獨特食材上，他們一直都有強烈的信念。2017 年，法羅群島的 Koks 餐廳，透過取用當地食材以及創新的 17 道料理菜單，首次獲得米其林一星的加冕。2018 年 4 月，這家餐廳移址至 Leynavatn 荒谷一棟位於湖邊 18 世紀的農舍中，聘僱許多經驗老道的食客、用餐者、漁民和農夫為員工，為這家餐廳打造出惡劣氣候環境中獨一無二的專屬菜單。整體用餐體驗，就像是見證當地獨有的韌性、品味及自豪。

🐟 **上哪吃？** Koks 餐廳距離首都托爾斯港（Tórshavn）只有 20 分鐘的車程。地址：Frammi vio Gjónna, Leynavatn, Faroe Islands。

411

無所不在的國民美食：泡菜

韓國（SOUTH KOREA）// 在韓國的餐桌上，人人都離不開泡菜（kimchi）。泡菜的種類有幾百種，泡菜家譜也有上千種，幾乎家家戶戶餐桌都擺有一罐醃漬好的泡菜，以便隨時搭配各式料理。傳統的泡菜準備流程是很耗工的，但是家中女眷常共同分擔這樣的備菜活動。如果你有幸參與，這將會是一次很寶貴的烹飪經驗。當白菜和蘿蔔已洗淨並抹了鹽，便可把一片片白菜葉都裹上厚厚一層內含大蒜、薑末和魚露的辣椒醬。畢後，整株白菜就能放進罐子裡密封，開始發酵的程序。過往，泡菜罐在冬天會被埋在土裡以保冷，夏天再取出解凍。但是如今冰箱取代了這道手續。發酵期大約三天到一年不等，一但發酵入味，就準備上桌囉！

👉 **上哪吃？** 不論在家用餐或外出，泡菜是韓國不可或缺的餐桌配菜。

© Shutterstock / casanisa

411

412

格陵蘭極地餐廳
觀賞冰原秀

格陵蘭（GREENLAND）// 很少有一個地方的景致像格陵蘭伊魯利薩特（Ilulissat）的冰河峽灣這樣，如此令人嘆為觀止。坐在 Arctic 飯店的 Ulo 餐廳往外眺望，更是一大享受。如果你能稍將目光從巨大的流動冰原景觀移開，就會看到擺在眼前的食物，也與周圍不凡的景色戶相映襯著。Ulo 餐廳一向以格陵蘭傳統風味料理自豪，像是依環境永續原則所捕撈的大西洋狼魚（wolfish）、煙燻鹿肉和北極喇叭茶（Labrador tea），只需要簡單料理，就能讓食材盡顯光芒。

🖙 **上哪吃？** 可享受極地美景的 Ulo 餐廳。地點：Hotel Arctic, Ilulissat。

413

起個早到巴士底
市集吃烤雞

法國（FRANCE）// 在巴黎巴士底市集（Bastille Market）裡，這鮮嫩多汁、從中剖開在烤肉架上緩慢旋轉的禽鳥，正引誘著毫無防備的市集訪客靠近。脆嫩表皮所散發的香味，以及空氣中飄散的柑橘薑醬料氣味，一旦他們再往前靠進一步，哈哈，想要抵擋誘惑就太遲了。這道全身被烤成焦糖色的雞料理——插翅也難飛的禽鳥——不到 10:00 就銷售一空囉！

🖙 **上哪吃？** 巴士底市集的 Catherine the Chicken Lady。地址：Marché Bastille, 8 boulevard Richard Lenoir, Paris。

414

到愛沙尼亞
享用混合式刈包

愛沙尼亞（ESTONIA）// 混合式料理通常很難在美食大賽中獲得青睞。但是在首都塔林（Tallinn）工作並獲得愛沙尼亞最佳主廚殊榮的米可‧蘭（Mihkel Rand），卻在他的市集攤位 Baojaam 中，藉由融合北歐食材及中國刈包的元素榮膺桂冠。小巧的菜單上供應著包有不同餡料的鬆軟刈包，像是香酥雞塊、香菜、叉燒豬肉、章魚及小黃瓜，以及牛腹脅肉佐以辣椒和核桃。每個刈包的賣相都像是剛出爐的熱騰騰蛋糕。買個刈包，再開始探索這個市集吧！

🖙 **上哪吃？** Baojaam 位在首都塔林的 Balti Jaam Turg 市集大廳。

411

413

415

到威尼斯享用當地開胃菜

↓

義大利（ITALY）// 威尼斯人也許會敞開雙臂歡迎上百萬造訪他們城市的遊客，但是在待客之道上他們還是藏了私。常見於當地酒吧（bacari）、只有一口分量的威尼斯開胃菜（cicchetti）就屬其中之一。搭乘威尼斯水上巴士（vaporetto）到卡納雷吉歐區（Cannaregio），在這處偏僻的街區找尋像 Ai Divini 的酒吧！這間酒吧在運河道上有一處僻靜的庭院，在這裡你可以嘗試當地不同的開胃菜，像是義式開胃麵包小點（crostini）佐鹽漬鱈魚，或是各式不同的起司。

上哪吃？ Ai Divini 餐廳。地址：Cannaregio 5905, Venice。

416 417 418

多色調的墨西哥橢圓玉米餅

墨西哥（MAXICO）// 墨西哥市的市場攤販為了將這些狀似魚雷的玉米餅（tlacoyo）保溫保鮮，特將其裝在附有蓋子的籃子中。這類玉米餅內餡豐富，裡頭包的例如煎過的黑豆、起司和炸五花肉（chicharrons）。傳統的橢圓玉米餅還配有莎莎醬，但是墨西哥市的攤販會在上頭堆疊新鮮的辣椒、起司和青辣椒（pasilla）。因為製作時使用了不同顏色的玉米粉粒，美味的玉米餅也呈現出黃色、橘色和藍色不同的色調。

🖐 **上哪吃？** 你可以在 Chilpancingo 地鐵站的街上發現這道讓人魂牽夢縈的小吃。地點：Hipódromo, Mexico City。

致敬阿根廷餡餅

阿根廷（ARGENTINA）// 西班牙文的餡餅 empanada，聽起來是不是比英文的餡餅 pasty 來得更吸引人？即使是字面翻譯「包裹在麵包裡」，聽上去也很誘人。在阿根廷，人們對於製作此餡餅的食材一直都有激烈的爭辯。在北方省城薩爾塔（Salta），這道樸實的餐點甚至在4月4日還有專屬的慶祝節日。想要一嚐這道美食，還有什麼地方比得上這座被安地斯山峰、赤岩山谷及葡萄酒莊園所環繞的活力城市來得更適切？

🖐 **上哪吃？** Plaza 9 de Julio 附近，薩爾塔城（Salta）的主廣場和城鎮中心，任何一間酒吧及咖啡館都能見其芳蹤。

消暑聖品之波蘭冷湯

波蘭（POLAND）// 對一個一年之中，有半載必須忍受零下苦寒氣候的國度而言，當夏日來臨，波蘭人定會使出渾身解數，好好地利用這個溫暖時節。用來象徵慶祝仲夏的菜餚便是沁人心脾、味道香濃的甜菜根冷湯（chlodnik），清新的酸甜味，使這道湯品成為炎炎夏日午餐的完美選擇。小黃瓜、小蘿蔔、瑞士甜菜、小茴香和半顆全熟水煮蛋，更增加了這道冷湯的美味。

🖐 **上哪吃？** 在波蘭第二大城克拉科夫（Kraków）標榜傳統菜餚的餐廳中，隨處可見這道菜的蹤影。

418

419

日本神戶牛肉
炙燒、火烤兩相宜

日本（JAPAN）// 以密集的大理石紋油花而聞名，日本神戶牛肉（Kobe beef）以無可比擬的鮮嫩肉質和烹煮後幾近融化的口感在全世界享有盛名。神戶牛品種之獨特，一直到 2012 年後才准許出口到海外。保險起見，品嚐這道料理最佳的地點就是在神戶牛的家鄉，最好用煤炭來火烤（yakiniku，燒肉），或是放在鐵板上炙燒（teppanyaki，鐵板燒）。雖然有些廚師為了保留牛肉肌理而煮得久一點，但是為了嚐到最軟嫩的口感，必須快速炙燒、讓高溫融化霜降油花。在神戶，大部分供應牛肉料理的餐廳都會提供不同部位切塊、佐料以及配菜的選擇。

🐄 上哪吃？ Kobe Nikusho Ichiya 餐廳為饕客們提供了一個享用高級牛肉卻高貴不貴的機會。地址：Shimabun Bldg, BB Plaza annex, 4-2-7 Iwaya Nakamachi, Kobe Nada Ward, Hyogo。

420

來一份越南春捲
開啟你在此地的旅程

越南（VIETNAM）// 在胡志明市似乎很難踩到食物的地雷，每條大街小巷不是林立著內設空調的餐廳，餐廳裡頭舒暢地坐著愉悅用餐的人群，就是擠滿了附有塑膠座椅的街頭小吃攤。份越南我們該從哪裡著手呢？有個訣竅：讓顧客心滿意足的神情成為你挑選餐廳的指標，然後點一春捲（goi cuon）吧！這道鮮美且非煎炸的冷食米皮捲，內餡包裹著麵線、豬肉、蝦仁、生菜以及九層塔和薄荷、香菜，吃的時候可以拌著具有堅果香的海鮮醬以及搗碎的辣椒。現在，掏出你的錢包，好好大快朵頤一番吧！

🐄 上哪吃？ 越南春捲在胡志明市任何一家忙碌的餐廳中，都被視為是前菜的基本款。

隨時用一片披薩在紐約市打打牙祭

美國（USA）// 也許這不會是你所嚐過最正宗的披薩，但這絕對是最道地的紐約風味。我們並不是要在這座大蘋果城市中尋找一片傳統樣式的窯烤披薩（但是如果你想吃的話，也可以在紐約市找得到，嗯，但這不是我們的重點）。相反的，食客在紐約市的披薩體驗，永遠都是超大切片、外皮香酥但是中間部分Q軟又極具延展性，所以我們可以輕易將披薩對折並且邊走邊吃。需要餐具嗎？噓！所有故事的開端始於1905年曼哈頓（Manhattan）的小義大利區。義大利移民Gennaro Lombardi開始在他的熟食店裡販賣瑪格麗特披薩（margarita）。過沒多久，挑嘴的紐約客開始注意到這個全世界最棒的食物之一，尤其是即便外帶、依然能保持美味的這個優點。在小義大利北區（Nolita），我們依然可以在Lombardi的餐廳裡拾取片段的歷史記憶（亦或是一片披薩）。雖然很多人會爭辯，格林威治村（Greenwich Village）的Joe's Pizza也具有正宗紐約風味，足以媲美這位開路先鋒。

☛ **上哪吃？** 你可以試試Lombardi's（32 Spring St）或是Joe's（7 Carmine St），兩家餐廳都位在紐約市。

422

到拉各斯市街頭
包阿卡拉球

奈及利亞（NIGERIA）// 拉各斯（Lagos），非洲人口最密集的首都，不適合膽小如鼠之人造訪的擁擠大都會。因為擁擠的交通和摩肩擦踵的人潮，許多遊客寧願選擇只造訪旅遊景點及待在飯店用餐，但是我們認為你應該擁抱當地人群，並尋找販賣奈及利亞最熱門小吃阿卡拉球（akara）的攤販。這道小吃是由搗碎的黑眼豆（black-eyed beans）混合辣胡椒粉、洋蔥和鹽巴所製。粗製的食材捏成球狀再放進棕櫚油鍋裡炸烤。每家攤販的口味不一。因為攤販們會偷偷加入像是淡水龍蝦肉或紅番薯等祕密食材，來增加受歡迎的程度，所以競爭非常激烈。

🍴 **上哪吃？** 攤販會用西非約魯巴語（Yoruba）嘶吼著：「àkàrà-je!」意思是：「快來吃阿卡拉球吧！」

安德魯·
席莫

安德魯·席莫（Andrew Zimmern）是歷久不衰《Bizarre Foods》節目系列的製作人和主持人。

01

古巴哈瓦那 El Aljibe 餐廳的柴燒雞
做為國營餐廳，這裡的經營狀況原本岌岌可危，直到卡斯楚（Castro）政府邀請原經營者回國後才大大起色。餐廳招牌菜柴燒雞（pollo al carbon），是一道用檸香濃汁佐以米飯、豆類及含有焦糖甜味大蕉的美味料理。

02

菲律賓巴拉望 Badjao 海鮮屋的任何料理
滿載蝦蟹蚌類的漁船，能隨時為築於海上的餐廳補充新鮮漁獲。

03

拉斯維加斯 Bazaar Meat 餐廳的烤牛排
我一直對在哪裡能買到地球上最好的牛排有許多獨道的見解，直到造訪了賭城主廚 José Andrés 的餐廳，那裡的料理顛覆了我所有看法。

04

中國上海大壺春生煎包
每個早上，廚師都在這兒揉　麵糰，再填入精心調味無可挑剔的豬肉餡、整尾蝦仁或蚌肉，就成了美味的生煎包子。

05

亞利桑那鳳凰城 Pizzeria Bianco 的番茄紅醬派
從義大利那不勒斯到美國紐約市，我幾乎嚐過每一家派店中的每一種派餅。但是如果拿槍指著頭要我說實話，Pizzeria Bianco 的派餅絕對是箇中翹楚！

423

德國豬腳佐酸菜 配巴伐利亞啤酒

德國（GERMANY） // 對門外漢來說，德國豬腳（schweinsh-axe）看上去有點嚇人，就像是給維京海盜或是食人魔的主食。這道肉類料理外皮紅通通、又粗又硬，往外突出的豬肘就像個把手。沒錯！這就是德國南部巴伐利亞（Bavaria）料理豬腳的方式。豬膝關節或稱為豬肘，指豬下肢的部分，透過慢火燒烤直到表皮酥脆、骨肉可輕易分離。噗通一聲擺上盤並在旁邊佐以大量酸菜及烤馬鈴薯。可以在巴伐利亞具有中世紀風情的小酒館，或是將啤酒盛在帶蓋酒杯的釀酒廠中品嚐到這道料理。這道菜會賦予你元氣，以及像 16 世紀德國農夫一樣的好酒量。

🍽 **上哪吃？** 慕尼黑（Munich）最久負盛名、最多人光顧的餐廳——Hofbräuhaus。你可以在這裡點一道德國豬腳配酸菜，以及喝上一整晚的啤酒來充電。

425

用一碗黑糯米粥
喚醒印尼旅人

印尼（INDONESIA）// 相對於印尼峇里島海灘所屬的「陽」，烏布（Ubud）涼爽的氣候所代表的就是「陰」了。這是一處靠近海岸、可使人從喧囂的派對中暫時獲得片刻清靜的一座小城。身處群山之中、氣候舒適涼爽，在此生活不需為了路上摩托車後乘載的巨型滑板而左閃右躲，旅人來此是為了尋訪手工藝品、古蹟、雨林、稻田以及美食。到烏布市場去吃頓早餐，開啟你在此地的一天吧！找家電鍋裡有賣閃亮黑糯米粥（black rice pudding）的攤販。這碗香甜、微鹹拌有香蕉片和椰奶的粥品，能讓你飽餐到中飯時間都依然精神抖擻。

 **上哪吃？** 若不想被坑遊客價，最好 9:00 之前來烏布早市一嚐美味。

424

紫菜包飯：
沒有生魚的南韓壽司

南韓（SOUTH KOREA）// 你是否喜愛壽司的外觀，但並不確定自己能否接受裹在裡頭的生魚片？那麼試試紫菜包飯（gimbap）吧！這道南韓點心兼出外野餐必備主食，捨棄了生魚片當餡料，而採用了其他一樣美味的食材，像是浸泡在醬油、洋蔥、大蒜及麻油裡的醃漬牛肉（bulgogi）、烘蛋及新鮮蔬菜，再一同捲進乾紫菜（gim）和白飯（bap）裡面。不只如此，最近紫菜包飯的餡料也越變越大膽、豐富，裡頭可能包著黑糯米及泡菜，或是韓國沙參（deodeok）及韓國山野菜（chwinamul）。基本上，任何食材都可以包進紫菜包飯裡。

上哪吃？ 當你一時興起在首爾汝矣島公園（Yeouido Hangang Park）騎腳踏車，騎完後紫菜包飯絕對會是你戶外野餐的首選之一。

© Getty Images / Richard Ernest Yap

© Getty Images / AmalliaEka

426

來塊布達佩斯千層派歇歇腳

匈牙利（HUNGARY）// 這道匈牙利猶太區的千層糕點，主要是由一層鬆軟餅皮和四層分別是煨煮蘋果、核桃糊、罌粟粒及李子醬餡料所組成。原始食譜可追溯至中世紀左右，但是最近卻因當地美女主廚 Raj Ráchel 的關係而聲名大噪。她所製作的千層派（flódni）是全匈牙利最炙手可熱的甜點之一，但遊客還是可以從其他傳統猶太糕餅店覓其芳蹤。

👉 **上哪吃？** 到 Noe 咖啡館嚐嚐吧，地址：Wesselényi utca 13, Budapest。

427

沖繩美軍的家鄉味塔可飯

日本（JAPAN）// 自二戰後美軍駐紮開始，沖繩便擔負起迎合美國人口味之責。塔可飯（Taco Rice）是一道簡單融合自產稻米、碎牛肉、起司末、沙拉和莎莎醬的美食，收服了自小習慣美墨飲食、思鄉情濃的美國大兵。為了創造出相類似的口味，沖繩廚師在這道料理使用了清酒混合醬油及味酥的調味手法。不出所料，1950 年代以後這道料理一炮而紅，現在就連日本本土也可見其芳蹤。

👉 **上哪吃？** live Batake 餐廳有供應這道沖繩傳統料理，地址：4-12-5 Awase。

428

外帶台灣鳳梨酥

台灣（TAIWAN）// 台灣鳳梨名聞遐邇，也難怪鳳梨酥成為遊客必帶伴手禮。台灣也是各式文化元素融合之地，這道聚合不同風味的甜點恰恰呈現了這個特色。嚐起來像鬆軟酥餅又像水果派，雖然因為鳳梨天然的糖分使鳳梨酥嚐起來有些甜膩，但是細細品味還是可以嚐到酥餅特有的一點鹹味。若想一嚐美味，歷史悠久的台北大稻埕李亭香餅店，絕對不會讓你空手而回。

👉 **上哪吃？** 到李亭香餅店，地址：台北市迪化街 1 段 309 號。

426

© Shutterstock / janosmarton

429

© NatashaBreen / 500px

429

© Lonely Planet / Pete Seaward

429

帕芙洛娃蛋糕的身世之謎

澳洲 & 紐西蘭（AUSTRALIA & NEW ZEALAND）// 來自南半球的人會爭論發泡奶油、水果及這道蛋白酥糕點的來源，但是只要一開動，就沒人在乎這些了。傳統上這是一道節慶甜點，在家家戶戶歡度耶誕節的餐桌上，一定少不了帕芙洛娃蛋糕（pavlova）。草莓、奇異果和百香果所組成的繽紛喜慶色彩，再加上點綴在細緻蛋白酥上的發泡奶油，這道糕點為耶誕佳節增色添味不少。關於這甜點爭議不休的起源，始於著名俄羅斯芭蕾舞伶安娜·帕芙洛娃（Anna Pavlova）拜訪澳洲及紐西蘭之後——到底是紐西蘭人還是澳洲人以她為名先發明了這道甜點？帕芙洛娃在她的傳記

中提到，一名紐西蘭威靈頓（Wellington）主廚在 1926 年為她獻上這道糕點，紐西蘭人以此聲稱他們比澳洲人早了幾年。雖然澳洲人也宣稱他們也在 1926 年左右發明了這道糕點，但是可靠紀錄卻是 1929 年。也許我們都暫時拋下這難分軒輊的爭論，坐下來好好享受這道香甜、富有果香、酥脆又彈牙的美味糕點吧！

 **上哪吃？** 在南半球仲夏，這道甜點絕對能讓耶誕節晚宴更臻完美。

© Hemis / Alamy Stock Photo

來隻美味的「得來速」布雷斯雞

法國（FRANCE）// 紅色的雞冠、純白的羽毛及石板藍色的雞腳，點綴在法國布雷斯省（Bresse）綠草如茵上的布雷斯雞（Poulets de Bresse），就像是一幅幅小面的法國國旗。豢養此類雞種必須遵守一定的規範，每隻雞必須享有至少 10 平方公尺的土地，為了鼓勵牠們自由活動並覓食昆蟲，餵養的飼料必須為低蛋白質食物。布雷斯雞嚐起來如野味般的肉質，和我們一般所熟知大量養殖的白色飼料雞，完全是天壤之別。這種驗明正身過、世界一流的雞種只有在高檔餐館或米其林星級餐廳才有供應，抑或是在下法國高速公路 A39 後，位於法國東部城市第戎（Dijon）和布雷斯堡（Bourg-en Bresse）的某個特定法國休息區才吃得到。雞隻在旋轉烤架上烤至表皮金黃，過路人可以用極為平價的方式品嚐這道美味。半隻布雷斯雞配上新鮮法國麵包，這將會是你所嚐過最美味的公路休息站美食。

法國公路休息區常常販賣當地特產，但是布雷斯雞休息區（Aire du Poulet de Bresse）卻有別於一般。你不再需要為旅程中真正想去的目的地而做出任何妥協，這個地點一定會讓你值回票價。

上哪吃？ 休息區高 20 公尺的金屬雞裝置藝術，是一定不能錯過的景點。地點：A39, 71480 Dommartin-lès-Cuiseaux。

430

432

© robertharding / Alamy Stock Photo

432

© Shutterstock / wong yu liang

431

感受
西安泡饃的威力

中國（CHINA） // 來一碗熱騰騰的羊肉泡饃吧！這是一道得費點功夫才吃得到的薄餅羊肉湯料理。服務生會給你一片像飛盤般大的薄餅，並要求你把它撕碎放進碗裡。一旦你完成了你該幹的活兒，服務生會把香氣四溢的羊肉清湯和一片片用醃大蒜調味過的羊肉加到你的碗裡。這道絲路料理是冬日暖胃料理也是歇息的藉口。撕碎薄餅的時間就像是打毛衣一樣，也是絕佳聊天時機。

🍶 **上哪吃？** 自 1898 年起，西安「老孫家」便開始供應泡饃。地址：東大街 364 號 5 樓。

432

檳城
最佳炒粿條

馬來西亞（MAYLAYSIA） // 炒粿條（Char kway teow）——瘋迷此道料理的人又暱稱為「CKT」——這道菜並不是一道看上去秀色可餐的食物。濕軟雜亂的炒粿條，配上蝦仁、血螺、豆芽菜、廣式臘腸切片、炒蛋及嫩洋蔥，再撒上滿滿的醬油膏。這道其貌不揚的料理卻掩飾了其真正的美味。這道菜在馬來西亞和新加坡的攤販隨處可見，它原是為了填飽工人肚子所發明的料理。但對許多人來說，馬來西亞檳城的炒粿條，因為鮮嫩多汁的蝦仁和軟嫩酥脆的粿條而所向披靡。

🍶 **上哪吃？** 檳城喬治市 New Lane Hawker Centre 的攤位，大約 18:00 就會開火做生意。

433

堅持手工製作的
莫札特巧克力

奧地利（AUSTRIA） // 在 Amazon 網站上買一塊起司蛋糕，這種講求快速的送貨方式似乎是這個時代的特色，但是莫札特巧克力（Mozartkugel）卻一直拒絕這種即時享樂的消費模式。這個球狀外觀，內含開心果、杏仁糖和牛軋糖的巧克力，1890 年由薩爾茲堡（Salzburg）甜點師傅 Paul Fürst 所發明，並以這座城市最出名的人來命名。今日，第五代傳人依然堅持手工製作這道甜食。在雅致的咖啡館裡，處處可見裝滿銀色球狀巧克力的袋子，在這裡你可以盡量採買外帶的份量。

🍶 **上哪吃？** Cafe Konditorei Fürst 是唯一能買到正統莫札特巧克力之處。地址：Brodgasse 13, Salzburg。

435

435

434　435　436

墨西哥
瓦哈卡的
絕佳街頭美食

墨西哥（MEXICO）// 任何嚐過墨西哥煎餅（tlayuda）的人，都會一致認為這是一道絕佳街頭美食。在你咬了第一口後，你便能體會這道西班牙語直譯「小小食慾」美食的涵義。基本食材為大片玉米餅，抹上豬油，包裹上油炸過的豆子和瓦哈卡（Oaxaca）當地的條狀起司（quesillo）之後，再放入窯裡燒烤。漫步在瓦哈卡的攤販間，你還會發現當地包有牛肉或豬肉片等不同口味的煎餅。

🐂 上哪吃？想一嚐墨西哥煎餅可以造訪 Comedor María Alejandra's。地址：Oaxaca's historic Mercado 20 de Noviembre。

講究調和的
塔哩
印度料理

印度（INDIA）// 在印度，塔哩（thali）指的不只是定食料理、也是盛食的銀色大淺盤。雖然各地作法多有不同，但是美味的塔哩料理必須提供 6 種相互幫襯、分別代表酸、甜、苦、辣、嗆、鹹的菜餚。金屬大淺盤上會擺有米飯或是印度南部常放的芭蕉葉。吃塔哩料理不須任何餐具，就用手捏出不同口味風味的飯丸子吧！

🐂 上哪吃？在南印度邁索爾（Mysore）RRR 飯店裡，每道佳餚都會用芭蕉葉點綴，美味的塔哩料理也不例外。地址：Gandhi Square, Mysore。

最佳拍檔：
巴拉圭薄煎餅和
清涼傳統飲品

巴拉圭（PARAGUAY）// 當你開始在首都亞松市（Asunción）進行觀光和購物行程前，先在咖啡露臺上吃上一片富含濃濃起司、像玉米餅一樣的薄煎餅當早餐吧！巴拉圭薄煎餅（mbeju）具有一種看似完全不相襯既酥脆卻又彈牙的口感，而且和傳統飲品 tereré ── 一種像瑪黛茶（yerber mate tea），但由冷水而非熱水沖泡的飲料──非常搭。試一試薄煎餅配上薄荷葉及新鮮現擠萊姆、橘子或檸檬汁！

🐂 上哪吃？El Café de Acá 位於亞松市時髦的莫拉別墅區（Villa Morra）。

© Getty Images / GMVozd

來份班尼迪克蛋解解宿醉

美國（USA）// 每個人都有他專屬的解酒「妙方」，華爾街（Wall Street）股票經紀人雷姆爾·班尼迪克（Lemuel Benedict）也不例外。據說，當他 1894 年喝醉酒踉蹌進入紐約 Waldorf Hotel 時，嘴裡喃喃說著吐司、火腿、水煮蛋和法式荷蘭醬（hollandaise），一道美食——班尼迪克蛋（eggs benedict）——就此問世。這家酒店現在改名為 The Waldorf Astoria，大整修要到 2021 年才竣工，但是你那因為宿醉而頭痛欲裂的症狀還是可以找到解藥。在整個紐約大蘋果城市裡，依然可以在許多高檔的餐廳裡點到同名美食，可以試試位在紐約西村（West Village）Tartine 餐廳裡的經典班尼迪克蛋料理，或是大膽嘗試位於阿斯托尼亞（Astoria）的 Queens Comfort 餐廳，這裡也有許多融合現代元素的班尼迪克蛋可供選擇。

🐟 **上哪吃？** 想要打破傳統，那麼來試試 Queens Comfort 餐廳吧！地址：40-09 30th Ave, Astoria, New York。

© Nader Khouri

詹姆斯·希亞波特

詹姆斯·希亞波特（James Syhabout）是舊金山灣區 Commis 以 及 Hawker Fare 兩家餐廳的所有人兼主廚，也是 *Hawker Fare: Stories and Recipe's From a Refugee Chef's Isan Thai and Lao Roots* 這本書的作者。

01
巴斯克地區 Ciderhouse 的牛排
這裡的牛排總是在蘋果樹枝或是葡萄藤上燒烤，即使全牛也是一樣。牛排的油花則呈現閃亮的金黃色澤。

02
曼谷的豬肉下水米粉湯
米粉湯（kuay jap）配上美味的豬內臟、豬血以及鵪鶉蛋，你可以在曼谷的大街小巷發現它。

03
加州柏克萊 Great China 的雙層沙拉
我從未見過有其他餐廳供應過這道創意菜餚。清透的豆子、麵條、碎蛋、黃瓜以及蘑菇全都混和在黃芥末油醋醬裡，形成這道創意料理。

04
墨西哥提華納的捲餅
墨西哥人會在烤盤上直接把肉切碎，然後用玉米薄餅包起來。這道墨西哥捲餅（tacos）就是如此簡單！墨西哥與美國近在咫尺，但是我們卻無法複製這種美味。

05
紐約 Katz's Deli 的燻牛肉三明治
每次到紐約市，第一站我一定會造訪 Katz's Deli。這家熟食店由來已久，他們負責的業務主要是依客戶需求供應原料和肉品熟成等，整家餐廳就像運作有效且順暢的肉品供應機。

438

上一堂神奇的
麥蘆卡蜂蜜課

紐西蘭（NEW ZEALAND）// 位於紐西蘭北島島灣（Bay of Islands）凱里凱里（Kerikeri）的蜂蜜店，有提供指導旅客製作當地麥蘆卡蜂蜜（manuka honey）的課程。紐西蘭北島在毛利語中稱為長白雲之鄉（Land of the Long White Cloud），島上獨有的麥蘆卡樹便是這種超級食物的蜂蜜來源。據說，此種蜂蜜含有天然抗菌功效。色調濃稠但不甜膩的麥蘆卡蜂蜜，絕對是成年人的最佳選擇。

🖙 **上哪吃？** 到紐西蘭北島島灣的蜂蜜店嚐嚐，地址：414 Kerikeri Rd, Kerikeri。

439

巴黎
長棍麵包桂冠

法國（FRANCE）// 天天剛拂曉，魔法烘焙師們早已起身，正準備從麵粉、酵母粉、水分和鹽巴等基本食材大展身手。在巴黎沒有什麼事比早晨買一條剛出爐的法式長棍麵包（French baguettes）還重要。每年烘焙比賽會選出年度最佳烘焙師，獎賞便是能夠供應法國總統府愛麗舍宮（Elysée palace）每日所需長棍麵包長達一年。評分注重細緻酥脆的外皮、軟嫩具延展性的內層，以及長度需在 55-65 公分。

🖙 **上哪吃？** 最近剛榮膺桂冠的是位於巴黎第 13 區的 Brun boulangerie。地址：193 rue de Tolbiac。

440

復活節到克里特
島吃希臘小煎餅

希臘（GREECE）// 復活節造訪希臘克里特島（Crete）是最佳時機。不單單因為島上野花齊放，點綴了上百座簡樸的教堂，也因為麵包店裡處處都是一包包裝袋好、香甜充滿濃郁起司口味並佐以幾滴百里香野花蜜的希臘小煎餅（kalitsounia）。在復活節，受到顧客歡迎的則是內含鬆軟羊奶起司（malaka）的口味，當這種小煎餅烘焙好時，牽絲濃郁的口感會令人齒頰留香。

🖙 **上哪吃？** 在這個神聖的節日，所有島上的烘焙坊都會販賣這道美食。

438

439

28 BOULANGERIE 28

© Getty Images / LazingBee

© Lonely Planet / Matt Munro

441

442

徜徉在佛羅里達海灘和檸檬派香氣中

美國（USA）// 颶風肆虐的季節總是對美國佛羅里達礁島群（Florida Keys）墨西哥萊檬（key limes）的收成帶來巨大影響，但是這卻不減當地人對這項特產的喜愛。從大礁島（Key Largo）到西礁島（Key West）的咖啡館都宣稱自己供應最佳的檸檬派，但是製作絕佳檸檬派的關鍵還是在於是否使用了墨西哥萊檬。這種水果現在大部分從墨西哥進口，和超市隨處可見的綠萊姆相比，萊檬成熟時外表呈現黃色並帶有強烈的酸味。派餅底層是用糕餅屑所製成，外頭再裹上酸度破表的萊姆卡士達醬以及層層堆疊的蛋白酥皮，這絕對是味覺上的一大享受。如果想要更貼近佛羅里達風味，可以在桌上擺上一杯海灘椰林飄香雞尾酒（beachside pina colada）做搭配。

🍴 **上哪吃？** 當你在西礁島的 Lime Pie Company 排隊買檸檬派時，自備一杯椰林飄香雞尾酒絕對派得上用場。地址：511 Greene St, Key West, Florida。

441

來瓜地馬拉體驗燉煮雞肉和地動天搖

瓜地馬拉（GUATEMALA）// 因為環狀火山群，使得瓜地馬拉安提瓜（Antigua）的風景秀麗、美不勝收。經過幾世紀來的地層活動，許多景物已非，但是這些斷垣殘壁卻為這座處處可見修復過後、柔美色調的巴洛克建築城市增添了不少魅力，其中最引人入勝就屬伊格萊西亞斯教堂（Iglesias de la Merced）。到了週末，每個居民都會向路邊販買份濃稠辣椒醬燉肉（pepián），並聚集於此交流最新消息。這道料理是由燉肉、各式辣椒、南瓜子（西班牙文的南瓜子 pepitoria 恰好是這道菜的名字來由）以及許多其他燉煮食材所組成。米飯和新鮮玉米餅會用來搭配這道濃稠略苦但層次卻相當豐富的菜餚，如果這是你在瓜地馬拉的最後一餐，不妨一試！

🍴 **上哪吃？** 街上攤販或是位在 Origimi 餐廳旁的奢華選擇 El Porton，都可以一嚐這道菜的風味。

442

443

443

在峇里島享受衝浪和印尼炒飯

印尼（INDONESIA）// 位在峇里島南端布奇半島（Bukit Peninsula）上的冰晶海灘（Bingin），一直是島上最引人入勝的衝浪景點之一。除此之外，和距離不到 30 分鐘車程、喧囂的庫塔海灘（Kuta）相比，冰晶海灘顯得寧靜許多，處處可見布滿小洞穴的峭壁走道，餐廳則以供應基本印尼和峇里島風味餐為主。

如果我的描述還不夠生動，想像一下清晨漫步在微風徐徐中，海浪的聲音則從底下傳來。當你早晨醒來時，煎大蒜、酸豆和甜醬油（kecap manis）的香味也飄散到你的臥房。當你走到家族經營客房的戶外用餐區時，主廚正熟練地翻攪米飯、蝦醬、雞肉和新鮮的明蝦。他詢問你是否要來盤印尼炒飯（nasi goreng），在你說好之前他已經把炒飯盛好盤，上頭還有荷包蛋以及萵苣、番茄作為配菜，然後他們會用印尼語說聲：「請盡情享用吧！（menikmati）」相信我，你一定會大快朵頤一番的！

🐟 **上哪吃？** 如果你不想禁不起誘惑而吃第二盤印尼炒飯，選個風光明媚之日，吃完第一盤後拿起你的板子去衝浪吧！

444

444

看炒麵主廚
在曼谷街頭施展魔法

泰國（TAILAND）// 在眾多名揚國際的泰式料理中，名氣最響亮的當屬泰式炒麵（pad thai）。這道菜的獨到之處在於將味道和口感巧妙融合。在國外的料理手法中，調味料可能會下得很重，但是曼谷（Bangkok）街頭的攤販，透過經年累月的改良下，主廚料理時的調味只是這道美食的神來之筆。你可以在此尋覓到全世界最棒的泰式炒麵。米線會裹上令人齒頰留香的酸豆醬、糖、檸檬汁、辣椒、大蒜、魚露和白胡椒粉。此外，在放進高溫鍋鼎熱炒前，還會加入

蝦仁、韭菜、碎洋蔥和蛋。最後起鍋前，為了增添菜色還會加上豆苗和碎花生。這道菜豐盛又細緻的風味，正是泰式料理史的最佳見證。曼谷街頭小吃廚師的手藝，絕對可以媲美任何一位受過正統訓練的米其林餐廳主廚。

上哪吃？ 要我萬中選一？這是強人所難，絕不可能！曼谷任何一家攤販都可以吃到美味的泰式炒麵。

445

榴槤飄飄：
馬來西亞人的早點

馬來西亞（MAYLAYSIA）// 在整個東南亞的平價旅館或酒店，隨處可見寫有「勿帶榴槤入內」的標示。如果你曾待過擺放榴槤（durian fruit）的下風處，就會知道箇中原因。客氣地來說，榴槤帶有一種一開始並不討喜，但後來才會逐漸習慣喜歡的香氣。如果你在路邊品嚐，氣味並沒有想像中的令人難受，儘管引人不悅的氣味撲鼻，但是嚐過味道後，你會稍稍理解這個水果在東南亞受歡迎的原因。街頭攤販正在搬運一顆顆巨大像長滿刺的波羅蜜的水果，請將你的目光移開，只要閉上雙眼，讓飄散街頭的氣味引領你來品嚐這道馬來西亞熱門的早晨點心。想知道榴槤吃起來味道如何？想像它是一顆綿密、混和大蒜和奶香氣味的哈密瓜吧！我敢打賭這個形容一定已經引起你的興趣。

 **上哪吃？** 整個馬來西亞的街頭都可看見榴槤芳蹤。

445

446

來份具有加州懷舊風情的
海陸大餐

美國（USA）// 當你在美國加州餐廳用英文點經典海陸牛排龍蝦大餐「surf and turf」時，請不要完整發出英文「and」的聲音。輕聲縮略音「surf'n turf」的唸法代表這道菜起源於 1950 年代南加州情境喜劇──Gidget──當紅的年代和電視影集中這對異想天開的父女組合。這道完全出於新奇所誕生的料理，也激發許多人對 20 世紀中洛杉磯偶像團體鼠黨（Rat Pack）和美國搖滾團體海灘男孩（the Beach Boys）古怪混搭組合的懷舊情懷。料理中牛肉切塊搭配龍蝦的選擇似乎只是後來才有的想法，真正重要的是，當你坐在餐廳隔間大快朵頤這道豐盛料理時，樓上也坐滿了許多正在啜飲有著花俏裝飾雞尾酒的好萊塢明星。

446

上哪吃？ 洛杉磯雷東多海灘（Redondo Beach）的 Tony's on the Pier 餐廳，是少數海鮮餐廳又能供應正統牛排的地方。

447

在阿富汗
用水餃歡慶春天來臨

阿富汗（AFGHANISTAN）// 水餃都來自中國，對吧？那可不一定！據說阿富汗水餃（mantu）是經由蒙古引進此地，但是事實上這些辣味、內餡包肉的水蒸點心起源於此地。這道料理是整個阿富汗節慶中最重要的一道食物。雖然阿富汗大部分區域仍未對遊客開放，但是當冬天近尾聲，阿富汗人慶祝波斯新年諾魯茲節（Nauroz）時，喜歡探險的旅人可以在春分時刻前往巴米揚谷（Bamiyan Valley）或是中亞古城赫拉特（Herat）。在奢華的歡慶酒宴中，你一定會發現這道料理。當地人會在戶外享用水餃，這感覺就像是一年一度的國家級大型野餐。你可以試試水餃上淋上番茄咖哩醬（kurma）的口味。

 上哪吃？ 市場以及路上小攤販，都可以買得到這道水餃料理。

447

閉上雙眼
大膽嘗試柬埔寨炸蜘蛛

柬埔寨（CAMBODIA）// 現在全世界各地的饕客，不用出國便可以品嘗來自許多國家的街頭小吃，但有一種食物我們很難在柬埔寨以外的地方吃到，甚至只有在柬埔寨素昆鎮（Skuon），才能吃到這道有名又酥脆的小吃。雖然看上去很嚇人，但是就食物體驗的趣味度來說，炸蜘蛛（fried tarantula）絕對是來此地不容錯過的。這道菜的來由可回溯至紅色高棉——共產黨統治時食物短缺的黑暗時期，而現在這些八腳蜘蛛已成為當地人和遊客必嘗的美味。在路上，小攤販會呈上一整盤炸好的蜘蛛，因為腳部味道苦澀，他們會建議你先吃腹部，如果可以接受「鮮嫩多汁」的蜘蛛腹部，那麼蜘蛛腳你一定也能吃得津津有味。

上哪吃？ 酥脆、柔軟又具黏性，令人驚訝的是，柬埔寨炸蜘蛛嚐起來有種雞肉般的口感。也許這道小吃不適合心臟不夠強的人，但是人生苦短，就及時行樂吧！

© The Picture Pantry / Alamy Stock Photo

449

在節慶美食清單
替甜餡派留個位置

英國（UK）// 街頭又再度響起英國著名的耶誕歌曲〈Good King Wencelas〉，只有在英國這樣歡慶的時節，甜餡派（mince pie）才夠應景，最好還能搭配耶誕歌曲吟唱、在寒冷夜空中閃爍的伯利恆之星（star of Bethlehem），以及已經用紅莓果實裝飾好的耶誕樹——這所有的一切絕對是美妙的搭配。但是回到現實，大部分英國人卻常常就在電視機前毫無情趣、狼吞虎嚥地把甜餡派吃個精光。即便如此，我們還是不吝嗇向大家隆重介紹這一道甜點。在英國，人們不再使用調味過的肉餡當作餡料，取而代之的是包括葡萄乾、醋栗和蘋果之類的乾果、蜜餞果皮、紅糖、辛香料及果汁。派餅餅皮則是由奶油或動物脂肪製成，再撒上糖霜。

🐟 **上哪吃？** 自製的甜餡派永遠是最佳選擇，可以在耶誕佳節來臨時和親朋好友分享。

450

印度馬薩拉雞的
真正發源地

英國（UK）// 在每一家印度餐廳的菜單上，印度咖哩馬薩拉雞（chicken tikka masala）絕對是必備料理，所以如果你認為這道菜來自印度，可以被原諒——但是這道用優格醃過、濃稠的雞肉料理據說是由一位住在蘇格蘭的南亞廚師所發明的，雖然這個說法頗具爭議。不管他的起源地為何，在蘇格蘭最大城格拉斯哥（Glasgow）寒風刺骨的夜晚，印度咖哩馬薩拉雞配上蕃茄醬、米飯和印度烤餅（naan），絕對是一道暖胃料理。

🐟 **上哪吃？** Shish Mahal 是格拉斯哥最古老的印度餐廳之一，地址：60-68 Park Rd。

451

挪威森林裡的
麋鹿肉

挪威（NORWAY）// 在雪地裡度過一整天後，如果想要來一份晚餐維持體力，挪威人只會提供一道料理：當地麋鹿肉（elk）配上馬鈴薯、越橘莓果（lingonberries），和幾杯暖身的北歐特製加味白酒（aquavit）。在冰封的斯堪地那維亞寒帶針葉林裡自由奔跑的麋鹿，有著精實且別具風味的肉質。這是一道會出現在北方狩獵小屋中的傳統料理，但是現在在首都奧斯陸（Oslo）的餐廳也可見其蹤影。

🐟 **上哪吃？** 高原城鎮耶羅（Geilo）的 Hallingstuene 餐廳中，可以一嘗麋鹿肉料理。地址：Geilovegen 56。

452

令人上癮的
日本麻糬

日本（JAPAN）// 由糯米磨搗而成、具有黏性與嚼勁的麻糬（mochi），口味從廣受喜愛的花生堅果到草莓、櫻桃，再到人人愛不釋手的巧克力口味，是全日本大人小孩都心儀的甜點，美味但是高卡路里。食用時請小心，在日本因為食用麻糬而噎到的案例很常見。

🐟 **上哪吃？** 品質高的麻糬永遠是新鮮現做的，日本有很多專門製作麻糬的店鋪。

453

北卡羅萊納的東西烤肉大戰

美國（USA）// 如果你在北卡羅萊納州（North Carolina）待得夠久，也許最終將必須被迫在東部或西部燒烤方式中做出選擇。豬肉在整個北卡州是最受歡迎的料理，東西兩區因截然不同的料理手法而出現激烈的競爭。在具有沙丘和海岸平原地形的北卡州東部，英文單字 barbecue 在此永遠只有名詞的用法。燒烤這裡指的是烤全豬，整隻豬會放在油桶裡燻烤直到骨肉分離。然後豬肉會一片片被撕下，並撒上一層薄薄的醋醬。這種料理技巧可能來自於早期居民為了保存變質豬肉所衍生的方式。在丘陵地形分布的西部，燒烤指的是烤豬肩肘。這部位的豬肉會經過慢火燒烤，然後大量塗抹上番茄醬或其他用番茄做的甜醬。

不論在那一區，這兩個最佳燒烤聯盟都用木材而非可怕的瓦斯來燻烤豬肉。供應這道料理的餐廳都不是什麼高大上的地方。餐桌通常是破舊硬塑膠所製，將頭髮網起的女廚師則在櫃台後彼此嬉鬧。點一盤燒烤意味著一大盤份量的豬肉和許多配菜，像是涼拌菜絲（coleslaw）和烤玉米球（hush puppies），或是你會拿到一個夾有生菜壓扁的豬肉三明治。大快朵頤後你可以用甜死人的南方冰茶來洗胃。如果有口福的話，也許還會有份花生奶油派做為飯後甜點。如果你更好運的話，也許會遇見豬肉燒烤大師在廚房後頭忙進忙出，砍木材或只是在燻烤豬肉旁哈菸。傾聽他的滿肚苦水，你將會學到許多你不曾學過的燒烤知識。只是不要問他關於東西兩區燒烤競爭的事就好。

☛ **上哪吃？** 好吧，如果你要我做出選擇，到 Skylight Inn 餐廳嚐嚐最細緻的東部燒烤手法吧。地址：4618 S Lee St, Ayden。

PLEASE
DON'T
BLOCK
DRIVEWAY

450

© Getty Images / SeanPavonePhoto

454

454

首爾人的下班紓壓食物：炸雞配啤酒

南韓（SOUTH KOREA）// 加入首爾上班族的下班人潮，你會發現他們群起進到啤酒屋、酒吧或餐廳裡食用炸雞配啤酒（chimaek）來緩解一天上班的疲勞。chimaek 這個南韓菜名來自於英文雞肉「chicken」和韓國啤酒「maekju」的結合。1960 年代引進南韓，1990 年代這兩樣食物的結合則受到廣大歡迎，迄今蜜月期似乎還沒結束。這道食物搭配成功的祕訣在哪？首先是雞塊雙倍油炸的料理手法。雞肉初次在植物油裡快速油炸時，會裹上麵粉和馬鈴薯粉，第二次再放進油鍋裡炸通透前會將雞肉短暫夾起放涼。這種做法會使雞皮裡的油脂融化，讓外皮的裹粉更加酥脆。第

二個祕訣是醬料的辣度。雖然有許多醬料種類可供選擇，但是最受到顧客歡迎的還是嗆辣又鮮甜的辣味韓式炸雞（yangnyeom chicken）。外皮裹上黏稠的辣醬料，醃蘿蔔配菜則完美地抵銷了雞塊的嗆辣味。第三個祕訣則是搭配的啤酒。通常南韓人會選擇清爽、3 公升桶裝的淡啤酒來配炸雞。用餐的氛圍通常是愉悅而無拘束的。

🍗 **上哪吃？** 首爾處處可見炸雞連鎖販賣店。想要一嚐當地風味，試試 Chicken in the Kitchen。地址：4-42, Wausan 29, Mapo。

455 456 457

來口
四川擔擔麵

中國（CHINA）// 因為攤販將裝有麵食的籃子掛在竹扁擔上販賣，擔擔麵因此得名。這道麵食在四川很多城市都受到喜愛。滑順的麵條撒上由辣椒油、醬油和醋所製的油亮醬料，再加上醃漬醬菜和四川胡椒粒，最後再添上豬肉末和幾把青蔥。在寒冷的成都夜晚，這絕對是一道暖胃料理，或是在揮汗如雨的重慶夏日午後，這也是一道清爽可口的麵食。

上哪吃？ 成都旅遊景點「錦里步行街」絕對是可以一嚐美味擔擔麵的好地點。

烏克蘭的
「民脂民膏」

烏克蘭（UKRAINE）// 烏克蘭人早就已經遺忘，這道被大家公認為是國民美食的薩羅（Salo），其口味之多元或是其烹煮技巧之複雜。薩羅，又稱冷製豬油，是一種醃製、鹽焗或是燻烤的豬油。這種厚切豬油片常見於慶典、用以供奉雕像或是在書冊記載中提到。傳統的吃法是將豬油冷凍，並切薄片配上胡椒粒和鹽巴。

上哪吃？ 在傳統餐廳 Tsarske Selo 吃上一塊入口即化的豬油片，並配上一小杯伏特加。地址：22 Lavrske St, Kiev。

可用來取暖的
蒙古肉餡薄餅

蒙古（MONGOLIA）// 沒錯，蒙古食物既簡單又實惠，但是當你正在進行一趟冒險又漫長的蒙古草原之旅時，很有可能會務實嚴肅地只希望來一份祭祭五臟廟的食物，而蒙古肉餡薄餅（khuushuur）正可以滿足這樣的需求。這道食物特別的是，麵團會折成三角形或半圓形，內餡則是包有碎羊肉餡、牛肉和甘藍菜，然後煎煮直到外皮酥脆。蒙古人甚至會在手裡緊抓著這道肉餡餅來取暖並促進血液循環。

上哪吃？ 在偏僻鄉村，當地人會在屋外或是三三兩兩散布在草原的蒙古包外，販賣這種新鮮現做的餡餅。

457

455

455

弗羅倫斯·
法布里坎特

　　弗羅倫斯·法
布里坎特（Florence
Fabricant）是《紐約時
報》長期報導美食佳
釀的新聞記者，也是
12 本暢銷食譜的作
者。

01

日本京都 Nakahigashi 餐廳的皇室午膳
主廚走進餐廳，手上是隨手摘採的野菜
（chickweed）、野生洋蔥、艾草（mugwort）和蕁
麻葉（nettles）。這些現採野蔬等會兒都會在他
親手調製的料理中一一派上用場。

02

紐約 Brushstroke 餐廳的日式茶碗蒸
在紐約名廚大衛·布雷（Dvid Bouley）的巧手加
持下，這道日式家常料理的身價因而提升不
少。在他細膩的料理手法下，茶碗蒸裡的美國
珍寶蟹（Dungeness crab）會先浸泡在由黑松露和
大蒜提煉的高湯中，以提升其美味。

03

法國 Le Lièvre À La Royale 餐廳的皇室料理
我深深地愛上了位於法國中部希農省（Chinon）
Le lièvre à la royale 餐廳的法國皇室料理，尤其

是野兔佐鵝肝。搭配這道菜的醬汁是由濃稠的
野兔血和巧克力所調製而成。自從我嚐了這道
皇室料裡後，這道經典菜餚便成為我的最愛。

04

紐約 Boulud Sud 餐廳的野生銀花鱸魚
魚肚裡頭塞滿了無花果，外頭則用無花果葉包裹
魚身，我曾經在紐約名廚丹尼爾·布魯德（Daniel
Boulud）旗下餐廳品嚐過一整尾 10 磅左右的野生銀
花鱸魚。但是最近他在紐約的另一家餐廳 Boulud
Sud 只供應一小塊魚片，讓顧客淺嚐即止。

05

挪威奧斯陸 Arakataka 餐廳的
義大利麵佐幼生鮭魚卵
奶油般滑順的義大利麵條配上可口香甜帶有
天然海水鹹味、紅艷欲滴的幼生鮭魚卵（bleak
roe）。這樣的組合，每一口都是滿足。

458

愛爾蘭早點：
血腸和馬鈴薯

愛爾蘭（IRELAND）// 如果你有口福的話，愛爾蘭民宿的傳統早餐會供應許多肥沃的血腸，也許還會有煎蛋和幾勺馬鈴薯捲甘藍菜泥（colcannon）。血腸又稱黑布丁（black pudding），這道食物的背後，其實有個卑微的故事。務農的婦女因為不想浪費任何動物的部位，便想到從宰殺豬隻的血液中製作香腸。但是血腸起源還可以追溯至更早，古希臘詩人荷馬（Homer）已在他的史詩奧德塞（The Odyssey）中提及此食物。今日，這種肥沃布滿豬油、調味過的香腸，配上順口的燕麥粥是老饕們的最愛。想要一嘗最佳血腸，愛爾蘭當地肉販是第一首選，但是一些像是位於愛爾蘭南部蒂珀雷里郡（Tipperary）的民宿，例如 Egan family of Inch House B&B 也有提供自製血腸。

🤙 **上哪吃？** 你可以從 McCarthy's butcher of Kanturk 中買到得過獎的黑布丁。2011 年英國女皇造訪愛爾蘭時，國宴上也擺上他們家的血腸。

459

紐約大蘋果的
魯賓三明治

美國（USA）// 1888 年左右，紐約的 Katz's Deli 餐廳便已開始營業。從此之後，這家餐廳變成為供應全世界最美味的三明治地點之一，而享用這三明治的最佳場所當然是光臨此地。這家餐廳裝潢老派，每一層樓都擠滿了飢腸轆轆但前途無量之人，牆上則是布滿許多名人造訪的裱框照片。儘管如此，真正的明星還是這裡的招牌菜——魯賓三明治（Reuben sandwich）。現烤黑麥麵包夾著從這一大盤中慢工出細活製的粗鹽醃牛肉（corned beef）、瑞士起司、酸菜和一小搓香濃的俄羅斯沾醬。能加入排隊購買的人潮是種榮幸，但是能親身體驗紐約多采多姿的生活在眼前上演，等待的過程本身也變成是一種趣味。

🤙 **上哪吃？** 如果你知道你正在品味歷史，那就到著名的 Katz's Deli 餐廳，大口吃下魯賓三明治吧。地址：205 E Houston St, New York。

460

南非開普敦的
狂野實驗廚房

南非（South Africa）// 南非的實驗廚房（Test Kitchen）並非大多
數遊客會尋訪嘗試各種食物組合的首選之地，但許多絕佳
的旅遊體驗往往是出乎意料的。除此之外，這種獲得諸多
讚賞的實驗餐廳，有一部分代表的是這個國家正在重新定
位自己。透過兩種不同的空間，你會體驗到截然不同的用
餐體驗，一種是用黑色牆壁和誇張燈光所裝潢成的暗黑空
間，另一種則是帶有工業化潮流的明亮用餐區。這兩種用
餐空間會讓你脫離現實，並將焦點放在像是羊雜、甘草佐
濃縮肝臟醬汁、萊姆果凍、醃漬檸檬和松子拌西洋菜醬汁
（gremolata）這樣奇特的料理上，抑或是飯後甜點，像是拌
有芒果和酸豆的奶酪、八角醃鳳梨及泰式綠咖哩口味的泡
沫蛋糕。

 上哪吃？每區的實驗餐廳都會在某些特定日期開放
訂位。準備好行事曆和打算拜訪的餐廳，按下快速撥號
鍵，並祝你好運！實驗廚房 The Old Biscuit Mill 位於：375
Albert Rd, Woodstock。

460

461

新加坡的
道地胡椒蟹

新加坡（Singapore）// 新加坡的長堤海鮮樓（Longbeach
Restaurant）是胡椒蟹（black pepper crab）的發源地。1959 年，這
道在炒鍋裡用黑、白胡椒、蠔油、大蒜、薑片、香菜和雙倍
辣椒煎炒的料理第一次問世，直到現在，餐廳仍以令人瞠目
結舌的高檔價格在供應這道美食。頗有歷史的永成餐室（Eng
Seng restaurant）則提供了品嚐道地胡椒蟹另一種物美價廉的選
擇。傍晚 17:00 餐廳外就會開始排隊，所以最好早點來，不
然就得忍受飢腸轆轆的等待。當胡椒蟹盛上桌時，這些螃蟹
看上去就像是從浮油裡被撈起來，但味道絕對比看上去的模
樣可口，所以不要害怕弄髒雙手，開動吧！

461

上哪吃？位在 East Coast Seafood Centre 的長堤海鮮樓
UDMC 店地址：1202 East Coast Parkway。永成餐室地址：
247 Joo Chiat Place。

馬拉喀什的北非小米狂歡夜

摩洛哥（MOROCCO）// 每個城市在一年之中都有一兩個禮拜屬於的節慶時刻，但是在南摩洛哥世界遺產古城馬拉喀什（Marrakech），這樣歡慶的場景卻是每個夜晚都在德吉瑪廣場（Djemaa El Fna）上演。每到夜幕降臨，廣場就會變成一處提供露天食物、音樂、表演等的活力旺盛場所。大部分時候，這裡是一片寬闊、鋪有瀝青的土地，散布著販賣現榨柳橙汁、藥草以及棕紅色刺青圖騰的小販。流動水販背運著皮革水袋和銅製水杯，一些老翁則對著一群當地人講述著故事，而耍蛇人則為遊客提供拍照的機會。在廣場的一隅，人們在咖啡館裡躲著烈陽，一邊啜飲著甜薄荷茶，一邊享用著甜餡餅。

約略傍晚，一群人開始在鐵架食物攤販前聚集，場景才有所改變。當夜幕低垂，雜技表演團、柏柏爾（Berber）民俗音樂團及更多的說書人紛湧而至，照明燈照亮了從夜空中，興許是烤肉攤和臨時廚房飄散出的裊裊炊煙。這些攤販供應的食物全是傳統摩洛哥料理，例如羊肉佐梅干塔吉鍋、北非小米飯（cous cous）配燉蔬菜、滿坑滿谷等待烘烤的肉串、辣味蝸牛清湯，以及一碗碗的摩洛哥蔬菜濃湯（harira）。如果你在其中一家大攤販中拉把椅子坐下，可以嚐遍上述所有美食。小型的攤販則會提供自己專門特別烹煮的料理。如果你正在尋找燉羊頭料理，別擔心，這裡也有提供。到了半夜，人潮散去、喧囂漸歇，攤販也正準備收攤，德吉瑪廣場才至少能有幾小時的時間，又變回一處寬闊的場地。

🐘 **上哪吃？** 在北非小米生米煮成熟飯前，選擇一家你可以看到提供新鮮食材的攤販，而不是隨便一家漫天喊價的路邊攤。

462

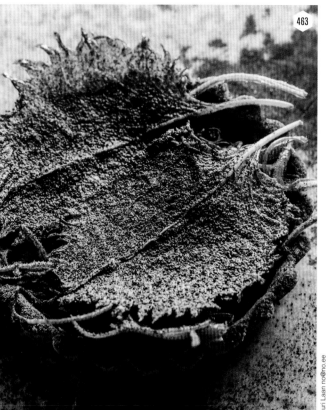

463

© Lauri Laan no@no.ee

464

吉隆坡傳統職人的
福建快炒麵

馬來西亞（MALAYSIA）// 別讓掌廚起鍋的速度，讓你誤以為快速準備的料理味道都很一般，畢竟我們是在馬來西亞，沒有一種食物的味道是平淡無奇的。福建炒麵（hokkien mee）是中國移民給馬來西亞餐飲界的美味贈禮，這是一道豐盛、由軟黏粗麵條搭配豬肉片、蝦仁、甘藍菜、濃稠黑醬油以及幾塊炸過豬油的美食。福建炒麵一直是吉隆坡攤販最熱賣的食物。漫步在街頭尋找用傳統炭火翻炒麵條的店家，絕對是享用這道美食的關鍵。比較守成的顧客則可以造訪自 1920 年代就開始營業的金蓮記福建麵館（Kim Lian Kee）。

 **上哪吃？**想要一嚐福建炒麵的美味，吉隆坡任何一家小攤販，或是位於市中心的金蓮記福建麵館（地址：92 Jalan Hang Lekir）都值得推薦。

463

愛沙尼亞的
世界級試吃菜單

愛沙尼亞（ESTONIA）// 風靡愛沙尼亞餐廳界、裝潢現代又極具大膽創新、樓高三層的 NOA 餐廳，可以遠眺面向愛沙尼亞古老首都、擁有清澈海水的塔林灣（Bay of Tallinn）。由於一些巧妙的設計和善用鏡子的反射原理，餐廳裡的每一張餐桌都擁有海景景觀。2014 年甫一開幕，NOA 餐廳隨即變成愛沙尼亞餐廳界的一顆閃耀之星。雖然主餐廳的水準已能滿足大部分的饕客，但如果你是美食行家，可以在 NOA 主廚美食廳（NOA Chef's Hall）訂位，保證提供給專業饕客一個由主廚特製專屬菜單的私人用膳夜晚。當你正為了一盤接著一盤的試吃菜餚垂涎三尺時，主廚們也正從開放式廚房觀察這些美食家的反應。進階版的菜單上還有魷魚佐特製蛋黃葡萄酒、淡菜配醬汁。你可在此嚐到世界級的愛沙尼亞風味。

 **上哪吃？**坐落在以設計及其城市和水文景觀聞名的建築大樓裡，NOA 餐廳絕對是來到愛沙尼亞的必訪之處。地址：Ranna tee 3, Tallinn。

© Lonely Planet /Michael Heffernan

464

© Shuttertock / abamjiwa al-hadi

465
466
467

格陵蘭島的
狂野麝牛料理

格陵蘭島（GREENLAND）// 看起來像北美野牛，有著巨大頭部和彎曲牛角的麝牛（muskox）其實和綿羊是親戚，在凍原漫步幾百萬年後，19 世紀開始的獵捕活動幾乎讓牠絕了跡。現在多達 8 萬頭的麝牛正受到保護，但是准許部份捕獵，意味著你可以在餐廳菜單上找到這種料理。嚐起來的味道很像牛肉，而且如你所期待的，和來自大自然無汙染的野味一樣，料理的味道層次相當豐富多元。

👉 **上哪吃？** 在格陵蘭島 Hans Egede 酒店 5 樓的 A Hereford Beefstouw 餐廳，可以一邊享用排餐，一邊欣賞峽灣景色。地址：Aqqusinersuaq 1, Nuuk。

感恩節的
尤拉烘焙南瓜派

美國（USA）// 在感恩節大餐中享用一道南瓜派（pumpkin pie），絕對是這節慶中美妙又真實的體驗之一。但是如果沒有認識的美國家庭或友人，可以在佳節提供你這樣的體驗，紐約尤拉烘焙店（Yura bakery）帶有秋天風情、佐以丁香和薑末的甜南瓜派，絕對可以帶給你這種沒有家庭紛爭或是美式足球狂熱，但是心頭暖烘烘又舒服的感恩節體驗。這是一道享用完會心懷感恩的甜點。

👉 **上哪吃？** 裝飾明亮溫暖的尤拉烘焙店提供了許多美味的烘焙甜點。地址：Madison Bakery, 1292 Madison Ave, New York。

心型
法式蝴蝶酥

法國（FRANCE）// 法式蝴蝶酥（palmiers）又常被稱為「象耳朵」。這種精巧的甜點有心型和蝴蝶兩種形狀，可能是由一名節儉的糕點師傅，為了把製作酥皮的材料用完所發明的。奶油揉製而成的麵糰一折再折、堆疊成細緻的層次，新鮮出爐時帶有一層裹著糖霜的光滑外皮和易碎口感。搭配一杯咖啡歐蕾（café au lait），絕對是最佳的下午茶點心（goûter）。只是小心，別讓圍巾沾上了屑屑。

👉 **上哪吃？** 也許在法國麵包店找不到這道甜點，但是在所有法國烘焙店都可以看到。試試位於巴黎的 Hure 烘焙坊，地址：18 Rue Rambuteau。

467

468

468

馬來西亞的暖心肉骨茶

馬來西亞（MALAYSIA）// 和印度炒麵（mee goreng）一樣可口，牛肉仁當（rendang）跟叻沙（laksa）也許更能代表屬於馬來西亞的口味。另外一個例子便是豬骨熬製而成、又稱為肉骨茶（bak kut teh）的湯品。起源於中國的這道菜是把豬排骨放在加入醬油、八角、肉桂、丁香、茴香子、蒜頭和當歸的清湯中，用慢火燉煮至少 2 個小時。在這道菜餚中，你也常常可以吃到被稱為炒粿條（char kueh）的炒麵，以及作為配菜的不同動物內臟、各式各樣蘑菇、菜心（choy sum）和油豆腐，這些食材都增添了炒粿條的味道和口感。華裔馬來西亞人認為這道料理能夠溫暖心靈，當白天的暑氣隨著夜晚降臨而漸漸消散，這道菜常常成為他們消夜打牙祭的選擇。馬來西亞西部海岸城巴生市（Klang）宣稱也有肉骨茶，而這裡所提供的肉骨茶品質確實也無可挑剔。確切的食材調配常因地制宜，也許你會在某地嚐到濃稠又混濁的肉骨茶，而在其他地方的湯頭則是清淡爽口，有些地方的肉骨茶口味重，有些口味則是相當清淡。開口詢問當地人，如何找到提供美味肉骨茶的店家吧！

🍴 **上哪吃？** 來到以肉骨茶聞名的巴生市 Teck Teh 餐廳品嚐這道湯品吧！地址：Jalan Stesen 1, Kawasan 1, 41000 Klang, Selangor。

469

來自遙遠北方的
油炸鱈魚舌

加拿大（CANADA）// 加拿大東海岸的紐芬蘭（Newfoundland）住著全世界最離群索居的族群，也因為如此，造就了一些「有趣」的食物選擇。事實上，這些選擇一開始是為了適應惡劣的氣候條件和短缺的食物而應運而生；到如今，這些料理卻已經變成是公認的「美食」了。其中一道特殊料理便是鮮為人知的小海魚（caplin），比較為大家所熟知的名字是「鱈魚舌」。聽上去很美味，是吧？先放鬆一下，實際上的口感並沒有像聽上去那般有嚼勁，而且這也不是鱈魚的舌頭，比較像是鱈魚喉嚨裡的幾條鮮肉。連同豬皮一起放進豬油鍋裡炸，直到魚條完全鬆軟酥脆，這道美味的食物保證你一定會多拿幾盤。

🔈 上哪吃？來深受西班牙料理啟發的 Bacalao Nouvelle Newfoundland Cuisine 餐廳享用這道美食吧。地址：65 Lemarchant Rd, St John's, Newfoundland。

470

到布拉格不能不做的事：
品嚐肉桂捲

捷克（CZECH REPUBLIC）// 當你歡天喜地參觀布拉格的巴洛克建築時，你將免不了發現一種琳瑯滿目、用糖衣裹住的螺旋狀點心。這種點心不是懸掛在商店窗戶上就是在街邊的烤爐裡烘焙。警告在先，你將會對這種布拉格肉桂捲（trdelník）上癮。畢竟，沒有人能在寒冷的冬日抵擋得了這酥脆、有著焦糖外衣及陣陣肉桂香撲鼻而來的甜點。令人驚喜的是，內層還有融化的巧克力醬。那如果是在夏日造訪布拉格呢？別失望，有些腦筋動得快的糕點店，早已把肉桂捲變成甜筒，所以裡頭可以塞冰淇淋。結束旅程回家時，再準備好好減肥吧！

🔈 上哪吃？整個布拉格的點心鋪或是街頭攤販都可以看到蹤影。

英國精釀啤酒的最佳拍檔：
牛肉腰子派

英國（UK）// 無意挑釁，但我們認為全世界最棒的酒吧在倫敦。在那裡，有許多宣稱自 15 紀便開始營業的小酒館。這是可以一窺歷史點滴的地方。有些酒吧甚至有世界著名作家、政治人物、哲人甚至皇室成員逗留過的痕跡。許多業者仍堅持幾百年來釀造啤酒的方式。如果有哪一道美食可以完美搭配這一杯杯精釀啤酒，就非其貌不揚的牛肉腰子派（steak and kidney pie）莫屬了。在倫敦梅費爾區（Mayfair）的 Windmill 餐廳，你可以找到得過 3 次國家冠軍的牛肉腰子派：由牛腎周圍的硬脂肪佐以馬鈴薯泥所製成，內餡則

有入口即化的牛排、公牛牛腎、蘑菇和些許黃芥末、英國黑醋（worcester sauce）及百里香。如果這些食材聽上去像是為勝利者所準備的，那麼就加入酒館俱樂部吧！我是認真的，Windmill 餐廳自創了一個派餅俱樂部，會定期舉辦試吃活動，每晚也會有品嚐派餅的機會。

🍴 **上哪吃？** Windmill 餐廳是唯一能吃到美味牛肉腰子派的地方。地址：6-8 Mill St, Mayfair, London。

471

© Daniel Di Paolo

472

一起共享
尼加拉瓜芭蕉粽

尼加拉瓜（NICARAGUA）// 想要認識尼加拉瓜料理，沒有任何一道食物比得上健康又營養的芭蕉粽（baho）——由醃漬過的牛胸肉、芭蕉和木薯粉等食材一起放在香蕉葉中蒸煮而成，是一道可以和朋友及家人共享的美食。芭蕉粽裡的牛肉經過柳橙、萊姆汁、番茄、洋蔥、大蒜和鹽巴所醃漬，放在芭蕉上一起和香蕉葉在鍋裡蒸煮，木薯粉則覆蓋在肉塊上，在密封形成蕉粽前，全部食材會再撒上醃漬汁。用餐時，芭蕉粽會被分別盛入每個人拿到的新鮮香蕉葉上，這是享用這道美食時的社交方式。

🐚 上哪吃？ La Nueva Casa del Baho 餐廳提供的單點芭蕉粽，取代了家庭式的豐盛大餐。地址：SE 24th St, Managua。

473

來自倫敦波羅市集的
烤牛肉麵包

英國（UK）// 這裡應有盡有，從巴爾幹半島風味到黎凡特（Levantine）美食、阿爾卑斯山熟食和阿根廷菜餚，想要決定在這個市集吃什麼並非易事，但是如果你想來點兒道地英國烤牛肉、早午餐或是聽到操著倫敦口音押韻的俚語，就非得來到倫敦波羅市集中央（Borough Market）。別擔心，你的嗅覺會帶領你找到正確位置！小吃攤販夫妻檔哈柏斯夫婦（Michael and Julie Hobbs）已經在此提供經典午餐組合超過 25年，這道麵包夾肉的午餐料理內含烤豬肉、其他餡料配蘋果醬或是火雞肉搭小紅莓，這很像把你週日最愛的美食及耶誕烤肉料理一次吃進肚子裡。加入排隊的人龍吧！在參加的英國划船比賽開始前，先好好用這道點心填飽肚子。

🐚 上哪吃？造訪波羅市集，親身見證千年之久的活歷史。地址：8 Southwark St, London。

475

476

474

模里西斯的
水餃丸子

模里西斯（MAURITIUS）// 模里西斯的料理融合了中、法、印度和非洲的口味。第一道可以嘗試的料理是水餃丸子（boulettes），你可單獨吃或是配著清湯一起吃，我覺得兩種吃法都很棒。享受這道美食的其中一項樂趣是，可以選擇任何一種口味，或是將不同口味的水餃丸子放入清湯中，然後加上醬料來品嚐這道菜餚。

🖝 上哪吃？ Ti Kouloir 餐廳可以嚐到水餃丸子，湯頭裡含有醬油、魚片、大蒜和辣椒。地址：Grand Bai, Riviere Du Rempart, Mauritius。

475

雪梨人對萊明頓
蛋糕的喜愛

澳洲（AUSTRALIA）// 在競爭激烈的甜點界，澳洲經典甜品「巧克力椰蓉萊明頓蛋糕」（lamington）佔有一席之地。在 Nadine Ingram 的 Flour and Stone 烘焙坊中，請抵抗其他甜點的誘惑，專注在這個具有義大利奶凍（panna cotta）口感、深植於雪梨人孩提記憶裡的經典甜點，到外頭拉把椅子，咬一口鬆軟綿密。而在雪梨歌劇院的 Bennelong 餐廳，它已晉身為奢華的餐後點心。

🖝 上哪吃？ 雪梨 Flour and Stone 烘焙坊，地址：53 Riley St, Woolloomooloo。

476

來顆月餅
慶中秋

澳門（MACAU）// 10 月份，如果你造訪香港、澳門和中國南方，會發現大家都在為月餅（moon cakes）而瘋狂。這是一種中間壓印有中文中秋節字樣的糕餅，廣東月餅的特色在於富有嚼勁，內餡則是蓮藕、紅豆或鹹蛋黃。最近幾年還推陳出新，你可以嚐到內餡包有冰淇淋、花生、起司、焦糖及巧克力口味的月餅。

🖝 上哪吃？ 月餅也是身分的象徵，像在奢華的香港文華東方酒店烘焙坊，月餅一直是暢銷商品。

477

來份
哥倫比亞超大薄餅

哥倫比亞（COLOMBIA） //16:00 在哥倫比亞首都波哥大（Bogotá）街頭，你覺得有點飢腸轆轆，更遑論才剛逛完這些位於這座高海拔城市的殖民時期景點，為此而顯得精疲力竭。幸運的是，全世界最令人垂延三尺的街頭點心之一就在你面前，就散布在這座城市數不清的任何一輛鐵製餐車裡。哥倫比亞超大薄餅（oblea）是由兩片巨大薄餅抹上厚厚一層哥倫比亞焦糖（arequipe）所製成。最佳的薄餅色澤為金黃色，比你的頭還要大，上頭會鋪果醬、椰子，還有口味奇特但美味的碎起司。吃完血糖上升，可以讓你直到就寢前都還精神奕奕。

👉 **上哪吃？** 哥倫比亞大部分城市的繁忙行人區，都會發現販賣薄餅的攤販。

© Marc Boettcher / Alamy Stock Photo

© Shutterstock / KiltedArab

478

在喧囂小酒館品嚐
佛羅倫斯大牛排

義大利（ITALY） // 身處佛羅倫斯文藝復興的建築中，主廚正料理著牛排並撒上一些鹽巴、胡椒粉和橄欖油……。先不要衝動，真正的經典佛羅倫斯大牛排（bistecca alla fiorentina），並不是起源於佛羅倫斯，而是來自於托斯卡尼的基亞納河谷（Chiana valley）。在這裡，為了提供這道經典菜餚必備的牛肉，一種體型龐大、古老的基亞納牛種（Chianina steer）正在富庶的沖積平原上放牧吃草。在放到烤架上並烤至微焦前，牛排會經過加工熟成的過程來增加風味。這種稀有的肉質通常會搭配上傳統配菜，例如具有檸檬風味的海軍豆（cannellini beans）。在喧鬧的佛羅倫斯小酒館裡，這道菜還會佐以一瓶義大利基安蒂地區產的紅酒（Chianti）。

👉 **上哪吃？** 佛羅倫斯 Trattoria Mario 餐廳，半世紀來已成為午餐時享用這道美食的推薦地。地址：Via Rosina 2。

479

用南英國的香蕉太妃派充充電

英國（UK） // 來自英國東邊 South Downs 國家公園的 The Hungry Monk 餐廳，宣稱是第一家從 1972 年起將香蕉和太妃糖結合起來放在餅乾底層的業者。不久之後其他店家起而效尤，開始販售這種用軟黏焦糖覆蓋其上、又稱香蕉太妃派（banoffee pie）的甜品。如今發源餐廳已不復在，但我們何不到國家公園走走，在阿靈頓（Arlington）歇個腳，來片當地著名的香蕉太妃派充充電？

上哪吃？ Yew Tree 酒館有提供這種滿滿鮮奶油的點心。地址：Arlington, Polegate, East Sussex。

© Shutterstock / Elena Demyanko

480

最簡單的美味：塞內加爾的大米和魚

塞內加爾（SENEGAL） // 理論上生活中最美好的事物，常常是簡單而平凡的。塞內加爾的國菜只是將大米和魚（thieboudienne）摻和在辣味番茄醬汁裡，但是我們卻能想到很多種改良的方式，比如說把大米盛在巨大的公碗裡。基本上，這道菜所搭配的煙燻魚通常味道清淡，但是濃稠的醬汁卻使其口味變得嗆辣無比。在其他地區還會加上美味的牛肉，或是以清湯取代醬汁等等不同的變化。

上哪吃？ 在繁忙首都達喀爾（Dakar）的 Marché Kermel 市集，可以發現攤販有賣這種食物。

481

泰國香腸的祕密

泰國（THAILAND） // 泰式食物的入門新手應該勇於嘗試這道泰國香腸（sai krok Isan）。在曼谷的王朗市場（Wang Lang market），如果沒有吃到這個小吃，你將會扼腕。只要走幾步路，你就可以嚐到泰國最受歡迎的小吃：肥嫩的碎豬肉和米飯塞在香腸內膜裡，使其發酵至食材發酸，然後再放到煙燻烤架上烤熟。吃的時候，發酵過的酸氣、煙燻味和酥脆又嗆辣的味道，形成了嗅覺和味覺上的衝擊。

上哪吃？ 你不可能在泰國餐廳找到這道小吃，只有行動攤車才會販賣泰國香腸。

482

以色列修殿節的甜甜圈

以色列（ISRAEL） // 猶太人的修殿節又稱光明節，由來和一個推翻暴君的故事有關，其中有個奇蹟燭台（candelabra）只用一小瓶燈油便燃燒了 8 天，後來成為這個節日的象徵。如今，猶太人會用油炸食物來慶祝，其中包括鬆軟的修殿節甜甜圈（sufganiyot），內餡包羅萬象，從能多益（Nutella）巧克力醬到薑汁果凍等等。在特拉維夫 Neve Tsedek 區的棕櫚樹下，可以一邊玩著修殿節陀螺遊戲（dreidel），一邊大快朵頤！

上哪吃？ 可以嚐嚐 Dallal 烘焙店裡的修殿節甜甜圈。地址：7 Kol Israel Haverim St, Tel Aviv。

483

法國里昂
咖啡館兼餐廳的
獨特用餐氛圍

法國（FRANCE）// 在法國里昂咖啡館兼餐廳（bouchons）用餐，就像是參與一場 17 世紀的社交饗宴。隨著這個城市的絲綢貿易蓬勃發展，也跟著帶動外國貿易商在此尋找一處殷勤好客的用餐地點。法文「bouchons」的本意，便是提供商人清理馬匹用的稻草，這個字也有賓至如歸、誠摯待客之意。現在在 bouchons 餐廳裡，裝飾並不豪華的用餐空間仍持續維持不浮誇但氣氛融洽的傳統。在這裡，你可以在以肉料理為主的里昂菜單上找到雞肝蛋糕、小牛佐羊肚菌香菇等美食，然後再大口喝上一杯當地的薄酒萊葡萄酒（Beaujolais）。

👉 **上哪吃？** 只距離法國東部索恩河畔（Saône）幾步之遙，1928 年開始營業的里昂 Café Comptoir Abel 餐廳，上漆的外牆裡一直是別有情調的用餐地點。

484

新加坡
銅板米其林美食：
醬油雞飯

新加坡（SINGAPORE）// 許多人都說，主廚陳翰銘對於自己的醬油雞飯在 2016 年獲得米其林美食一顆星青睞，一直覺得受寵若驚，但是米其林美食偵探，並不是隨隨便便就給位在新加坡商販中心的一家攤販如此殊榮。這樣的推崇，也使得每份只價值 2 塊錢新幣的經典油雞飯料理，成為全世界最便宜的米其林美食。在陳師傅的攤位前，必須得排隊數小時才能吃到這道料理；如果你不想等，還有其他260 多家攤販也提供胡椒蟹、炒粿條、沙嗲及肉骨茶等料理。

👉 **上哪吃？** 新加坡中國城美食中心的了凡香港油雞飯麵，地址：335 Smith St。

485 486 487

發掘越南的
隱藏街頭小吃：
檳榔牛肉捲

越南（VIETNAM）// 有些越南美食仍然在全球美食偵測雷達之外，其中一道便是檳榔牛肉捲（bò lá lot）。調味過的碎牛肉會夾在檳榔葉中，再經過炭火燒烤，然後在柔軟的米紙上放入生菜、醃漬紅白蘿蔔、香菜、九層塔，以及用檳榔葉包裹的烤牛肉及新鮮辣椒，然後把所有食材捲在一起，再沾上鮮甜的魚露，就成為一道好吃的美食。

📣 上哪吃？在胡志明市 Ton Duc Thang Rd 的攤販，可以找到這樣的小吃。

試試
墨西哥
綠辣椒鑲肉

墨西哥（MEXICO）// 油炸過的鑲肉波布拉諾辣椒（poblano peppers），整盤看上去就像是在玩食物版俄羅斯輪盤，大部分口感都很溫和，但是生的只要吃一口就知道威力。辣椒裡頭會填滿panela 起司，再裹上一層薄薄的麵糊油炸。這道絕佳下酒菜源自於普埃布拉州（Puebla），美國版本則會用更辣的墨西哥辣椒（jalapenos），但內餡會加上奶油起司中和辣度。

📣 上哪吃？位於 Calle 6 sur 304, Puebla 的 Sacristia 餐廳，或是在普埃布拉州的辣椒節能嘗到。

委內瑞拉首都
卡拉卡斯的
阿瑞巴玉米餅

委內瑞拉（VENEZUELA）// 早在 1492 年前哥倫布時期（pre-Columbian）以前，幾世紀以來委內瑞拉和哥倫比亞當地人就已經在食用阿瑞巴玉米餅（arepas）。這是一種用玉米麵糰製成的早點，可以像口袋餅一樣填入任何一種食材作為內餡。麵團外層酥脆，內餡則有膨鬆的口感和玉米本身的甜味，受歡迎的餡料有黑豆、起司、魚和豬肉。

📣 上哪吃？用 Arepa Factory 餐廳既新鮮又道地的餡料，開啟你在此地的一天吧！地址：Cristal Palace Transversal 2, Caracas。

488

斯洛伐克人
痴迷的
馬鈴薯薄煎餅

斯洛伐克（SLOVAKIA）// 東歐國家對馬鈴薯的熱愛，可以從這道薄煎餅略知一二。大部分斯拉夫國家都有自己料理馬鈴薯的方式，但是捷克人及斯洛伐克人卻對馬鈴薯薄煎餅（placky）情有獨鍾，如果在寄宿家庭過夜，一定會吃到這道菜。製作時為了形成麵糰，會先把生馬鈴薯磨碎，加上雞蛋、麵粉、胡椒粉及墨角蘭（marjoram）。成果相當令人垂涎三尺，當地人常常把這道點心當成正餐享用。

🖐 **上哪吃？** 試試在當地的山區寄宿家庭過夜，你一定會對斯洛伐克人的廚藝大開眼界。

489

用葉門點心
拉侯赫麵餅
來洗盤

葉門（YEMEN）// 葉門點心拉侯赫（lahoh）有點類似薄煎餅，傳統上這道點心是由麵粉、酵母粉和水製成，圓形、像海綿般鬆軟的薄麵餅，是任何時刻都很受歡迎的點心，早餐時葉門人會把層層薄餅用蜂蜜和酥油堆疊在一起，當作晨間甜點。這道輕巧的麵餅也很適合用來沾取、抹淨剩下的咖哩醬和湯汁，或者浸泡在由優格、新鮮薄荷及石榴所製成的莎弗醬汁（shafout）中。

🖐 **上哪吃？** 如果內戰緩和，位於舊城區葉門首都薩那（Sana'a）的露天市集，都有販賣這道麵餅。

490

波多黎各
經典街頭小吃：
油炸餡球

波多黎各（PUERTO RICO）// 香蕉製成的麵團包裹辣味肉末內餡，油炸餡球（alcapurria）是波多黎各油炸料理中一道特殊的小吃，很容易在街道旁發現，但如果想嚐道地口味，就往東從聖胡安（San Juan）走到平諾斯區（Piñones）吧！無汙染的原始紅樹林中，伴隨著拍岸的浪花及和煦的陽光，非洲裔波多黎各人用舞蹈、民俗音樂（plena music）及美味的油炸餡球，繼續維持著他們的文化傳統。

🖐 **上哪吃？** Kiosko El Boricua 是提供這道點心的最佳海邊攤位，大排長龍的隊伍就是明證。

491

491

© Lonely Planet / Mark Read

© Lonely Planet / Mark Read

491

用古巴三明治
為狂歡之夜充電

古巴（CUBA）// 古巴最著名的三明治「medianoche」，是半夜在首都哈瓦那跑趴最常見的點心，西班牙文名稱直譯即為「午夜」。由甜雞蛋麵包內層夾著烤豬肉、火腿、瑞士起司及醃菜所製成，有別於一般常見酥脆口感的古巴菜。當然，在喝了幾杯用蘭姆酒、青檸汁、糖和薄荷調成的莫希托雞尾酒（mojitos）之後，一定不能錯過這道三明治。

☞ **上哪吃？** 靠近哈瓦那酒吧區的咖啡館及外賣餐館，像是 La Chucheria 都有提供。地址：1era entre C y D Vedado, La Habana。或者 El Malecon 也有賣。

492

南方經典美食：
奶油蝦仁玉米粥

美國（USA）//「吮指回味、振奮心靈」都是用來形容美國南方美食的詞，而查爾斯頓市（Charleston）餐廳供應的這道家常料理——奶油蝦仁玉米粥（shrimp and grits），正好符合以上描述。可以在 Hannibal's Kitchen 餐廳找到樸實無華的版本，或在名廚 Robert Stehling 的高檔 Hominy Grill 餐廳中，吃到精緻烹煮的版本。兩種手法都嚐嚐吧！

☞ **上哪吃？** Hannibal's Kitchen 餐廳，地址：16 Blake St。Hominy Grill 餐廳，地址：207 Rutledge Ave（編按：已於 2019 年 4 月停業，轉為經營網路商店 https://hominygrill.com）。兩家餐廳都位於南卡羅來納州查爾斯頓市。

493

奧地利維也納的
蘋果餡捲

奧地利（AUSTRIA）// 不起眼的蘋果餡捲（apple strudel），一直是維也納的美食象徵，在維也納市立圖書館可以找到珍藏的 1696 年食譜手抄本。「strudel」這個德文單字本意是「漩渦」，指的是將麵團捲起並包裹蘋果餡的技巧。使用蘋果作為餡料，可能因為是貧困時期唯一供應無虞的水果。作法是將蘋果加上糖和調味料，再捲成一層層絲絨質地內餡、皮薄如紙的餡餅。

☞ **上哪吃？** 維亞納歌劇院對面的奢華咖啡店 Gerstner，提供了最美味的蘋果餡捲。地址：Kärntner Str 51, Vienna。

493

494

大型表演的
拌嘴小吃：
巴西烤肉串

巴西（BRAZIL）// 露露天音樂會、主要運動賽事或節慶中都可以看到巴西烤肉串（espetinho）的蹤影，當攤販準備就緒，可以確定一場派對即將開始。葡萄牙文「espetinho」直譯為「小肉串」，是一道類似土耳其烤肉串（kebab）的點心。但是這道國菜卻沒有得到讚揚，巴西人對於肉串能成為受歡迎的小吃，以及大排長龍的現象反而極盡嘲諷之能事。

☞ **上哪吃？** 大型表演開始時，巴西烤肉串的攤販一定會在附近就位。

495

用土耳其芝麻圈迎接一天的開始

土耳其（TURKEY）// 土耳其伊斯坦堡的芝麻圈（simit）已經有 500 年的歷史，配上濃稠的優格醬當成早餐，在土耳其文中又稱為 haydari。簡單經典的搭配也許就是這種麵包歷久不衰、依然受歡迎的原因，但也或許是其酥脆的外皮配上富有嚼勁的內層。不管是哪種原因，吃的時候配上奶油、一些菲達起司（feta cheese）和一杯土耳其咖啡，當伊斯坦堡這座城市陷入令人目眩神迷的繁忙之前，這樣的早餐絕對令人無法抵擋。

🍴 **上哪吃？** 伊斯坦堡街頭販賣芝麻圈的餐車，或是駐足停留在頭上頂著一疊芝麻圈的小販面前。

496

取悅萬聖節幽靈的愛爾蘭點心

愛爾蘭（IRELAND）// 這這種愛爾蘭長條花式麵包有點類似威爾斯水果蛋糕（bara brith），是由口味濃厚的紅茶、酵母粉及水果乾所製成，吃的時候會抹上奶油，配上一杯茶，但是這種黑醋栗點心（barmbrack），背後有著截然不同的故事和傳統。據傳萬聖節前夕所有鬼魂通過靈界來到人間，人們會把黑醋栗點心擺放在家門口，用來取悅平息調皮搗蛋的幽靈，也會把象徵性的物品裹進麵包裡烘烤，只有幸運者才吃得到。

🍴 **上哪吃？** 你可以在 Hansel and Gretel Bakery & Patisserie 吃到美味的黑加侖點心配咖啡。地址：Clare St, Dublin。

497

向法國大廚學做舒芙蕾

法國（FRANCE）// 法國甜點舒芙蕾（soufflé）口感細緻易碎，是一道大家公認很難做的甜品。如果你真的想準備這一道輕巧、柔軟又美味的甜點，不妨參考發明這道甜點大廚的一些訣竅。在法國西部城市翁傑（Angers），La Soufflerie 是一家傳授舒芙蕾製作的高級餐廳，從法國最著名以扇貝、比目魚和小龍蝦為主的海鮮大餐（St Jacques），到令人無法抗拒的甜點例如起酥餅配焦糖醬都有。來試做看看吧！然後回家再試著仿效一遍。

🍴 **上哪吃？** 可以學做法國甜點舒芙蕾的 La Soufflerie 餐廳，地址：8 Place du Pilori, Angers。

497

© Lonely Planet / River Thompson

498

摩洛哥街頭的薄煎餅

摩洛哥（MOROCCO）// 厚實、嚐起來像麵包口感的摩洛哥薄煎餅（meloui），是當地最受歡迎的早餐。這道美食會先在熱油鍋或是平底鍋裡煎烤，然後再配上糖漿，但是內包餡料的種類可以很多樣，像是碎肉、起司、羊油脂以及摩洛哥肉乾（khlii）。在有花園環繞的傳統住宅或是餐廳都可以吃到這道料理，但是最佳享用場所當然還是街頭，剛剛出爐的薄餅外層又燙又酥脆、而內層鬆軟且冒著熱氣。

🍴 **上哪吃？** 摩洛哥全境的街頭攤販都能買到這道點心。

紐約下東城區飄香百年的美味：
猶太克尼斯餡餅

美國（USA）// 在 20 世紀左右，東歐的猶太移民為紐約市帶來了他們的傳統美食——克尼斯餡餅（knish）。在紐約下東城（Lower East Side）的街道上，他們推著餐車或從餐籃裡兜售這種烘焙過、裡頭包餡的食物。其中一個名叫尤納·史默爾（Yonah Schimmel）的羅馬尼亞猶太小攤販，將其微薄的收入轉換成一家實體烘焙店面，並於 1890 年開始營業。如今，這家店生意依舊興隆，也成為美國最古老的克尼斯餡餅烘焙坊。現在這家店還是家族經營，由尤納·史默爾的曾姪子接手管理。尤納烘焙坊的克尼斯餡餅仍保留傳統製作方法，使用馬鈴薯和些許蕎麥粉（kasha）的配方仍然和

100 多年前一樣。但是時至今日，餡料的選擇變得相當多元，像是菠菜、花椰菜、蘑菇及甜馬鈴薯。酥脆的餅皮中心是柔軟、熱騰騰的餡料，握在掌心像是舒適的暖暖包。吃著這道點心，也帶你回到歷史：紐約下東城曾是中產猶太移民社區的落腳地，他們的到來也為紐約文化和發展帶來許多不可磨滅的影響。

上哪吃？ 1910 年由 Yonah Schimmel 創立於紐約 137 E Houston St 的克尼斯餡餅烘焙坊，是可以一嚐這道料理的好地方。

© Shutterstock / Shi Yali

© Lonely Planet / Matt Munro

500

來一塊士林夜市臭豆腐
證明你的勇氣

台灣（TAIWAN） // 台灣街頭小吃臭豆腐果然名符其實，光聞味道就覺得噁心。走在台北著名夜市繁忙的小巷中，在找到這道小吃之前，臭豆腐散發的臭味也許就先傳進了你的鼻子。當你察覺空氣中飄散的一股味道，有點像是發霉的運動襪結合體臭，你要找的食物就近在眼前了。現在就只等你鼓起勇氣接受挑戰，然後在事後吹噓曾吃過這道奇臭無比的食物。我們建議先嘗試油炸的作法，略過用鴨血

製成的版本。選擇辣椒和泡菜當配菜，然後用你的念力戰勝想要嘔吐的感覺，吞下一塊臭豆腐後可能就會發現味道鹹香、口感酥軟細緻，和辣椒和泡菜的辣味堪稱絕配。吃完這道小吃，就可以到處向好友炫耀這則事蹟。

🔊 **上哪吃？** 想要一嚐臭豆腐，推薦走一遭台北的士林夜市。地址：台北市士林區基河路 101 號。

Index
索引

Top Fives

國家圖書館出版品預行編目（CIP）資料

地表最強人氣美食地圖：嚴選世界上最好吃的500道
　美味排行／孤獨星球（Lonely Planet）作者群著；
　李天心、李姿瑩、吳湘湄譯. -- 初版. -- 臺中市：
　晨星, 2019.08
　面；　公分. --（Guide Book；618）
　譯自：Lonely Planet's Ultimate Eatlist
　ISBN 978-986-443-862-4（平裝）

1.餐飲業 2.遊記 3.世界地理

483.8　　　　　　　　　　　　　　　　　108003441

Guide Book 618

地表最強人氣美食地圖：
嚴選世界上最好吃的500道美味排行
【原文書名】：Lonely Planet's Ultimate Eatlist

作者群	Ben Handicott, Andrew Bain, Celeste Brash, Joshua Samuel Brown, Austin Bush, Will Cockrell, Jen Feroze, Emily Matchar, Kalya Ryan, Mark Scruby, Craig Scutt, Luke Waterson, Yolanda Zappatera, Will Cockrell
譯者	李天心、李姿瑩、吳湘湄
編輯	余順琪
封面設計	柳佳璋
美術編輯	林姿秀
創辦人	陳銘民
發行所	晨星出版有限公司
	407台中市西屯區工業30路1號1樓
	TEL：04-23595820　FAX：04-23550581
	行政院新聞局局版台業字第2500號
法律顧問	陳思成律師
初版	西元2019年08月31日
總經銷	知己圖書股份有限公司
	106台北市大安區辛亥路一段30號9樓
	TEL：02-23672044／02-23672047　FAX：02-23635741
	407台中市西屯區工業30路1號1樓
	TEL：04-23595819　FAX：04-23595493
	E-mail：service@morningstar.com.tw
	網路書店 http://www.morningstar.com.tw
讀者專線	04-23595819#230
郵政劃撥	15060393（知己圖書股份有限公司）
印刷	上好印刷股份有限公司

線上讀者回函

定價 699 元
（如書籍有缺頁或破損，請寄回更換）
ISBN：978-986-443-862-4

Translated from the "LONELY PLANET'S ULTIMATE EATLIST"
First published August 2018
Lonely Planet Global Limited